西安电子科技大学教材建设基金资助项目

高等学校新工科计算机类专业系列教材

Java Web网站设计开发教程

温浩宇　编著

西安电子科技大学出版社

内 容 简 介

本书系统地介绍了 Java Web 网站设计开发原理、技术、框架和流程，用简洁、清晰的语言讲解了网站开发的前端和后端的相关技术。

本书共 13 章，内容包括 Web 技术概述、超文本标记语言 HTML 5、层叠样式表 CSS、脚本语言 JavaScript、XML 与 JSON 技术、Web 服务器工作机理及配置、Servlet 技术基础、JSP 技术基础、JSP 隐式对象、EL 表达式与 JSTL 标签库、Java Web 数据库操作以及 SSM 框架（Spring、SpringMVC 和 MyBatis）的应用与开发等。本书多个章节基于同一个案例循序渐进地进行学习，能够帮助读者不断提高开发水平。本书还探讨了其他相关技术和应用，包括 Spring Boot 框架、数据库连接池、AJAX 技术、前后端分离的开发方式、网站的部署方式、搜索引擎和 SEO 技术等，能够帮助网站的开发者实现其商业目标。

为方便读者学习，本书每一章开头都给出了学习提示，可帮助读者理解本章的内容及其在网站开发过程中的作用。每一章末尾均给出了思考题，便于读者考查学习情况。

本书可作为高等学校计算机、信息管理、电子商务等相关专业网站设计与开发的实训教材，也适合广大软件开发人员自学使用。

图书在版编目(CIP)数据

Java Web 网站设计开发教程 / 温浩宇编著. --西安：西安电子科技大学出版社，2024.4
ISBN 978 – 7 – 5606 – 7131 – 4

Ⅰ. ①J⋯　Ⅱ. ①温⋯　Ⅲ. ①JAVA 语言—网页制作工具—教材　Ⅳ. ①TP312.8②TP393.092.2

中国国家版本馆 CIP 数据核字(2024)第 068828 号

责任编辑　戚文艳
出版发行　西安电子科技大学出版社（西安市太白南路 2 号）
电　　话　(029)88202421　88201467　　　邮　编　710071
网　　址　www.xduph.com　　　　　　电子邮箱　xdupfxb001@163.com
经　　销　新华书店
印刷单位　咸阳华盛印务有限责任公司
版　　次　2024 年 4 月第 1 版　2024 年 4 月第 1 次印刷
开　　本　787 毫米×1092 毫米　1/16　印张　22.5
字　　数　535 千字
定　　价　58.00 元
ISBN 978 – 7 – 5606 – 7131 – 4 / TP
XDUP 7433001-1

前　言

信息技术加速腾飞，数智赋能乘势前行，Java Web 网站开发技术以其稳定性、安全性、跨平台性等优势，成为 Web 系统开发者的首选技术。Java Web 网站开发技术的稳定、可靠使其能够满足复杂的业务需求，在企业系统、电子商务、金融系统等多个领域中具有广泛的应用。随着云计算、大数据等技术的突飞猛进及其架构与方法的更新迭代，网站开发者应当对技术的底层逻辑进行更加深入、系统的学习，以适应新时代背景下的新方法、新模式、新业态。因此，本书的目标是为学习者提供系统的、规范的、主流的、面向能力持续提升的学习路径和知识体系。

学习 Java Web 网站开发技术需要循序渐进、由浅入深。本书旨在为初学者提供一套完整、系统、实用的 Java Web 网站开发指南，通过对各个方面的详细解析和实际操作演练，让学习者更好地理解 Java Web 网站的开发原理、规范和流程，并且能够独立完成项目开发。

本书内容可分为三大部分：

第一部分为基础部分，包括第 1～第 9 章。本部分介绍 HTML、CSS、JavaScript 等前端技术，使读者了解 Web 开发的基本概念；学习 XML、JSON 等信息表达方式，掌握 Servlet、JSP 等 Java Web 基础知识，掌握 Web 后端开发的基本原理、流程和规范。

第二部分为应用部分，包括第 10～第 12 章。本部分深入学习 EL 表达式语言、JSTL 标签库等技术，使读者对 Java Web 的软件工程实践更加了解。重点学习 Web 数据库开发技术，包括 JDBC 技术、三层架构与 MVC 设计模式等，针对 MySQL 实例详细介绍数据库操作的功能实现；循序渐进地学习 SSM 框架，从原理上掌握 Spring、SpringMVC 和 MyBatis 的应用方法。

第三部分为拓展部分，包括第 13、14 章。本部分进一步探讨 Java Web 网站开发的相关技术和应用，包括 Spring Boot 框架、AJAX 技术、前后端分离的开发方式等，让开发者可以快速搭建 Web 系统；还讨论了网站的部署方式、搜索引擎和 SEO 技术，可以帮助网站的开发者实现其商业目标。

本书主要有如下特点：

(1) 理论与实战并重，通过大量的实例代码，让学习者能够更好地掌握核心理论和实际开发经验。

(2) 整合了业界主流的技术和经验，为学习者构建平滑的学习路径和实用的知识结构。

(3) 通过模块化的章节安排，让学习者能够快速查找需要重点学习的内容。

(4) 基于最新的技术版本提供实用的解决方案，包括 HTML 5、CSS 3、Tomcat 10、Java

17、Jakarta EE 10、MySQL 8、Servlet 6、JSP 3、EL 5、Spring 6、SpringMVC 6、MyBatis 3、Spring Boot 3.1、JUnit 5 等。

(5) 通过大量的源代码、视频、课件等配套资料，让课堂教学或读者自学都能得心应手。

在本书所提供的基础理论与开发实践的学习路径基础上，读者可以尝试开发一些具有实际应用价值的 Web 应用，或者参与一些开源项目的维护，这些都有助于巩固所学知识，提高发现与解决问题的能力。

温浩宇编写了本书的主要内容，同时许多研究生也参与了本书的编写工作：陈家宽参与了第 1、5、6、7 章的编写，王雅欣参与了第 2、3、4 章的编写，段培吉参与了第 8、9、10、11、12、13 章的编写；王冠玉、茹丹阳、杨怡静、陈昕芸、陈昊、邵羽绅、王啟年等也参与了本书的编写、校对等工作。功以才成，业由才广，参与本书编写的许多研究生毕业后都进入了国际知名的互联网公司或企业 IT 部门工作，希冀他们以榜样力量激励更多同学去系统地学习 Java Web 网站开发技术。

衷心感谢在本书编写过程中提供帮助的同事和学生！衷心感谢西安电子科技大学出版社的相关人员对本书的大力支持！

希望本书能够成为 Java Web 开发者和系统架构师等读者的学习阶梯，使读者快速掌握 Java Web 网站开发技术，成就职业梦想。

编 者
2023 年 12 月

目　录

第1章　Web 技术概述...............1

1.1　Web 系统概况.................1

1.2　B/S 结构...................2

1.3　Web 技术的学习路径..............4

1.4　开发环境的安装与配置............5

 1.4.1　JDK 的安装................5

 1.4.2　Tomcat 的安装..............7

 1.4.3　Eclipse 的安装与配置........11

 1.4.4　IntelliJ IDEA 的安装与配置....16

 1.4.5　基于 Maven 的 Web 项目构建....20

 思考题......................22

第2章　超文本标记语言 HTML 5........23

2.1　HTML 5 概况................23

2.2　HTML 文档结构...............25

2.3　头部元素...................26

 2.3.1　头部元素概览..............26

 2.3.2　<title><base>元素........27

 2.3.3　<link><style>元素........27

 2.3.4　<meta>元素...............28

 2.3.5　<script><noscript>元素.....28

2.4　文本元素...................29

 2.4.1　文本元素概览..............29

 2.4.2　<em><strong><small><s><sub>

   <sup><i><b><u><mark>元素......30

 2.4.3　<ruby><rb><rt><rp><rtc>元素....31

 2.4.4　字符实体................32

2.5　群组元素...................33

 2.5.1　群组元素概览..............33

 2.5.2　<p><hr><pre><blockquote>元素....33

 2.5.3　<ol><ul><li><dl><dt><dd>元素....35

 2.5.4　<span>元素...............36

 2.5.5　<div>元素...............36

2.6　超链接元素.................38

 2.6.1　统一资源定位器(URL)...........38

 2.6.2　<a>元素................38

2.7　表格元素...................40

2.8　内嵌元素...................43

 2.8.1　内嵌元素概览..............43

 2.8.2　<img>元素...............44

 2.8.3　<map><area>元素...........45

 2.8.4　<video><audio><source>元素........45

 2.8.5　MathML 系列元素............47

 2.8.6　<progress><meter>元素.......48

 2.8.7　SVG 系列元素..............49

 2.8.8　<canvas>元素............50

 2.8.9　<iframe>元素.............51

 2.8.10　<object><param>元素.......52

2.9　结构元素...................55

 2.9.1　结构元素概览..............55

 2.9.2　<h1><h2><h3><h4><h5><h6>

   元素...................55

 2.9.3　<article><section><nav><aside>

   <header><footer>元素.........56

2.10　编辑元素..................57

2.11　表单元素..................58

 2.11.1　表单元素概览.............58

 2.11.2　<form>元素.............59

 2.11.3　<input>元素............59

 2.11.4　<select><option>元素......62

 2.11.5　<fieldset><legend>元素......64

2.12　HTML 中的颜色设置...........65

2.13　绝对路径与相对路径...........66

 思考题......................67

第3章　层叠样式表 CSS.............68

3.1　CSS 3 概况.................68

3.2　选择器....................69

1

3.3　CSS 的层叠性与优先次序 73
3.4　常用属性及其应用实例 74
　　3.4.1　CSS 文本属性 74
　　3.4.2　CSS 表格属性 76
3.5　CSS 盒子模型和网页布局方式 78
　　3.5.1　盒子模型概况 78
　　3.5.2　CSS 的定位功能 79
　　3.5.3　CSS 的定位方式 80
　　3.5.4　网页布局方式实例 82
3.6　前端 UI 框架——Bootstrap 85
　　3.6.1　Bootstrap 概况 85
　　3.6.2　开始使用 Bootstrap 86
　　3.6.3　栅格系统 88
　　3.6.4　样式组件 90
　　3.6.5　表单 91
　　3.6.6　表格 93
　　3.6.7　导航条 94
思考题 96

第4章　脚本语言 JavaScript 97
4.1　JavaScript 概况 97
4.2　JavaScript 的基本语法 98
　　4.2.1　常量和变量 99
　　4.2.2　数据类型 99
　　4.2.3　表达式和运算符 101
　　4.2.4　循环语句 104
　　4.2.5　条件语句 105
　　4.2.6　函数 107
4.3　JavaScript 的面向对象特性 108
　　4.3.1　类和对象 108
　　4.3.2　JavaScript 的内置对象 110
　　4.3.3　异常处理机制 112
4.4　JavaScript 在浏览器中的应用 113
　　4.4.1　浏览器对象 113
　　4.4.2　JavaScript 在 DOM 中的应用方式 117
　　4.4.3　事件驱动与界面交互 122
4.5　JavaScript 在 HTML 5 中的应用 124
　　4.5.1　HTML 5 绘图的应用 124
　　4.5.2　cookie 存储 127

4.6　常用的 JavaScript 框架 128
思考题 129

第5章　XML 与 JSON 技术 130
5.1　XML 语法基础 130
　　5.1.1　XML 概况 130
　　5.1.2　XML 处理指令 132
　　5.1.3　XML 元素 132
　　5.1.4　XML 元素属性 133
　　5.1.5　命名空间 134
5.2　文档类型定义与校验 134
　　5.2.1　文档类型定义 134
　　5.2.2　XML 架构 135
5.3　XML DOM 解析 136
5.4　JSON 语法基础 138
　　5.4.1　JSON 概况 138
　　5.4.2　JSON 对象 139
　　5.4.3　JSON 数组 139
5.5　JSON 解析 140
　　5.5.1　解析内嵌的 JSON 数据 140
　　5.5.2　解析服务端的 JSON 数据 141
5.6　JSON 与 XML 的异同 142
思考题 143

第6章　Web 服务器工作机理及配置 145
6.1　相关网络协议 145
　　6.1.1　OSI 网络协议模型 145
　　6.1.2　TCP/IP 协议栈 146
　　6.1.3　HTTP 协议 147
6.2　静态 HTML 与动态 HTML 149
6.3　CGI 程序 150
6.4　Tomcat 服务器配置 152
　　6.4.1　Tomcat 概况 152
　　6.4.2　server.xml 文件配置 153
6.5　Web 应用配置与部署 158
　　6.5.1　Web 应用目录结构 158
　　6.5.2　Web 应用配置——web.xml 159
　　6.5.3　部署 Web 应用 160
思考题 162

第7章　Servlet 技术基础 163
7.1　Servlet 的基本实现 163

7.2 Servlet 的部署方式...........................166
7.3 Servlet 生命周期...........................167
7.4 应用 Servlet 实现用户登录..............168
7.5 应用 Servlet 实现图形验证码.........170
思考题...........................174

第 8 章 JSP 技术基础...........................175
8.1 JSP 技术概况...........................175
8.2 JSP 基本语法...........................177
　8.2.1 Java 脚本...........................177
　8.2.2 表达式...........................178
　8.2.3 声明...........................179
　8.2.4 注释...........................182
8.3 JSP 指令...........................182
　8.3.1 page 指令...........................183
　8.3.2 include 指令...........................185
　8.3.3 taglib 指令...........................186
8.4 JSP 动作...........................191
　8.4.1 include 动作...........................192
　8.4.2 forward 动作...........................194
　8.4.3 param 动作...........................196
8.5 JavaBean 技术...........................196
　8.5.1 JavaBean 类的定义...........................196
　8.5.2 useBean 动作...........................197
思考题...........................200

第 9 章 JSP 隐式对象...........................201
9.1 JSP 隐式对象概述...........................201
9.2 JSP 对象的作用域...........................202
9.3 out 对象...........................203
9.4 request 对象...........................205
9.5 response 对象...........................207
9.6 session 对象...........................212
9.7 application 对象...........................214
9.8 page 对象...........................215
9.9 pageContext 对象...........................217
9.10 config 对象...........................218
9.11 exception 对象...........................219
思考题...........................221

第 10 章 EL 表达式与 JSTL 标签库...........................222
10.1 表达式语言概况...........................222

10.1.1 EL 的基本语法...........................222
10.1.2 获取对象属性的值...........................226
10.1.3 获取集合的值...........................226
10.2 EL 隐式对象...........................227
　10.2.1 EL 隐式对象简况...........................227
　10.2.2 pageContext 隐式对象...........................228
　10.2.3 作用域隐式对象...........................230
　10.2.4 环境信息隐式对象...........................230
10.3 JSTL 标签库...........................232
　10.3.1 JSTL 概况...........................232
　10.3.2 核心标签库——Core...........................233
　10.3.3 格式化标签库——Formatting...........................235
　10.3.4 函数标签库——Functions...........................237
10.4 EL 与 JSTL 综合应用实例...........................239
　10.4.1 需求描述...........................239
　10.4.2 设计思路...........................239
　10.4.3 类编码...........................240
　10.4.4 单元测试...........................241
　10.4.5 集成验证...........................244
思考题...........................246

第 11 章 Java Web 数据库操作...........................247
11.1 MySQL 数据库...........................247
　11.1.1 MySQL 概况...........................247
　11.1.2 MySQL 的可视化安装...........................248
　11.1.3 MySQL 的参数化配置...........................250
　11.1.4 MySQL 示例数据库...........................251
　11.1.5 通过 IDEA 连接数据库...........................253
11.2 JDBC 技术...........................255
　11.2.1 JDBC 的结构与功能...........................255
　11.2.2 JDBC 驱动分类...........................256
　11.2.3 连接数据库...........................256
　11.2.4 执行 SQL 语句...........................257
　11.2.5 获得查询结果集...........................259
　11.2.6 关闭数据连接...........................260
　11.2.7 数据库连接池...........................260
11.3 基于 Model 1 的实例...........................262
　11.3.1 Model 1 体系结构...........................262
　11.3.2 数据库工具类——DBUtil...........................262
　11.3.3 POJO 类——Film...........................263

11.3.4　JavaBean——FilmBean 264

11.3.5　JSP 页面——ListFilmBean 265

11.4　三层架构与 MVC 设计模式 267

11.4.1　三层架构 267

11.4.2　MVC 设计模式 268

11.4.3　Model 2 体系结构 269

11.5　数据查询 270

11.5.1　DAO 270

11.5.2　Controller 271

11.5.3　View 272

11.6　数据添加 274

11.6.1　View 274

11.6.2　DAO 276

11.6.3　Controller 277

11.7　数据删除 278

11.7.1　DAO 278

11.7.2　Controller 279

11.8　数据更新 280

11.8.1　DAO 280

11.8.2　Controller 282

11.8.3　View 283

思考题 285

第 12 章　SSM 框架 286

12.1　SSM 框架概况 286

12.2　Spring 基础 287

12.2.1　Spring 技术概况 287

12.2.2　Spring IoC 容器 288

12.2.3　应用场景实例 290

12.2.4　Bean 的 XML 配置 293

12.2.5　容器初始化及 Bean 实例化 296

12.2.6　Spring 自动装配 297

12.3　SpringMVC 基础 299

12.3.1　SpringMVC 概况 299

12.3.2　SpringMVC 配置文件 301

12.3.3　基本的 Controller 组件 302

12.3.4　响应数据库操作的 Controller 组件 304

12.4　MyBatis 基础 306

12.4.1　对象-关系映射 ORM 306

12.4.2　MyBatis 概况 308

12.4.3　MyBatis 配置文件 310

12.4.4　MyBatis 映射 311

12.4.5　MyBatis 单元测试 314

12.5　SSM 整合 316

12.5.1　Spring 集成 MyBatis 316

12.5.2　整合 Mapper 与 Controller 320

12.5.3　整合前后端分页功能 321

思考题 326

第 13 章　前后端分离与 Spring Boot 基础 327

13.1　前后端分离 327

13.2　AJAX 技术 328

13.3　Spring Boot 框架 330

13.4　Spring Boot 后端代码 331

13.4.1　创建 Spring Boot 项目 331

13.4.2　pom.xml 与主程序代码 332

13.4.3　测试基本的 Controller 代码 335

13.4.4　定义 Result 泛型类 336

13.4.5　定义实体类与 Mapper 类 339

13.4.6　定义 FilmController 类 341

13.5　Vue.js 前端代码 342

思考题 344

第 14 章　网站的持续稳定运行 345

14.1　网站的安全 345

14.2　网站的性能 347

14.3　网站的部署 348

14.4　网站的推广 349

思考题 351

参考文献 352

第 1 章　Web 技术概述

学习提示

　　互联网在人类生活中越来越重要，云计算、物联网等热门技术也不断成熟，深入系统地学习网站开发技术可以使程序员成为技术市场上炙手可热的人才。

　　本章从 Web 的历史开始介绍，通过讨论 B/S 架构和 Web 学习路径，逐渐搭建稳健的 Web 开发技术知识大厦。本章从项目实践的角度讲解主流的 Java Web 开发环境的安装与配置，包括 Java 开发包 JDK、Web 服务器 Tomcat、集成开发环境 Eclipse 和 IntelliJ IDEA 以及项目构建工具 Maven。这些软件都采用了最新的版本，以接轨企业级开发实战。

1.1　Web 系统概况

　　1980 年，瑞士日内瓦欧洲核子研究中心(European Organization for Nuclear Research, CERN)的软件工程师 Tim Berners-Lee 遇到了一个许多人经常碰到的问题：工作过程中，他需要频繁地与世界各地的科学家们沟通联系、交换数据，还要不断地回答一些问题，这些重复而烦琐的过程实在令他烦恼。他希望有一种工具，让人们可以通过计算机网络快捷地访问其他人的信息和数据。于是 Tim Berners-Lee 开始在业余时间编写程序，利用一系列标签描述信息的内容和表现形式，再通过链接把这些文件串起来，让世界各地的人能够轻松地共享信息。Tim Berners-Lee 将这种系统命名为"World Wide Web(WWW)"，1990 年 11 月，第一个 Web 服务器 nxoc01.cern.ch 开始运行。

　　1993 年，美国伊利诺伊大学的 Marc Andreessen 及其同事开发出了第一个支持图文并茂展示网页的 Web 浏览器——Mosaic 浏览器，并成立了网景公司(Netscape Communication Corp.)。图 1-1 为 Mosaic 浏览器的界面。

　　1994 年 10 月，Tim Berners-Lee 联合欧洲核子研究中心、美国国防部高级研究计划局(Defense Advanced Research Projects Agency，DARPA)和欧盟成立了 Web 的核心技术机构——万维网联盟(World Wide Web Consortium，W3C)。从那之后，Web 的每一步发展、技术成熟和应用领域的拓展都离不开 W3C 的努力。W3C 会员(大约 500 名会员)包括软硬件产品及服务提供商、内容供应商、团体用户、研究机构、标准制定机构和政府部门，该组织已成为专门致力于创建 Web 相关技术标准并促进 Web 向更深、更广发展的国际组织。

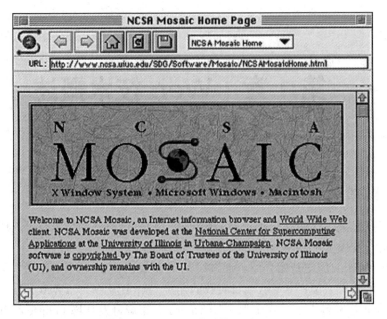

图 1-1   Mosaic 浏览器的界面

从技术方面看，Web 通过超文本标记语言(Hyper Text Markup Language，HTML)实现信息与信息的连接，通过统一资源标识符(Uniform Resource Identifier，URI)实现全球信息的精确定位，通过超文本传输协议(HyperText Transfer Protocol，HTTP)实现信息在互联网中的传输。

作为一种典型的分布式应用架构，Web 应用中的每一次信息交换都要涉及客户端和服务器端两个层面。因此，Web 开发技术大体上也可以被分为客户端技术和服务器端技术两大类。Web 客户端的主要任务是采用 HTML 语言及其相关技术(包括 CSS、JavaScript 等)获取用户的输入并根据用户的访问需求展现信息内容；Web 服务器端的主要任务是按照用户的输入和需求搜索相关数据组成完整的 HTML 文档传输给客户端。

近年来，随着 Web 应用需求不断增加，Web 开发技术也飞速发展，出现了大量的 Web 开发工具、程序库和框架。面对这些纷繁复杂的技术，如何选择学习的入口，如何掌握技术发展的趋势，如何应对大型的 Web 开发项目。要解决这些问题，需要从理论和技术的基础出发，通过恰当的案例实践，逐步找到知识的脉络和规律。扎实的理论和技术基础不仅可以帮助我们进行 Web 的开发，而且有利于在实践中不断学习、掌握和应用新的理论与技术，形成"可持续发展"的知识结构。

1.2   B/S 结构

基于 Web 服务器和浏览器共同构建的软件系统被称为浏览器/服务器体系结构(Browser/Server Architecture，简称 B/S 结构)，它是对传统客户机/服务器体系结构(Client/Server

Architecture，简称 C/S 结构)的一种变化或者改进的结构。

Web 应用程序(Web Application)是指在 B/S 结构中，通过浏览器访问在 Web 服务器端运行的应用程序，用户只需要有浏览器、网站地址和权限就可以访问 Web 应用程序。与 Web 应用程序相对应的是传统 C/S 结构中的桌面应用程序(Desktop Application)，它需要在客户端进行安装和运行。

电子邮件应用是一个典型的例子。我们可以通过特定的桌面应用程序(如 Outlook、Foxmail 等)收发信件或管理邮箱，也可以不使用任何特殊的桌面应用程序而只通过浏览器直接访问电子邮件服务网站(如 mail.139.com、mail.google.com 等)。

传统 C/S 结构中的客户机不是毫无运算能力的输入、输出设备，其具有一定的数据存储和数据处理能力。通过把应用软件的计算和数据合理地分配在客户机和服务器两端，可以有效地降低网络通信量和服务器运算量。而在 B/S 结构下，用户界面完全通过 Web 浏览器实现，一部分事务逻辑在浏览器端(有时称为前端)实现，但是主要事务逻辑在服务器端(有时称为后端)实现。

Web 应用程序利用了不断成熟的浏览器技术，结合在浏览器上运行 JavaScript 程序的能力，在通用浏览器上实现了原来需要复杂专用软件才能实现的强大功能。B/S 结构相对于传统的 C/S 结构更加适合开发多层架构的系统，如图 1-2 所示。

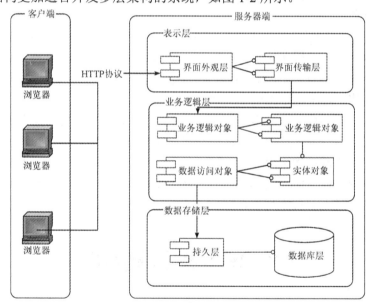

图 1-2 B/S 的系统结构图

B/S 结构相对于传统 C/S 结构是一个巨大的进步。在搭建信息系统时，两者也体现出明显的不同之处：

(1) 硬件环境不同。传统的 C/S 一般建立在专用的网络上，小范围的网络环境和局域网之间再通过专门的服务器提供连接和数据交换服务；B/S 适合建立在广域网之上，不必是专门的网络硬件环境。

(2) 对安全要求不同。传统的 C/S 一般面向相对固定的用户群，对信息安全的控制能力很强，一般高度机密的信息系统适宜采用 C/S 结构；B/S 通常建立在广域网之上，对安全的控制能力相对较弱，面向不可知的用户群，因此更适合发布各种公开信息。

(3) 系统架构不同。传统的 C/S 结构更加注重流程，可以对权限多层次校验；B/S 系统所依托的 HTTP 协议缺少对流程、状态等方面的管理，因此在实际的 B/S 系统开发中需要采用更加优化的开发和运行平台。

(4) 系统维护不同。传统的 C/S 结构意味着在用户的计算机中必须安装特定的客户端软件，如果系统出现了问题或者需要对系统进行升级，就必须在每一个客户端计算机上进行操作；B/S 结构的维护和升级都发生在服务器端。

(5) 处理问题不同。传统的 C/S 结构适合对大量数据进行批量的增、删、改操作，尤其适合对数据库中的数据进行管理；B/S 结构适合面向不同的用户群，接受用户数据的汇集和用户对数据库的各种查询。

(6) 用户接口不同。传统的 C/S 结构的前端大多建立在 Windows 平台上，客户端软件对操作系统有特定的要求，跨平台性较差；B/S 的前端建立在浏览器上，对操作系统没有特别的要求，一般只要有操作系统和浏览器就行，具有良好的跨平台性。因此，云计算或软件即服务(Software as a Service，SaaS)的系统大多基于 B/S 结构建立。

(7) 数据传输协议不同。C/S 结构中的数据传输通常采用 TCP/IP 基础上的网络协议，包括标准协议和自定义协议，传输的内容也是根据实际业务需求确定的；B/S 结构的数据传输采用 HTTP 或 HTTPS 协议，传输内容一般是使用 HTML、CSS、JavaScript、XML、JSON 等的信息。

(8) 系统的扩展性不同。对于成长中的企业，快速扩张是它的显著特点。对于传统的 C/S 结构软件来讲，由于必须到处安装服务器和客户端、招聘专业 IT 支持人员等，因此无法适应企业快速扩张的特点；而 B/S 结构软件一次安装，以后只需设立账号、培训即可。因此，B/S 结构也是基于云计算的 SaaS 的主流技术选型。

总之，信息系统中的数据维护部分较适合使用 C/S 结构，而信息系统中的数据查询部分较适合使用 B/S 结构。当然，系统结构的选择是由多种因素决定的，系统设计人员需要根据系统的软硬件基础和用户的需求，结合业务特点选择适合的体系结构。

本书将围绕 Web 应用程序开发的各个环节展开讨论，为开发基于 B/S 结构的信息系统打下较为坚实的理论和技术基础。

1.3   Web 技术的学习路径

Web 系统的开发主要包括浏览器端(前端)和服务器端(后端)两个部分。Web 系统的开发过程是一种融合了艺术与技术的创作形式。一个出色的 Web 应用不仅要有良好的用户体验，还需要具备可扩展性、可维护性等技术特点，才能为用户带来持久的价值。

前端开发者可以利用 HTML、CSS、JavaScript 等技术，创建出多种形式丰富、富有表现力的 Web 页面和应用。前端学习的重点包括：

(1) HTML 是 Web 开发中常用的标记语言，学习它们的基本语法和用法可以让开发者更好地理解 Web 应用的结构和内容。

(2) CSS 用于网页的样式设计，可以让网页变得美观且易于阅读。

(3) JavaScript 是一种常用的脚本语言，用于网页的动态效果、交互性和数据处理。

(4) 前端框架是用于开发网站或应用程序的软件工具，它们提供了一组预定义的结构、库和模板，以简化开发过程并提高应用程序的可维护性和可伸缩性。目前比较流行的前端框架包括 jQuery、Bootstrap、React、AngularJS、Vue.js 等。

在前端创作中，开发者需要注重细节和表现力，考虑用户的视觉感受和使用习惯，同时要注意代码的可读性和可维护性。因此，Web 浏览器端的开发不仅是一门技术，更是一种创意与表现的艺术，需要开发者在技术和美学两个方面都进行不断的追求和探索。

Web 后端主要负责处理请求和提供响应，并可通过数据库等技术来完成复杂的业务逻辑。后端学习的重点包括：

(1) Web 服务器是后端的核心组件，学习 Tomcat 服务器的工作原理和配置方法，包括常用的 Web 服务器软件和配置文件，有助于开发者更好地了解 Web 应用的部署和运行环境。

(2) Servlet 是 Java Web 开发中常用的技术，用于处理 Web 请求和响应。

(3) JSP 是一种用于创建动态 Web 页面的技术，它允许开发者在 HTML 中嵌入 Java 代码，使开发者更好地实现 Java 和 HTML 的融合。

(4) Java Web 应用通常需要与数据库交互，学习 Java 数据库操作技术，包括 JDBC 和常用的 SQL 语句等，可以帮助开发者实现企业级的 Web 系统。

(5) SSM 框架是一种主流的 Java Web 开发框架，包括 Spring、SpringMVC 和 MyBatis 3 个模块，在开发实践中极大地简化了 Java Web 开发的流程和配置，可以使开发者更快速地开发出高效、可靠的 Java Web 应用。

1.4　开发环境的安装与配置

1.4.1　JDK 的安装

JDK(Java Development Kit)是 Java 语言的软件开发工具包，主要用于计算机、移动设备、嵌入式设备上的 Java 应用程序。JDK 是整个 Java 开发的核心，它包含了 Java 的运行环境(JVM+Java 系统类库)和 Java 工具。

1.4.1 演示

虽然开发者可以选择任意适合的或最新的 JDK 版本进行开发，但 Oracle 公司对不同版本 JDK 的支持规则是不一样的，因此大部分机构和开发者倾向于把 LTS(long-term support，长期支持)版本用在生产环境中，从而得到更加稳定可靠的服务。JDK 的 LTS 有 JDK 8、JDK 11、JDK 17 等。另外，JDK 17 遵守免费 Java 许可协议(Free Java License)，可免费用于生产环境。

本书的所有范例程序均基于 JDK 17 开发和测试。JDK 的安装程序可以到 Oracle 的官方网站(http://www.oracle.com)上下载。

下面讲解 JDK17 在 Windows 操作系统上的安装与配置步骤。

(1) 下载并执行"jdk-17_windows-x64_bin.exe"文件开始安装，如图 1-3 所示。

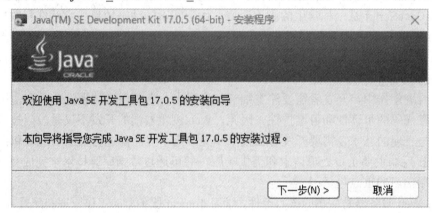

图 1-3 运行"jdk-17_windows-x64_bin.exe"

(2) 单击图 1-3 中的"下一步"按钮，选择安装路径及安装内容，如图 1-4 所示。单击"更改"按钮可以修改 JDK 的安装路径，在这里我们把 JDK 安装在"C:\Program Files\Java\jdk-17.0.5\"目录下，单击"下一步"按钮。

图 1-4 选择安装路径

(3) 安装完成，如图 1-5 所示。

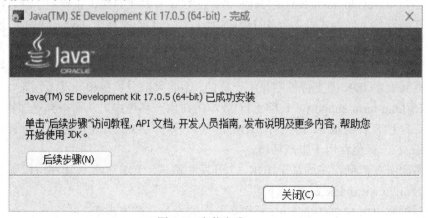

图 1-5 安装完成

(4) 测试 JDK 是否安装成功，在命令行中输入 "java -version"，如果能够正常显示 JDK 的版本号，则表示安装成功，如图 1-6 所示。

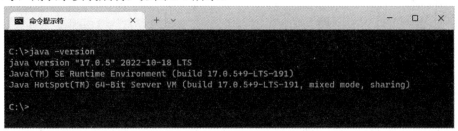

图 1-6　测试成功

1.4.2　Tomcat 的安装

Apache Tomcat 软件是 Apache 软件基金会(Apache Software Foundation，ASF)的一个开源项目，基于 Apache 许可证(第 2 版)发布，支持典型的 Web 应用程序。Tomcat 是基于 Java EE 或 Jakarta EE 的 Servlet、JSP、表达式语言、WebSocket 等规范的开源实现。Tomcat 性能稳定、占用的系统资源小、扩展性好、支持负载平衡、功能较全面，得到了开发者和软件开发商的认可。

1.4.2 演示

Tomcat 不仅可以作为独立运行 JSP 和 Servlet 程序的容器，而且可以集成在主流的 IDE 中，以便程序员开发和调试 Web 应用。Tomcat 10 和更高版本支持开源的 Jakarta EE 规范，Tomcat 9 和更早版本支持 Java EE 规范。需要注意的是：由于 Tomcat 9 及早期版本使用 Java EE 库，而 Tomcat10 使用 Jakarta EE 库，因此导入的 jar 库文件是不一样的，对应的源代码也有区别。在 Tomcat 10 及更高版本中，所有实现的 API 的主包都已从 javax.*更改为 Jakarta.*，这导致它们与 Tomcat 9 和更早版本的源代码不能兼容。为适应技术发展趋势，本书所有的范例均使用 Tomcat 10 作为 Web 服务器。

Tomcat 的官方网站下载地址为 https://tomcat.apache.org/，Windows 平台可以下载 ZIP 包或者 Installer 安装文件。注意：在安装 Tomcat 之前必须成功安装 JDK。Tomcat 在 Windows 平台上的安装步骤如下：

(1) 下载并执行 "apache-tomcat-10.1.8.exe" 文件开始安装，如图 1-7 所示。

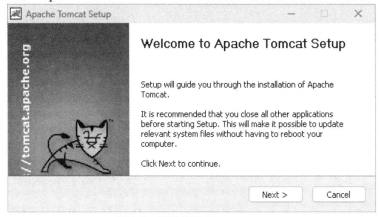

图 1-7　开始安装 Tomcat

(2) 选择需要安装的功能模块。除了默认安装的模块，还可以选择"Host Manager"提供基于 Web 的管理系统，选择"Examples"提供可参考的例子代码，如图 1-8 所示。

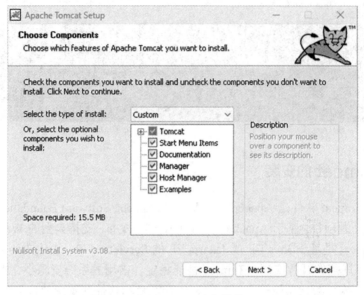

图 1-8　选择 Tomcat 功能模块

(3) 配置端口和管理权限。在配置端口和管理权限窗口中可以对 Tomcat 的基本属性值进行修改，其中最常用的是"HTTP/1.1 Connector Port"(HTTP 协议的访问端口号)，Tomcat 默认该端口号为 8080，在不出现冲突的情况下可以将该值改为 80 (HTTP 协议的默认端口号是 80)。此外，还可以设置 Tomcat 管理员的用户名和密码，用户运用该身份能对 Tomcat 的运行状态以及 Web 应用部署进行控制和管理，如图 1-9 所示。

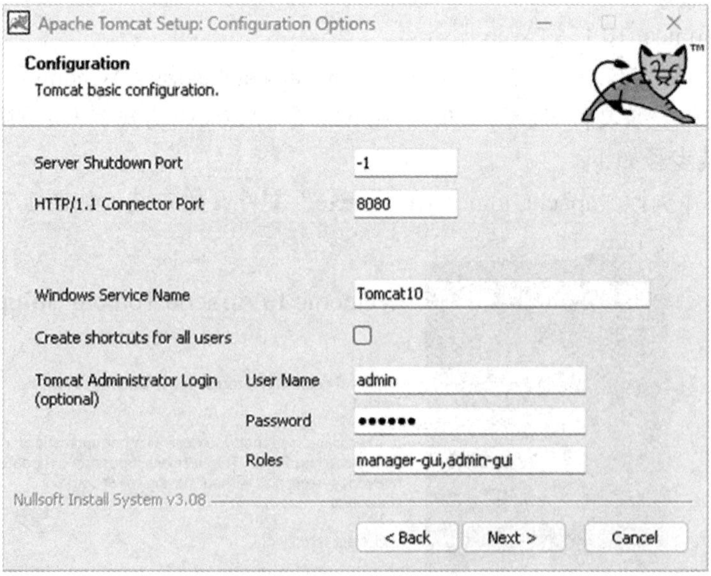

图 1-9　配置端口和管理权限

(4) 设定 Tomcat 使用的 Java 虚拟机(Java Virtual Machine，JVM)，这里要选择之前安装 JDK 所在的目录，如图 1-10 所示。

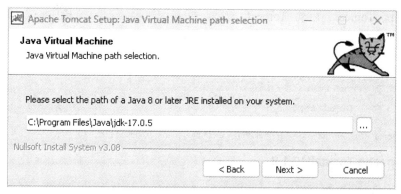

图 1-10　设定 Tomcat 使用的 JVM

（5）设置安装路径，如图 1-11 所示。如果在 IDE 中使用 Tomcat，则需要检查安装路径的权限，从而确保 Tomcat 可以被打开和访问。

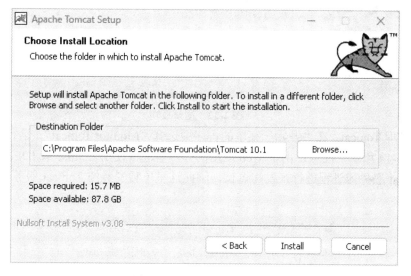

图 1-11　设置安装路径

（6）安装完毕并启动 Tomcat，如图 1-12 所示。

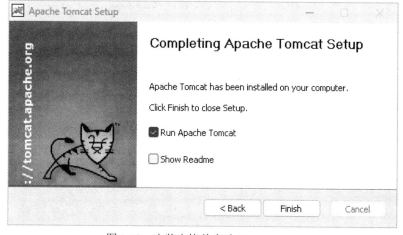

图 1-12　安装完毕并启动 Tomcat

(7) 测试 Tomcat。启动 Tomcat 之后，打开浏览器，在地址栏中输入 http://localhost:8080(如果之前修改端口为 80，则地址为 http://localhost)，浏览器中出现如图 1-13 所示的界面，即表示 Tomcat 安装成功。

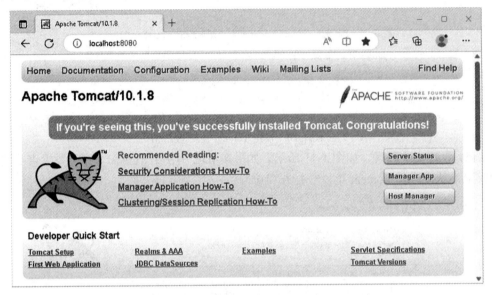

图 1-13　测试成功

(8) 管理 Tomcat。在"开始"菜单的程序中选择"Monitor Tomcat"，运行 Tomcat 监控器，如图 1-14 所示。注意：由于 Web 应用的开发者通常使用 Eclipse 或 IDEA 等 IDE 中集成的 Tomcat 服务器进程进行开发和调试，因此这里单独安装的 Tomcat 服务器通常保持停止状态。

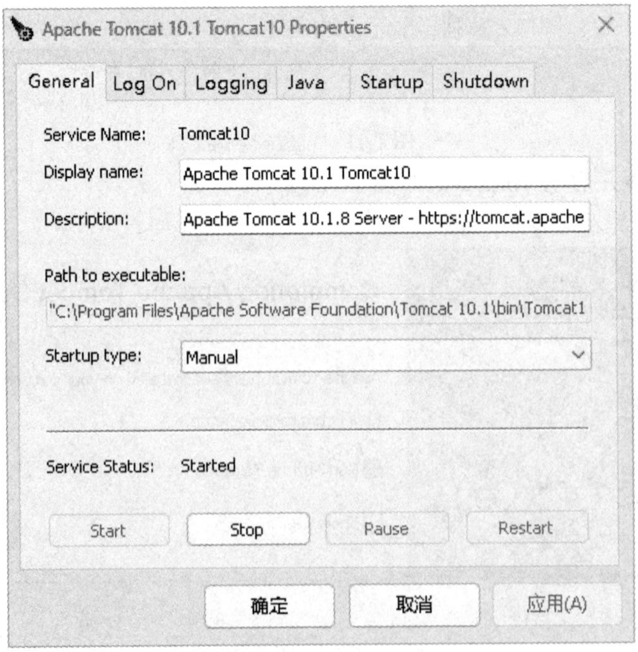

图 1-14　Tomcat 监控器

1.4.3　Eclipse 的安装与配置

Eclipse 是主流、开源、跨平台的集成开发环境(Integrated Development Environment，IDE)，最初主要用于 Java 语言应用开发，但通过插件也可以作为 C/C++、Python 等计算机语言的开发工具。Eclipse 本身是一个框架平台，众多插件的支持使得 Eclipse 拥有了巨大的可扩展性和灵活性，许多软件开发商以 Eclipse 为框架开发自己的 IDE。例如，Spring Tool Suite(STS)就是一个基于 Eclipse 的开发环境，用于开发 Spring 应用程序，提供了调试、运行和部署 Spring 应用程序的工具。Eclipse 的官网下载地址为 https://www.eclipse.org/downloads/。

1.4.3 演示

Eclipse 在 Windows 平台上的安装步骤如下：

(1) 运行所下载的"eclipse-inst-jre-win64.exe"文件，弹出如图 1-15 所示的窗口。根据 Java Web 的开发需要，选择"Eclipse IDE for Enterprise Java and Web Developers"，即 Eclipse IDE 为 Java Web 开发者配置的环境。

图 1-15　选择 Eclipse IDE 为 Java Web 开发者配置的环境

(2) 选择安装路径窗口，勾选复选框，单击"INSTALL"按钮(如图 1-16 所示)，开始安装。

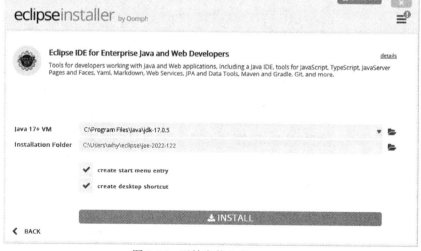

图 1-16　开始安装 Eclipse

(3) 安装结束后，启动 Eclipse，选择项目工作路径 "Workspace"，如图 1-17 所示。

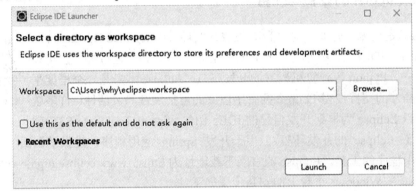

图 1-17　选择 Eclipse 项目工作路径

(4) 新建动态网站项目：单击菜单 File→New→Dynamic Web Project，如图 1-18 所示。

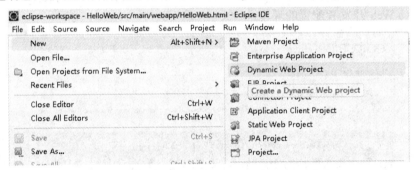

图 1-18　新建动态网站项目

(5) 对创建的 Web 项目进行具体的配置，包括 Web 项目名称 "Project name"、运行环境 "Target runtime" 等，如图 1-19 所示。

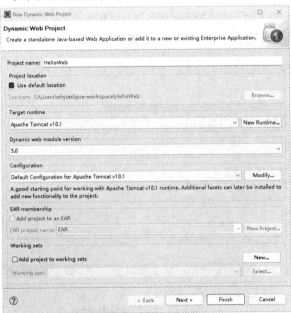

图 1-19　配置动态 Web 项目

(6) 在 webapp 目录上单击鼠标右键，添加"HTML File"并命名为"HelloWeb.html"，如图 1-20 所示。

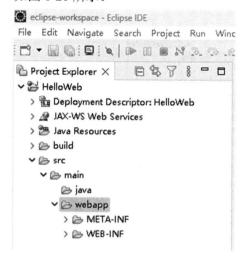
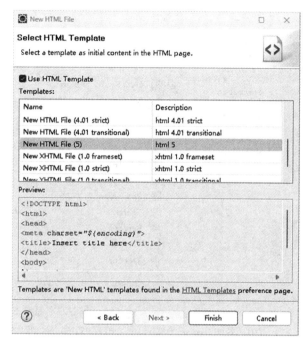

图 1-20　新建 HTML 文件

(7) 编辑"HelloWeb.html"文件的内容，如图 1-21 所示。

图 1-21　编辑 HTML 文件

(8) 如果之前没有配置过或配置出错，那么都可以重新配置 Eclipse 中的 Web 服务器 Tomcat，否则可以略过步骤(8)～(11)。打开 Servers 视图，单击菜单 Window→Show View→ Other，选择图 1-22 中的 Servers 并单击"Open"按钮打开 Servers 视图。

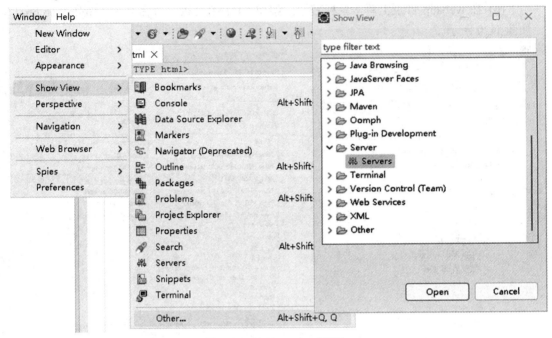

图 1-22　打开 Servers 视图

　　(9) 添加 Tomcat Server。单击 Servers 视图中的"No Servers are available…"超链接，选择合适的 Tomcat 版本，如图 1-23 所示。如果在"Tomcat installation directory"中没有显示目录，则需要单击"Download and Install…"按钮进行下载和安装。

图 1-23　添加 Tomcat 服务器

(10) 选择项目添加到配置中，项目目录中会形成服务器配置的相关文件，如图 1-24 所示。

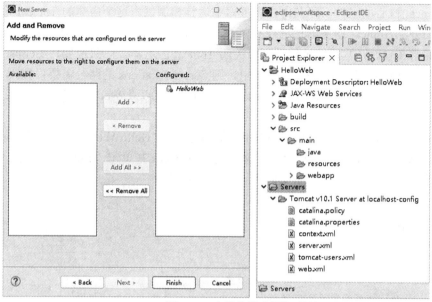

图 1-24　在服务器中添加项目

(11) 配置 Tomcat 服务器。在图 1-25 所示的 Servers 视图中双击 Tomcat 服务器进入设置模式，设置端口并保存修改。其中，"HTTP/1.1" 端口即为 Web 应用所使用的端口，可以设置为默认的 80 或其他不冲突的端口。

图 1-25　配置 Tomcat 服务器

　　使用 Eclipse 开发和调试 Web 应用时，Tomcat 的运行分为内建服务器和外部服务器。如果在 Eclipse 中设置的 Server locations 路径为"Use workspace metadata"，则是在 Eclipse 中启动了 Tomcat 核心的组件，即在内建服务器中运行和调试。这个内建的 Tomcat 进程与系统中安装的外部 Tomcat 服务器进程没有关系，Web 应用程序并没有部署到外部 Tomcat 服务器中。通常在软件开发调试过程中可以关闭 Tomcat 服务器。如果需要将 Eclipse 中的 Web 应用程序部署在外部的 Tomcat 服务器中，则 Server locations 的路径需要设置为"Use Tomcat installation"。独立运行的外部 Tomcat 服务器的配置以及 Web 应用部署将在后续章节专门介绍。

　　(12) 在项目浏览器(Project Explorer)中用鼠标右键单击"HelloWeb"项目，选择菜单 Run As→Run on Server，显示图 1-26 所示的界面，选择 Tomcat 并单击"Finish"按钮，如果开发环境配置正确，则会显示如图 1-27 所示的运行结果。

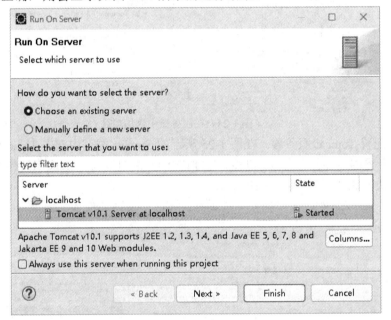

图 1-26　选择 Web 服务器运行项目

图 1-27　HelloWeb 项目执行结果

1.4.4　IntelliJ IDEA 的安装与配置

　　IntelliJ IDEA(简称 IDEA)是 JetBrains 公司提供的 Java、HTML、CSS、PHP、Python 等编程语言的智能化集成开发环境，具有智能代码助手、代码自动提示、重构、JavaEE 支持、各类版本工具(git、svn 等)、JUnit、CVS 整合、代码分析等丰富的功能。IDEA 产品分为旗舰版(Ultimate Edition)和社区

1.4.4 演示-1

版(Community Edition)，旗舰版可以短期免费试用，社区版可以长期免费使用，但社区版的功能对比旗舰版的功能有所缩减,特别是对于 Java Web 应用的开发需要做大量的手工配置。本书以功能全面的旗舰版为例，说明 IDEA 的安装与配置过程。IDEA 的官网下载地址为 https://www.jetbrains.com/。

IDEA 在 Windows 平台上的安装步骤如下：

(1) 双击"ideaIU-2022.3.1.exe"的图标，开始安装 IDEA 软件，如图 1-28 所示。

图 1-28　开始安装 IDEA

(2) 单击图 1-28 中的"Next"按钮，选择安装路径，继续安装，如图 1-29 所示。

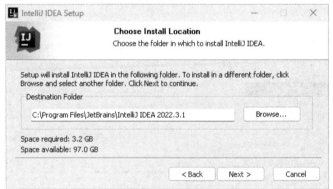

图 1-29　选择安装路径

(3) 配置选项，可以选择将相关扩展名文件关联到 IDEA，如图 1-30 所示。

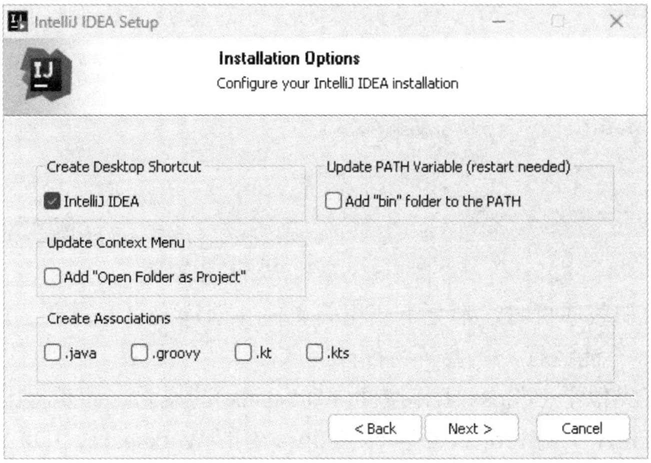

图 1-30　配置选项

(4) 安装结束可以直接启动 IDEA，如图 1-31 所示。

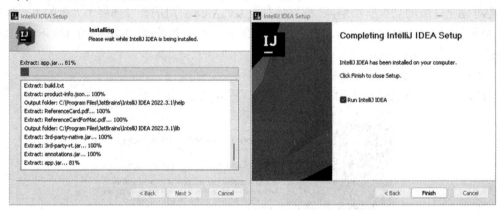

图 1-31　安装结束

(5) 新建网站项目。单击菜单 File→New→Project，选择"Maven Archetype"开始创建，如图 1-32 所示。设置项目名称为"HelloWeb"，选择项目路径，选择合适的 JDK 版本。选择 Archetype 为"org.apache.maven.archetypes:maven-archetype-webapp"，这里利用 Maven 构建 Web 应用的关键选项。

1.4.4 演示-2

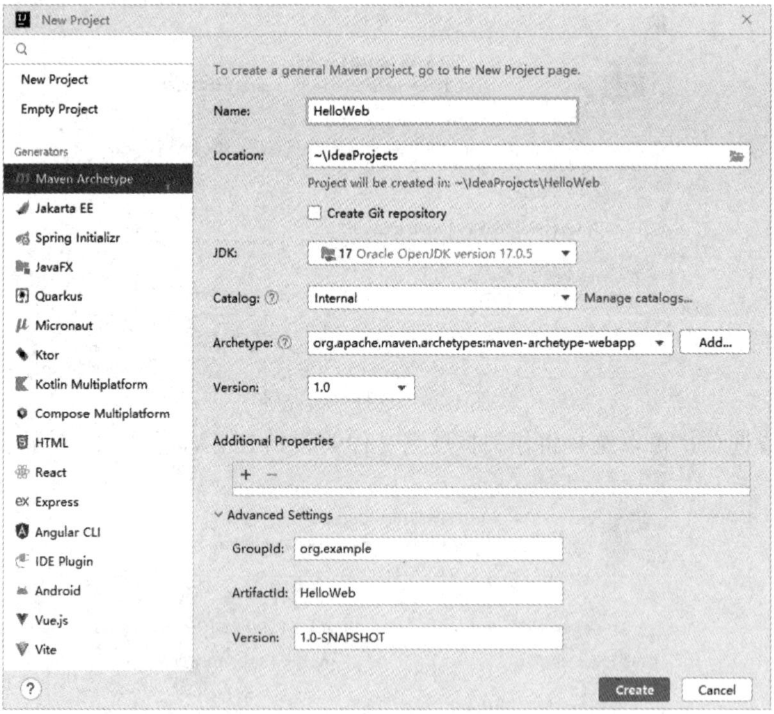

图 1-32　新建 Web 应用项目

IDEA 首次加载项目时，都会下载相关文件并创建索引，需要一定的时间。在此期间，代码不能编译、不能运行，需要等待创建完成。

IDEA 没有类似于 Eclipse 工作空间(Workspace)的概念，而是提出了 Project 和 Module 这两个概念。IDEA 中的 Project 相当于 Eclipse 中的 Workspace，IDEA 中的 Module 相当于 Eclipse 中的 Project。

(6) Web 项目创建之后会形成基本的目录结构，目录名称和含义可以参考前文 Eclipse 中的相关解释。IDEA 会自动生成名为"index.jsp"的文件，如果可以成功运行这一文件，则说明开发环境配置成功。通常，直接运行目前的项目是会报错的，因为还需要配置 Tomcat 运行环境。单击选择工具栏中的"Edit Configurations"，开始配置运行环境，如图 1-33 所示。

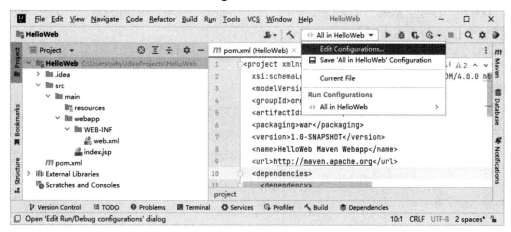

图 1-33　基本的目录结构与文件

(7) 配置 Tomcat 运行环境。在 IDEA 中配置 Tomcat 有两种方式，分别是集成本地 Tomcat 服务器和 Tomcat Maven 插件。以下以集成本地 Tomcat 服务器为例进行介绍，如图 1-34 所示。

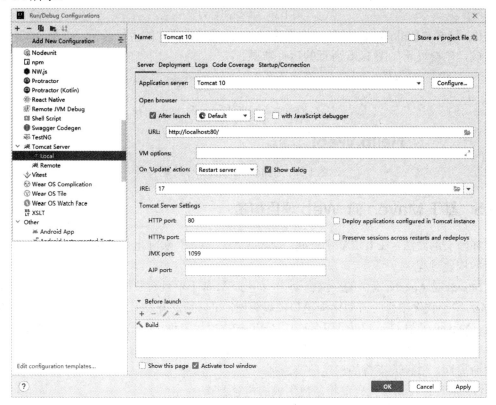

图 1-34　配置 Tomcat 运行环境

添加"Tomcat Server"中的"Local"配置,可以将其命名为"Tomcat 10"。在"Server"服务器选项卡中,选择已安装的服务器(Application server),如果 IDEA 不能直接识别并允许选择之前安装的 Tomcat,则需要检查并更改 Tomcat 目录的访问权限。HTTP 端口即为 Web 应用所使用的端口,可以设置为默认的 80 或其他不冲突的端口。

(8) 在"Deployment"部署选项卡中,将"HelloWeb:war"(即由 Maven 生成的 Web 项目打包文件)添加在部署列表中,如图 1-35 所示。

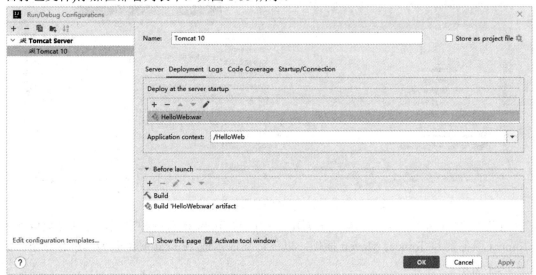

图 1-35　添加部署列表

(9) 选择"HelloWeb"项目,选择菜单 Run 或工具栏中的运行按钮,如果开发环境配置正确,则会显示如图 1-36 所示的运行结果。

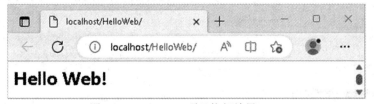

图 1-36　HelloWeb 项目执行结果

1.4.5　基于 Maven 的 Web 项目构建

如前文的做法,在 IDEA 中创建"Maven Archetype"实际上是利用 Maven 来组织管理项目的构建过程。

Maven 是 Apache 提供的一款自动化构建工具,基于项目对象模型(Project Object Model, POM),用于软件项目的自动化构建和依赖管理,可以帮助开发者快速完成工程的基础构建配置。Maven 通过 GroupId(组织名称)、ArtifactId(项目名称)、Version(版本编号)3 个变量来唯一确定一个具体的依赖(简称 GAV)。Maven 使用了一个标准的目录结构和一个默认的构建生命周期。Maven 支持的构建环节包括:

(1) 清理:在编译代码前将之前生成的内容删除。

(2) 编译:将源代码编译为字节码。

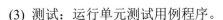

(3) 测试：运行单元测试用例程序。

(4) 报告：测试程序的结果。

(5) 打包：将 Java 项目打成 jar 包，将 Web 项目打成 war 包。

(6) 安装：将 jar 或 war 生成到 Maven 仓库中。

(7) 部署：将 jar 或 war 从 Maven 仓库中部署到 Web 服务器上运行。

Maven Web 项目配置之后会形成基本的目录结构，目录名称和含义如下：

```
src：源码文件夹
└main：主代码文件夹
   ┤java：Java 代码文件夹
   └webapp：页面文件夹，可以存放 HTML、JSP 等静态或动态页面
      ┤META-INF：主要存放由工具生成的元信息相关的文件
      └WEB-INF：存放插件等文件，这里的文件在浏览器中不可访问
         └Lib：存放 Web 应用需要的各种 JAR 文件，如数据库驱动 JAR 文件
```

Maven 采用远程仓库和本地仓库以及核心的配置文件 pom.xml 来管理项目所依赖的资源。pom.xml 文件中定义的 jar 文件从远程仓库下载到本地仓库，多个项目可以使用同一个本地仓库中的资源，同一个版本的资源只需下载一次即可多次使用。开发者可以将项目所依赖的资源加入 pom.xml 中，Maven 会自动将依赖的资源下载到本地仓库，并且下载的资源如果还依赖其他资源，那么其他资源也会被自动继续下载。Maven 的插件体系架构使其核心非常精简，只有在执行 Maven 任务时，才会根据需要自动下载所需的插件。

基于 Maven 进行 Web 项目构建具有依赖管理、自动化构建、项目模板、插件机制、统一版本号管理、跨平台等优势。

(1) 依赖管理：Maven 能够很方便地管理 Java 项目中的依赖，提供了一个中央仓库和本地仓库来存储依赖库，开发者只需要在 pom.xml 文件中声明需要的依赖即可，Maven 会自动下载并配置好依赖关系。

(2) 自动化构建：Maven 能够自动化地进行项目构建，支持编译、测试、打包等一系列操作，并且这些操作可以配置自动触发或手动触发。

(3) 项目模板：Maven 提供了各种项目模板，如 Java 项目、Web 项目、EJB 项目、Spring 项目等，使得快速搭建项目非常方便。

(4) 插件机制：Maven 支持插件机制，可以轻松地扩展构建过程，如添加代码检查、测试覆盖率等功能。

(5) 统一版本号管理：通过应用 Maven，开发者可以统一管理项目中各个模块(包括依赖)的版本号，确保版本一致性，避免不同模块之间的冲突。

(6) 跨平台：Maven 是基于 Java 实现的，因此可以跨平台使用，适用于 Windows、Linux 等多种操作系统。

实际上，不论是否使用 Maven 来构建 Web 应用项目，部署到服务器时，其结构都是相似的，都必须符合 Java EE 规范要求。通过 Eclipse 的配置选项可以看到 Maven 项目源目录与部署目录的对应关系，如图 1-37 所示。

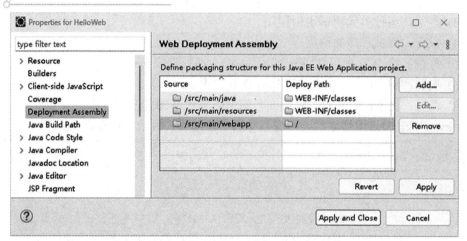

图 1-37   Maven 项目源目录与部署目录的对应关系

思 考 题

1. HTML 与 W3C 组织分别是如何产生的？
2. C/S 体系结构和 B/S 体系结构有何不同之处？
3. B/S 结构中的前端和后端分别是做什么的？
4. 什么是 JDK，在开发实践中如何选择合适的 JDK 版本？
5. Tomcat 软件的作用是什么，在开发实践中如何选择合适的 Tomcat 版本？
6. Java Web 开发中常用的 IDE 有哪些，在开发实践中如何选择？
7. 基于 Maven 进行 Web 项目构建有哪些优势？

第 2 章　超文本标记语言 HTML 5

学习提示

构建基于 B/S 结构的系统离不开两部分技术：Web 浏览器端技术(前端技术)和 Web 服务器端技术(后端技术)。Web 浏览器端技术包括 HTML、CSS、JavaScript 等。HTML 语言是 Web 的核心技术，其标准由 W3C 制定。

作为 W3C 正式发布的最新标准，HTML 5 已广泛应用于网站开发、小程序开发等领域。HTML 5 的新特性主要在于多媒体信息的丰富表现方式、浏览器端的复杂应用支持、对性能的优化和改进等方面。HTML 5 带来了一组新的用户体验，如 Web 的音频和视频不再需要插件，通过 Canvas 能更灵活地完成图像绘制而不必考虑屏幕的分辨率，浏览器对可扩展矢量图(SVG)和数学标记语言(MathML)的本地支持，通过引入新的注释信息以增强对东亚文字(包括简体及繁体中文、日文、韩文等)呈现的支持，对富 Web 应用(即基于 JavaScript、AJAX 等技术实现的用户体验丰富的 Web 应用程序)等新特性的支持等。相对之前的版本，HTML 5 增加了许多新的元素，同时也在标准中删除了一些不再适用的元素，但这并不意味着开发者将不能再使用那些元素，因为几乎所有支持 HTML 5 技术的浏览器都会长期继续支持之前的标准。

本章中节的划分参考了 W3C 的 HTML 5 推荐标准文档中的元素归类划分方式。在讨论各种元素时，会列出该元素在 HTML 4 和 HTML 5 中被支持的情况，以供参考。

很多初学者认为既然可以使用各种可视化网页设计工具(如 Dreamweaver 等)"画"出网页，那就大可不必学习 HTML 语法并"手写"HTML 代码。设计工具确实可以事半功倍，但如果需要动态地生成 Web 页面、产生各种交互效果、改善用户体验，那么学习 HTML 语法，特别是系统地学习 HTML 元素就是必需的。

2.1　HTML 5 概况

HTML 是目前最为广泛使用的超文本语言，而超文本语言的历史可追溯到 20 世纪 40 年代。1945 年，Vannevar Bush(著名的曼哈顿计划的组织者和领导者)发表论文描述了一种被称为 MEMEX 的机器，其中已经具备了超文本和超链接的概念。Doug Engelbart(鼠标的发明者)等人则在 1960 年前后，对信息关联技术做了最早的实验，与此同时，Ted Nelson 正式将这种信息关联技术命名为超文本(Hypertext)技术。随后在 1969 年，Charles F. Goldfarb 博士带领 IBM 公司的一个小组开发出通用标记语言(Generalized Markup Language，GML)，并在 1978—1986 年间，将 GML 语言进一步发展成为著名的标准通用标记语言(Standard Generalized Markup Language，SGML)。当 Tim Berners-Lee 和他的同事们在 1989 年试图创建一个基于超文本的分布式信息系统时，Tim Berners-Lee 意识到，SGML 是描述超文本信息的最佳方案。于是，Tim Berners-Lee 应用 SGML 的基本语法和结构为 Web 量身定制了 HTML。

　　HTML 是使用 SGML 定义的一个描述性语言，也可以说，HTML 是 SGML 的一个应用。HTML 不是如 C++和 Java 之类的程序设计语言，而只是标记语言。HTML 的格式和语法非常简单，只是由文字及标签组合而成的，任何文字编辑器都可以编辑 HTML 文件，只要能将文件另存成 ASCII 纯文本格式即可。当然，使用专业的网页编辑软件设计网页更加方便，例如 FrontPage、Dreamweaver 等，甚至 Word 软件都可以将文件保存为 HTML 格式。

　　HTML 的发展经历了多个版本，2014 年由 W3C 正式发布了 HTML 5，引入了许多重要的新特性，主要如下：

　　(1) 语义化更好：HTML 5 提供了更多的语义标签，能够更好地描述网页的结构；

　　(2) 全新的元素：HTML 5 引入了很多全新的元素，比如 video、audio、canvas 等，使网页更加丰富；

　　(3) 更多的表单控件：HTML 5 对表单控件进行了很大的改进，比如支持 placeholder 属性，支持多种输入类型，支持自定义属性等；

　　(4) 支持多媒体：HTML 5 支持多媒体格式，如 video 和 audio，可以在网页内轻松插入多媒体，无须再依赖外部插件；

　　(5) 离线存储：IITML 5 支持离线存储，能够把应用程序的部分数据保存在客户端，这样可以提高用户的访问速度，减少服务器的压力，提升用户体验感；

　　(6) 拖放功能：HTML 5 支持拖放功能，可以让用户更方便快捷地操作；

　　(7) WebSocket：HTML 5 支持 WebSocket，这是一种全双工通信协议，能够更好地支持实时应用。

　　在开发技术的选型中，还可以选择传统 HTML 的扩展技术，包括可扩展超文本标记语言 (eXtensible HyperText Markup Language，XHTML)和动态 HTML(Dynamic HTML，DHTML)。

　　XHTML 是与 HTML 同类的语言，不过语法上更加严格。从对象关系上讲，HTML 是基于 SGML 的应用，但语法规则较为"宽松"；而 XHTML 则基于 XML 的应用，严格服从 XML 的语法规则。XML 是 SGML 的一个子集，关于它的技术将在后续章节中描述。XHTML 1.0 在 2000 年成为 W3C 的推荐标准，在各种网页的开发工具中都有对 XHTML 标准的设置选项。

　　DHTML 并非 W3C 的标准，它是微软等公司给出的相对传统静态 HTML 而言的一种开发网页的概念。DHTML 建立在原有技术的基础上，主要包括 3 个方面：一是 HTML(或 XHTML)，其中定义了各种页面元素对象；二是 CSS，其中的属性也可被动态操纵，从而获得动态的效果;三是客户端脚本(包括JavaScript等),用以编写程序操纵 Web 页上的 HTML 对象和 CSS。CSS 和 JavaScript 将在后面进行讨论。

2.2　HTML 文档结构

下面的代码就是一个最简单的网页，HTML 文件中的各种元素组合起来，通过浏览器的解析和展现就形成了各种各样的网页。

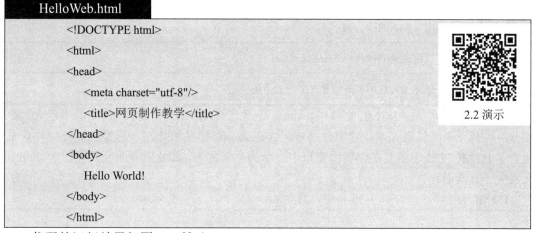

```
HelloWeb.html

<!DOCTYPE html>
<html>
<head>
    <meta charset="utf-8"/>
    <title>网页制作教学</title>
</head>
<body>
    Hello World!
</body>
</html>
```

2.2 演示

代码的运行效果如图 2-1 所示。

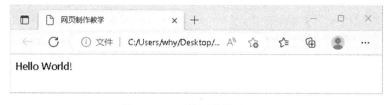

图 2-1　网页的浏览效果

HTML 源代码通常是以<!DOCTYPE html>开头的。<!DOCTYPE html>不是 HTML 标签，它只是一条浏览器指令，告诉浏览器编写页面所用的标记的 DTD 版本，所以不需要成对出现。<!DOCTYPE>典型的内容如下：

<!DOCTYPE HTML PUBLIC "-//W3C//DTD HTML 4.01//EN" "http://www.w3.org/TR/html4/strict.dtd">

上述代码是符合 HTML 4 标准的文档说明，而 HTML 5 格式不是基于 SGML 的，因此不要求引用 DTD，直接以<!DOCTYPE html>开头即可。

在 HTML 中任何标签皆由 "<" 及 ">" 所围住，如 <a>，标签名与小于号之间不能留有空白字符。在起始标签之标签名前加上符号 "/" 便是其终结标签，如 </a>。由起始标签和终结标签所构成的对象可以称为 HTML 元素(或 HTML 对象)。在 HTML 5 中不要求关闭所有元素(例如<p>元素)，但建议每个元素都要添加关闭标签，以提高页面代码自动化处理的方便性。

标签字母大小写皆可，但推荐统一使用小写字母，因为小写字母容易输入，风格看起来更加清爽，多数开发人员通常使用小写，而混合了大小写的风格可读性较差。

　　HTML 元素可以带有参数，也称为元素的属性。属性只可加于起始标签中。熟悉面向对象程序设计的开发人员更习惯将它们称为"HTML 对象和属性"，本书并不特别强调它们的名称，但在不同的章节中会根据上下文的情况给出不同的名称。表 2-1 列出了适用于大多数 HTML 元素的属性。

表 2-1　HTML 元素的基本属性

属　　性	描　　述
class	为 HTML 元素定义一个或多个类名(classname)(类名从样式文件引入)
id	定义元素的唯一 id
style	规定元素的行内样式(inline style)
title	描述了元素的额外信息 (作为工具条使用)

　　通常在一个完整的 HTML 文件中，<html>元素是 HTML 文档的根元素，其中包含两个部分：头部元素和体部元素，它们分别被包含在<head>标签和<body>标签中。<body>元素包含了 HTML 文档中需要在浏览器窗口中显示的全部内容，其他的界面元素可作为<body>元素的子元素而存在。

　　HTML 注释可以写在<!--和-->中，比如：

```
<!--这是注释-->
```

或者

```
<!--
这是大段文字注释，可以分段
后续的注释文字
-->
```

　　另外，CSS 和 JavaScript 增强了 HTML 的表现能力，同时也可以使 Web 浏览器端的开发更加符合模块化、可扩展性、面向对象等软件工程方面的要求。

2.3　头　部　元　素

2.3.1　头部元素概览

　　HTML 中的大多数元素都包含在 HTML 文档的<body>元素中，本节讨论的是在<body>元素之前，并与之平行的<head>元素及其子元素。头部元素<head>中可以包含多个元素用来描述脚本、链接样式表、提供元信息等，这些信息虽然不能直接在页面上展示，但对于文档的说明、可读性、搜索引擎优化等方面至关重要。<head>元素的子元素包括<title>、<base>、<link>、<meta>、<style>等。头部元素及其语义说明如表 2-2 所示。

表 2-2　头部元素及其语义说明

元　素	语　　　义	HTML 支持版本
<head>	所有头部元素的容器	4、5
<title>	定义了 HTML 文档的标题	4、5
<base>	描述了页面中所有超链接的默认超链接基地址(用 href 属性指定)和默认目标(用 target 属性指定)	4、5
<link>	定义 HTML 文档和外部资源的关系	4、5
<meta>	给出 HTML 文档的元数据	4、5
<style>	定义样式	4、5

2.3.2　<title><base>元素

<title>元素定义了 HTML 文档的标题，它的功能包括：该标题将显示在浏览器的标题条中；当用户将该页面加入收藏夹时将默认使用该标题；很多搜索引擎在显示搜索结果时会将该标题作为页面标题。

<base>元素描述了页面中所有超链接的默认基地址(用 href 属性指定)和默认目标(用 target 属性指定)。假如文档中有指向 a.htm 的超链接，那么浏览器将会到 /a.htm 这一地址中下载相应文件，随后将会(根据 target = "_blank")开辟新的浏览器窗口并显示该网页，其代码如下：

```html
<html>
<head>
    <title>Title of the document</title>
    <base href = "http://www.foo.com/html/a.htm" />
    <base target = "_blank" />
</head>
<body>
    The content of the document...
</body>
</html>
```

2.3.3　<link><style>元素

<link>元素用来定义 HTML 文档和外部资源的关系，通常用来声明 HTML 所引用的 CSS 文档。例如下面的代码中链接了一个名为 mystyle.css 的文档：

```html
<head>
    <link rel = "stylesheet" type = "text/css" href = "mystyle.css" />
</head>
```

除了链接，在 HTML 中还可以直接嵌入 CSS 样式代码。下例中使用<style>元素来完成这一任务：

```
<head>
    <style type = "text/css">
        body { background-color: yellow; }
        p { color: blue; }
    </style>
</head>
```

关于 CSS 更详细的说明将在后续章节中专门讨论。

2.3.4 <meta>元素

<meta>元素可以给出 HTML 文档的元数据(metadata)，但元数据不能在网页中显示，只能被浏览器、搜索引擎等程序解析和应用。通过元数据可给出页面的简述、关键词、作者、字符集等信息，代码如下：

```
<head>
    <meta name = "description" content = "Free Web tutorials" />
    <meta name = "keywords" content = "HTML,CSS,XML,JavaScript" />
    <meta name = "author" content = "Hege Refsnes" />
</head>
```

<meta>元素所给出的网页元数据对于用搜索引擎判断网页类型、内容很有帮助。

2.3.5 <script><noscript>元素

<script>元素中可以嵌入脚本程序，HTML 5 中脚本程序是用 JavaScript 语言书写的。若浏览器不支持脚本程序的执行，则会显示<noscript>元素中的内容。<template>元素中可以定义前端模板，通过 JavaScript 代码进行调用。

<noscript>元素是当浏览器禁用脚本或浏览器不支持脚本时提供替代内容。<noscript>元素可包含普通的 HTML 元素。以下代码是当浏览器不支持脚本或者禁用脚本时显示<noscript>元素中的内容：

```
<script>
    document.write("Hello World!")
</script>
<noscript>
抱歉，你的浏览器不支持 JavaScript!
</noscript>
```

关于使用 JavaScript 的更多例子将在后面的章节中给出。

2.4　文 本 元 素

2.4.1　文本元素概览

在 HTML 中，文本元素(Text-level Semantics)用来定义网页中的文本内容和语义，增加文字的易读性。文本元素主要包括<a>、<em>、<strong>、<small>、<s>、<cite>、<q>、<dfn>、<abbr>、<time>、<code>、<var>、<samp>、<kbd>、<sub>、<sup>、<i>、<b>、<u>、<mark>、<ruby>、<rb>、<rt>、<rtc>、<rp>、<bdi>、<bdo>、<span>、
、<wbr>等。虽然文本的显示样式通常是由 CSS 来定义的，但文本元素的语义也会影响文本的显示风格，比如上标(sup)、下标(sub)等文本。文本元素及其功能说明如表 2-3 所示。

2.4 演示

<div align="center">表 2-3　文本元素及其功能说明</div>

元　素	语　　义	HTML 支持版本
<a>	定义超链接	4、5
<em>	定义强调文本，指定文本的性质，显示为斜体字	4、5
<strong>	定义强调文本，指定文本的性质，显示为粗体字	4、5
<small>	定义小号文本	4、5
<s>	定义加删除线的文本	4、5
<sub>	定义下标文本	4、5
<sup>	定义上标文本	4、5
<i>	定义斜体文本，指定文字该如何显示	4、5
<b>	定义粗体文本，指定文字该如何显示	4、5
<u>	定义下画线文本	4、5
<mark>	定义有加亮记号的文本	5
<ruby>	定义注释，可显示中文注音或字符	5
<rb>	定义部分 ruby 注释	5
<rt>	定义字符(中文注音或字符)的解释或发音	5
<rp>	在 ruby 注释中使用，以定义不支持 ruby 元素的浏览器所显示的内容	5
<rtc>	定义 ruby 注释中的文本容器	5
<cite>	定义作品(比如书籍、歌曲、电影、电视节目、绘画、雕塑等)的标题	4、5
<q>	定义一个短的引用	4、5
<dfn>	定义一个定义项目	4、5
<abbr>	标记一个缩写	4、5

元素	语　义	HTML 支持版本
\<time\>	定义日期、时间	5
\<code\>	定义软件代码文本	4、5
\<var\>	定义变量	4、5
\<samp\>	代表从软件系统中输出的文本	4、5
\<kbd\>	代表通过键盘输入的文本	4、5
\<bdi\>	设置一段文本，使其脱离其父元素的文本方向设置	5
\<bdo\>	重新设置其中的文本方向	4、5
\<span\>	可以将文本的一部分独立出来进行格式设置	4、5
\<br\>	插入换行符。一个\<br\>元素代表一个换行	4、5
\<wbr\>	定义在文本中的特定位置折行	5
\<center\>	定义居中的文本	4
\<font\>	定义文本的字体外观、尺寸和颜色。常用属性为 face、size、color	4
\<strike\>	定义删除线文本	4
\<big\>	定义大号文本	4

值得注意的是：在 HTML 5 中不再支持\<center\>、\<font\>、\<strike\>、\<big\>等部分文字样式元素；同时又新增了\<mark\>、\<ruby\>、\<bdi\>等元素。在开发 Web 页面时，建议文本的样式由 CSS 统一定义。

2.4.2　\<em\>\<strong\>\<small\>\<s\>\<sub\>\<sup\>\<i\>\<b\>\<u\>\<mark\>元素

\<em\>、\<strong\>、\<small\>、\<s\>、\<sub\>、\<sup\>、\<i\>、\<b\>、\<u\>、\<mark\>等文本元素可以实现文字的特殊效果，下面的代码展示了多种文本元素的显示效果：

```
TextElement.html

<!DOCTYPE html>
<html>
<head>
    <meta charset="utf-8"/>
    <title>文本元素</title>
</head>
<body>
<em>em 定义强调文本，显示为斜体字</em>
<br>
<strong>strong 定义强调文本，显示为粗体</strong>
<br>
<small>small 定义小号文本</small>
<br>
```

```
<s>s 定义加删除线的文本</s>
<br> sub 定义下标文本，比如 a<sub>2</sub>
<br> sup 定义上标文本，比如 a<sup>2</sup>
<br>
<i>i 定义斜体文本</i>
<br>
<b>b 定义粗体文本</b>
<br>
<u>u 定义下画线文本</u>
<br>
<mark>mark 定义有加亮记号的文本</mark>
</body>
</html>
```

上述代码运行效果如图 2-2 所示。

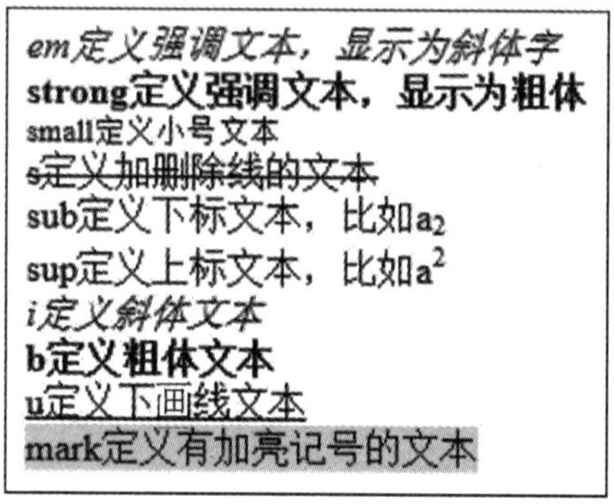

图 2-2　文本元素的浏览效果图

2.4.3　<ruby><rb><rt><rp><rtc>元素

HTML 5 文本元素中的<ruby>系列元素可以用来显示东亚文字的注音，比如中文的拼音，代码如下：

```
<!DOCTYPE html>
<html>
<body>
    <ruby>中  <rt>zhong </rt>文  <rt>wen </rt>
    </ruby>
</body>
</html>
```

拼音显示效果如下：

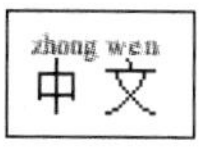

2.4.4　字符实体

在 HTML 中，某些字符是预留的，比如在 HTML 中不能直接使用小于号(<)和大于号(>)，因为浏览器会误认为它们是 HTML 标签符号。如果希望正确地显示预留字符，则必须在 HTML 源代码中使用字符实体(Character Entities)。另外，有些不能使用键盘输入的字符也需要使用字符实体来显示，比如摄氏度符号(℃)。字符实体可以通过字符名称(&entity_name;)或字符编号(&#entity_number;)来表达，比如要显示小于号，可以写为"<"或"&#60"，代码如下：

```
<!DOCTYPE html>
<html>
<body>
这是一个小于号：&lt;
这也是一个小于号：&#60
</body>
</html>
```

字符实体显示效果如下：

这是一个小于号：< 这也是一个小于号：<

另外，HTML 中最常用的字符实体是空格字符( )，因为浏览器总是会忽略 HTML 页面中的空格。比如在文本中写 10 个空格，在显示该页面时浏览器会删除它们中的 9 个。如需在页面中增加空格的数量，就需要使用空格字符实体。更多的常用字符实体对应如表 2-4 所示。

表 2-4　常用字符实体对应表

显示结果	描　述	实体名称	实体编号
	空格		
<	小于号	&lt;	&#60;
>	大于号	&gt;	&#62;
&	和号	&amp;	&#38;
"	引号	&quot;	&#34;
£	镑	&pound;	&#163;
¥	人民币	&yen;	&#165;
€	欧元	&euro;	&#8364;
©	版权	&copy;	&#169;
®	注册商标	&reg;	&#174;
×	乘号	&times;	&#215;
÷	除号	&divide;	&#247;

2.5　群组元素

2.5.1　群组元素概览

在 HTML 中，群组元素(Grouping Content)用来定义网页中具有关联性的内容和语义。群组元素主要包括<p>、<hr>、<pre>、<blockquote>、<ol>、<ul>、<li>、<dl>、<dt>、<dd>、<figure>、<figcaption>、<div>、<main>等。与文本元素一样，群组元素的语义也会影响显示风格，比如多个列表项元素在显示时通常会在前面加上数字序号或图形符号。

2.5 演示

群组元素及其语义说明如表 2-5 所示。

表 2-5　群组元素及其语义说明

元　素	语　　义	HTML 支持版本
<p>	定义段落。一个<p>元素表示一个段落	4、5
<hr>	定义内容中的主题变化，并显示为一条水平线	4、5
<pre>	定义预格式化的文本。<pre>元素中的文本会保留空格和换行符	4、5
<blockquote>	实现页面文字的段落缩进。一个<blockquote>元素代表一次缩进，可以嵌套使用达到不同的缩进效果	4、5
<ol>	定义有序列表	4、5
<ul>	定义无序列表	4、5
<li>	定义列表项	4、5
<dl>	展示定义列表	4、5
<dt>	展示定义项目	4、5
<dd>	展示定义的描述	4、5
<div>	定义文档中的节	4、5
<figure>	规定独立的流内容(图像、图表、照片、代码等)，规定的内容应该与主内容相关，但如果被删除，则不应对文档流产生影响	5
<figcaption>	定义<figure>元素的标题。该标题被置于<figure>元素的第一个或最后一个子元素的位置	5
<main>	规定文档的主要内容	5

2.5.2　<p><hr><pre><blockquote>元素

段落元素<p>可以分段显示文本，效果类似于"换行符"
。不同的是，
除了作为"换行符"，没有其他的语义，在起始标签和结束标签之间不存在内容，因此多数情况是以
的方式出现的；<p>则具有段落的语义，起始标签<p>和结束标签</p>之间为一个段落。虽然在网页中省略结束标记也不会产生显示错误，但在规范的 HTML 5 代码中起始标签<p>和结束标签</p>应当成对出现。

    浏览器在解析 HTML 文档时，会忽略其中的"段落开头的空格"或"回车符"等，因为 HTML 中"空格"或"回车符"等都由专门的字符或标签来描述。但如果要展示的文本中有大量的空格或其他格式具有一定的含义需要保留，比如软件代码中的缩进和空格等，就需要使用<pre>元素来描述。

    下面的代码展示了<p>、<hr>、<pre><blockquote>等元素的显示效果：

```
GroupElement1.html

<!DOCTYPE html>
<html>
<head>
    <meta charset="utf-8"/>
    <title>群组元素</title>
</head>
<body>
<p> 这是段落。</p>
<p>hr 标签定义水平线：</p>
<hr/>
<p>pre 标签很适合显示计算机代码：</p>
<pre>
        for i = 1 to 10
            print i
        next i
    </pre>
<blockquote>段落前面有缩进……</blockquote>
</body>
</html>
```

显示结果如图 2-3 所示。

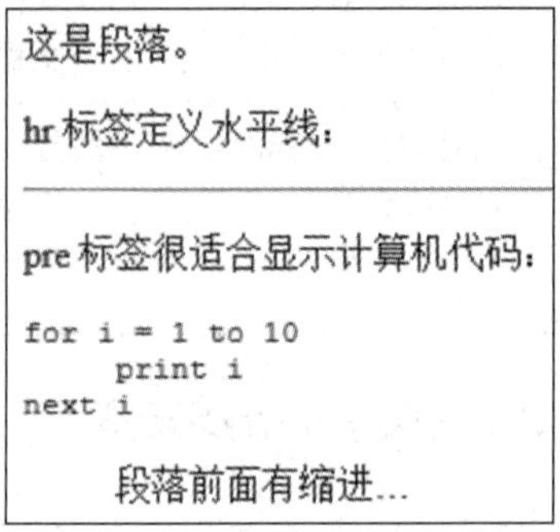

图 2-3　代码运行效果图

2.5.3　<ol><ul><li><dl><dt><dd>元素

<ol>元素用来定义有序列表，列表项之前会显示序号；<ul>元素用来定义无序列表，列表项之前会显示项目图形符号。列表元素可以嵌套，即一个列表项中可以包含一个完整的列表。下面的代码展示了有序列表和无序列表，同时也体现了列表的嵌套效果。

GroupElement2.htm

```html
<!DOCTYPE html>
<html>
<head>
    <meta charset="utf-8"/>
    <title>群组元素</title>
</head>
<body>
<ol>
    <li>咖啡</li>
    <li>牛奶</li>
    <li>茶</li>
</ol>
<ul>
    <li>咖啡</li>
    <li>
        茶
        <ul>
            <li>红茶</li>
            <li>绿茶</li>
        </ul>
    </li>
    <li>牛奶</li>
</ul>
</body>
</html>
```

列表的显示效果如图 2-4 所示。

图 2-4　代码运行效果图

<dl>、<dt>和<dd>元素也可以定义列表，但这个列表关注的是列表项之间的层级关系。示例代码如下：

```
<html>
<body>
    <h2>一个定义列表：</h2>
    <dl>
        <dt>计算机</dt>
        <dd>用来计算的仪器…</dd>
        <dt>显示器</dt>
        <dd>以视觉方式显示信息的装置…</dd>
    </dl>
</body>
</html>
```

显示效果如图 2-5 所示。

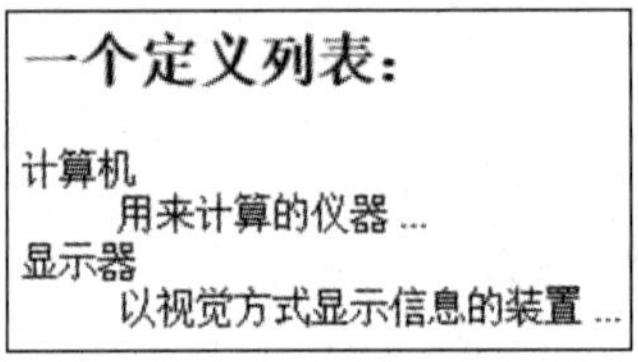

图 2-5　代码运行效果图

2.5.4　<span>元素

<span>元素可以将文本中的一部分内容独立出来进行格式设置，下面的代码展示了在一段文字中将一部分文字设置为红色(#ff0000)。设置颜色使用了<span>元素的 style 属性，在<span>元素结束标签后，文本的颜色将恢复为之前的状态。

```
<!DOCTYPE html>
<html>
<body>
    <p>
        一个段落中
        <span style="color: #ff0000;">特殊的一部分</span>
        需要用红色表现
    </p>
</body>
</html>
```

2.5.5　<div>元素

<div>元素可以将页面内容分割成各个独立的部分。在每个<div>元素中，不仅可以包含文本内容，也可以包含图片、表单等其他内容。在默认的情况下，<div>元素所包含的内容将在新的一行上显示。

<div>元素中可以使用的所有属性及其功能说明如表 2-6 所示。

表 2-6　<div>元素的属性及其功能说明

属　　性	描　　述
dir	设置文本显示方向
lang	设置语言
class	类属性
style	设置级联样式
title	标题属性
nowrap	取消自动换行
id	标记属性

class 属性用来在元素中应用层叠样式表中的样式类，其语法结构如下：

```
<div class = "定义的类的名称">...</div>
```

id 属性的作用可以分为两个方面。其一也是最主要的作用是用来标记元素，也就是给元素定义唯一的标识，方便在元素中使用行为。另一个作用是类似 class 属性的作用，用来调用层叠样式表。其语法结构如下：

```
<div id = "定义的名称">...</div>
```

style 属性用来在元素中定义层叠样式表。其与 class 属性的区别在于，使用 style 属性定义的样式的优先级高于 class 属性调用的样式。其语法结构如下：

```
<div style = "定义的样式">...</div>
```

文本的默认显示方式是忽略掉文本中的换行符并根据元素的宽度进行自动换行显示。使用 nowrap 属性可以改变这种显示方式，使文本遇到换行符时换行显示。其语法结构如下：

```
<div nowrap = "nowrap">...</div>
```

title 属性用来设定当鼠标悬停在文本内容上时所显示的内容，该属性可以用来添加注释等。但目前大多数浏览器不支持该属性。其语法结构如下：

```
<div title = "标题内容">...</div>
```

值得一提的是：在基于 HTML 4 的页面设计中，通常采用<div>元素来声明大量页面共享的"Header"(比如网站的标志、导航条等)和"Footer"(比如网站的版权说明等)部分，代码如下：

```
<div id = "header"> ...</div>
    ⋮
<div id = "footer"> ...</div>
```

在 HTML 5 中，有<header>、<footer>等节元素可以替代<div>元素，不仅可以使代码更简洁，而且更符合 HTML 5 中元素的语义，具体的说明将在后面的章节中给出。

2.6 超链接元素

2.6.1 统一资源定位器(URL)

网页之间的链接(Links)能使浏览者从一个页面跳转到另一个页面，实现
文档互联、网站互联。超链接就像整个网站的神经细胞，把各种信息有机地结
合在一起。超链接的位置需要使用统一资源定位器(Uniform Resource Locators，
URL)。

2.6 演示

URL 由资源类型、存放资源的主机域名和资源文件名 3 部分组成，也可
认为由协议、主机、端口和路径 4 部分组成。语法格式如下：

protocol :// hostname[:port] / path / [:parameters][?query]#fragment

其中方括号中的信息为可选项。其中的要素说明如表 2-7 所示。

表 2-7   URL 中要素机器说明

要 素	名 称	说 明
protocol	协议	指定使用的传输协议，比如 http、https、ftp、mailto 等
hostname	主机名	是指存放资源的服务器的域名系统(DNS)主机名或 IP 地址，比如 www. example. com
port	端口号	传输使用的端口号，省略时使用该协议的默认端口，如 http 的默认端口为 80
path	路径	由零或多个"/"符号隔开的字符串，一般用来表示主机上的一个目录或文件地址
parameters	参数	这是用于指定特殊参数的可选项，由服务器端程序自行解释
query	查询	用于给动态网页(比如 JSP)传递参数，可有多个参数，用"&"符号隔开，每个参数的名和值用"="符号隔开
fragment	信息片段	用于指定网络资源中的片段，例如一个网页中有多个名词解释，可使用 fragment 直接定位到某一名词解释的书签处

URL 中只能使用 ASCII 字符集，非 ASCII 字符必须转换为有效的 ASCII 格式。URL
编码使用"%"其后跟随两位的十六进制数来替换非 ASCII 字符。另外，URL 不能包含空
格，通常使用+来替换空格。

2.6.2 <a>元素

在 HTML 中，超链接可以通过<a>元素和嵌套在<map>元素内部的<area>元素来实现。
关于<area>元素将在嵌入式元素中展开描述，本小节将主要讨论<a>元素。
<a>元素的属性及其功能说明如表 2-8 所示。

表 2-8 超链接元素的属性及其功能说明

属 性	值	描 述
href	URL	链接的目标 URL
hreflang	language_code	规定目标 URL 的基准语言。仅在 href 属性存在时使用
media	media query	规定目标 URL 的媒介类型 默认值：all。仅在 href 属性存在时使用
rel	alternate archives author bookmark contact external first help icon index last license next nofollow noreferrer pingback prefetch prev search stylesheet sidebar tag up	规定当前文档与目标 URL 之间的关系 仅在 href 属性存在时使用
target	_blank，_parent，_self，_top	在何处打开目标 URL。仅在 href 属性存在时使用
type	mime_type	规定目标 URL 的 MIME 类型。仅在 href 属性存在时使用 注：MIME = Multipurpose Internet Mail Extensions

文本链接是最常见的一种超链接，它通过网页中的文件和其他文件进行链接，语法如下：

```
<a href = "链接的 URL 地址" target = 目标窗口的打开方式>链接元素</a>
```

链接元素可以是文字，也可以是图片或其他页面元素。href 属性是<a>元素最常用的属性，用来指定链接目标的 URL 地址。链接地址可以是绝对地址，也可以是相对地址。例如链接到 W3C 官方网站，并打开新的浏览器显示该网站，实现代码如下：

```
<a href = "http://www.w3.org/"target = _blank>W3C</a>
```

target 属性是<a>元素另一个常用的属性，用来设置目标窗口的属性。target 属性的取值有 4 种，如表 2-9 所示。

表 2-9 target 属性的取值及其功能说明

target 值	目标窗口的打开方式
_parent	在上一级窗口中打开，常在分帧的框架页面中使用
_blank	新建一个窗口打开
_self	在同一窗口中打开，与默认设置相同
_top	在浏览器的整个窗口中打开，将会忽略所有的框架结构

书签链接也是常用的一种超链接，用来在创建的网页内容特别多时对内容进行链接。书签可以与所链接文字在同一页面，也可以在不同的页面。建立书签的语法如下：

```
<a name = "书签名称">文字</a>
```

在代码的前面增加链接文字和链接地址就能够实现同页面的书签链接，语法如下：

```
<a href = "#书签的名称">链接的文字</a>
```

其中，# 代表书签的链接地址，书签的名称则是上面定义的书签名。如果想链接到不同的页面，则需要在链接的地址前增加文件所在的位置，语法如下：

```
<a href = "链接的 URL 地址#书签名称">链接的文字</a>
```

2.7 表 格 元 素

在 HTML 5 中使用<table>、<caption>、<tr>、<td>、<th>、<colgroup>、<col>、<tbody>、<thead>、<tfoot>等表格元素构建和展示表格式数据(Tabular data)。

表格元素及其语义说明如表 2-10 所示。

2.7 演示

表 2-10 表格元素及其语义说明

元 素	语 义	HTML 支持版本
<table>	定义表格	4、5
<caption>	定义表格标题	4、5
<tr>	定义表格中的行	4、5
<td>	定义表格中的单元	4、5
<th>	定义表格中的表头单元格	4、5
<colgroup>	定义表格列的组。通过此标签可以对列进行组合，以便格式化	4、5
<col>	为表格中的一个或多个列定义属性值	4、5
<tbody>	定义表格主体	4、5
<thead>	定义表格的表头	4、5
<tfoot>	定义表格的页脚	4、5

<table>元素可以用来定义表格，包括表格的标题、表头、单元格内容等。作为<table>元素的子元素，表格行用<tr>元素定义，表头元素用<th>元素定义(表头通常显示成黑体)，单元格内容用<td>元素定义。一个<table>元素可包含一个或多个<tr>元素，一个<tr>元素又可以包含一个或多个<th>、<td>元素。

<table>元素的属性 border 用于设置边框的宽度，在 HTML 4 中，它的取值以像素为单位，比如<table border=2>表示表格带有边框且边框的宽度为两个像素。在 HTML 5 中，border 属性仅用于指示表格是否用于布局目的，且只允许属性值为""或"1"。border 的默认值为 1，而当 border=0 时意味着表格没有边框。<table>元素属性 bordercolor、bordercolordark 和 bordercolorlight 分别用于规定表格边框、表格边框内侧和表格边框外侧的颜色。属性 bgcolor 可以规定整个表格的背景颜色，也可以在<tr>、<td>元素中用来规定特定的一行或特定单元格的背景颜色。

基本表格的示例代码如下：

```
TableElement1.html
        <!DOCTYPE html>
        <html>
        <head>
            <meta charset="utf-8"/>
            <title>表格元素</title>
        </head>
        <body>
        <table border="1" style="width: 200px">
            <tr>
                <td>a1</td>
                <td>b1</td>
                <td>c1</td>
            </tr>
            <tr>
                <td>a2</td>
                <td>b2</td>
                <td>c2</td>
            </tr>
        </table>
        </body>
        </html>
```

基本表格的显示效果如图 2-6 所示。

| a1 | b1 | c1 |
| a2 | b2 | c2 |

图 2-6　代码运行效果图

　　<caption>元素可以定义表格标题，表格标题具有 align 属性。align 取默认值 top 时，表格标题位于表首，align 取值为 bottom 时，表格标题位于表尾。<td>和<th>都具有 colspan 属性，该属性可以对单元格进行横向合并，而 rowspan 属性则可以纵向合并单元格，其示例代码如下：

```
TableElement2.html
        <!DOCTYPE html>
        <html>
        <head>
            <meta charset="utf-8"/>
            <title>表格元素</title>
        </head>
        <body>
```

```html
<table border="1">
    <caption>跨两列的单元格</caption>
    <tr>
        <th>姓名</th>
        <th colspan="2">电话</th>
    </tr>
    <tr>
        <td>张小明</td>
        <td>13999912345</td>
        <td>325330425</td>
    </tr>
</table>
<br/>
<table border="1">
    <caption>跨两行的单元格</caption>
    <tr>
        <th>姓名</th>
        <td>张小明</td>
    </tr>
    <tr>
        <th rowspan="2">电话</th>
        <td>13999912345</td>
    </tr>
    <tr>
        <td>325330425</td>
    </tr>
</table>
<br/>
<table border="1">
    <thead>
    <tr>
        <td>THEAD 中的文本</td>
    </tr>
    </thead>
    <tfoot>
    <tr>
        <td>TFOOT 中的文本</td>
    </tr>
```

```
            </tfoot>
            <tbody>
            <tr>
                <td>TBODY 中的文本</td>
            </tr>
            </tbody>
        </table>


    </body>
    </html>
```

上述代码在浏览器中的显示效果如图 2-7 所示。

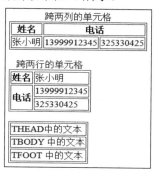

图 2-7　代码运行效果图

2.8　内　嵌　元　素

2.8.1　内嵌元素概览

除了文字信息，网页中还可以呈现图形、图像、音频、视频等多媒体信息。为了丰富网页的表现方式，HTML 5 允许以内嵌元素(Embedded content)的方式在网页中嵌入图形、图像、视频、音频以及其他可操作的对象。相关的元素包括<img>、<iframe>、<embed>、<object>、<param>、<video>、<audio>、<source>、<track>、<map>、<area>、<progress>、<meter>、MathML 系列和 SVG 系列。

2.8 演示

内嵌元素及其语义说明如表 2-11 所示。

表 2-11　内嵌元素及其语义说明

元　素	语　　义	HTML 支持版本
<img>	定义 HTML 页面中的图像	4、5
<iframe>	定义包含另一个文档的行内框架	4、5
<embed>	定义嵌入的内容，比如插件，元素必须有 src 属性	5

元　素	语　义	HTML 支持版本
\<object>	定义一个嵌入的对象	4、5
\<param>	为包含它的 object 元素提供参数	4、5
\<video>	定义视频，如电影片段或其他视频流	5
\<audio>	定义声音，如音乐或其他音频流	5
\<source>	为媒介元素(如 \<video> 和 \<audio>)定义媒介资源	5
\<track>	为 video 等媒介指定外部字幕	5
\<map>	定义客户端的图像映射，图像映射是带有可点击区域的图像	4、5
\<area>	定义图像映射内部的区域	4、5
\<progress>	定义运行中的进度	5
\<meter>	定义度量衡	5
MathML 系列	在文档内使用 \$...\$ 标签应用各种 MathML 元素	5
SVG 系列	在文档中定义可缩放矢量图形	5

2.8.2　\<img>元素

HTML 中的\<img>元素可用来描述图像信息的内容和表现形式，但图像的数据并不会直接插入 HTML 文档中，\<img>元素的作用是让 HTML 文档在展示时给图像留出一个位置。图像文件的地址由\<img>元素的 src 属性指定，当浏览器无法下载图像文件时，在相应的位置会显示一些文字，文字的内容由 alt 属性指定。\<img>元素的语法如下：

```
<img src = "url" alt = "some_text"/>
```

需要注意：如果按照 XML 的语法来解释，则\<img>元素构成的是一个空元素，其中不再包含子元素或数据内容。

图像的大小可以在元素中使用 width 和 height 属性给出，如果不设置这两个属性，则将默认为按照图像的实际尺寸显示，代码如下：

```
<img src = "pulpit.jpg" alt = "Pulpit rock" width = "304" height = "228" />
```

在实际开发中，建议显式地设置 height 和 width 属性，这样浏览器在加载页面时更容易一次性留出相应的位置供图像显示。另外，一旦图像不能正常下载，整个页面布局也不会受到影响。

HTML 中支持插入的图像文件格式主要是 GIF、JPG 和 PNG 3 种类型，开发者需要在不同的应用场景中选择适合的文件类型。

GIF 格式支持最多 256 色的图像。虽然 GIF 的颜色不够丰富，但它支持动画和透明色，在网页中常常被用来设计按钮、菜单等较小的图像。

JPG 格式支持高分辨率、颜色丰富的图像。由于 JPG 具有很好的压缩比，因此非常适合在网页中展现照片。当然，在使用 JPG 格式处理图像时，压缩比越大，图片的质量就越差。

PNG 格式支持颜色丰富的图像，同时还支持 alpha 滤镜的透明方式。虽然 PNG 不支持动画效果，但与 GIF 一样适合作为较小的图像的显示方式。需要注意的是：不同的浏览器的种类和版本对 PNG 格式的支持并不完全相同，例如 IE6 支持 PNG-8 格式，但在处理 PNG-24 的透明效果时会显示为灰色。

2.8.3　<map><area>元素

<img>元素的 usemap 属性可以指定可点击区域的图像映射元素，而图像映射元素本身的设置是在<map>元素中进行的，其中的<area>元素则给出了具体的区域和超链接的位置，功能类似于<a>元素。下列代码给出了图像映射的方式，即在一个图像中设置了 3 个不同形状的区域，当用户点击这些区域时会产生如同超链接的效果。

```
<html>
<body>
    <img src = "planets.gif" width = "145" height = "126" alt = "Planets" usemap = "#planetmap" />
    <map name = "planetmap">
        <area shape = "rect" coords = "0,0,82,126" href = "sun.htm" alt = "Sun" />
        <area shape = "circle" coords = "90,58,3" href = "mercur.htm" alt = "Mercury" />
        <area shape = "circle" coords = "124,58,8" href = "venus.htm" alt = "Venus" />
    </map>
</body>
</html>
```

2.8.4　<video><audio><source>元素

根据 HTML 5 的规范，在网页上呈现的视频和音频需要符合一定的标准，否则就通过插件(如 activeX)来呈现。

<audio>元素用来定义声音，如音乐或其他音频流。<audio>与</audio>之间插入的内容是供不支持 audio 元素的浏览器显示的。

<audio>元素的属性及其功能说明如表 2-12 所示。

表 2-12　<audio>元素的属性及其功能说明

属　性	值	描　　　述
autoplay	autoplay	如果出现该属性，则音频在就绪后马上播放
controls	controls	如果出现该属性，则向用户显示控件，比如播放按钮
loop	loop	如果出现该属性，则每当音频结束时重新开始播放
preload	preload	如果出现该属性，则音频在页面加载时进行加载，并预备播放。如果使用 autoplay，则忽略该属性
src	url	要播放的音频的 URL

下面的应用实例说明了<audio>元素的使用，代码如下：

```
<html>
<body>
    <audio src = "music.mp3" controls = "controls">
        你的浏览器不支持音频元素。
    </audio>
</body>
</html>
```

上述代码在浏览器中的显示效果如图 2-8 所示。

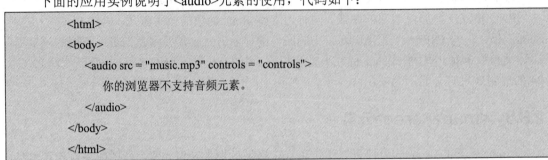

图 2-8   代码运行效果图

<video>元素用来定义视频，如电影片段或其他视频流。<video>与</video>之间插入的内容是供不支持 video 元素的浏览器显示的。

<video>元素的属性及其功能说明如表 2-13 所示。

表 2-13   <video>元素的属性及其功能说明

属　性	值	描　　述
autoplay	autoplay	如果出现该属性，则视频在就绪后马上播放
controls	controls	如果出现该属性，则向用户显示控件，比如播放按钮
height	pixels	设置视频播放器的高度
loop	loop	如果出现该属性，则当媒介文件完成播放后再次开始播放
preload	preload	如果出现该属性，则视频在页面加载时进行加载，并预备播放；如果使用 autoplay，则忽略该属性
src	url	要播放的视频的 URL
width	pixels	设置视频播放器的宽度

下面的应用实例说明了<video>元素的使用，代码清单如下：

```
<html>
<body>
    <video width = "320" height = "240" src = "video.mp4" controls = "controls">
        你的浏览器不支持视频元素。
    </video>
</body>
</html>
```

上述代码在浏览器中的显示效果如图 2-9 所示。

图 2-9　代码运行效果图

不同浏览器可识别的视频格式有所不同，为了支持在多种浏览器中正常播放视频，可以使用<source>元素列出不同格式的视频文件，浏览器将使用第一个可识别的格式进行播放。

<source>元素的属性及其功能说明如表 2-14 所示。

表 2-14　<source>元素的属性及其功能说明

属　性	值	描　　述
type	media type	定义媒介资源的类型，供浏览器决定是否下载
src	url	媒介的 URL

下面的实例说明了<source>元素的使用，代码清单如下：

```
<html>
<body>
    <video width = "320" height = "240" controls = "controls">
        <source src = "movie.ogg" type = "video/ogg">
        <source src = "movie.mp4" type = "video/mp4">
        你的浏览器不支持视频元素。
    </video>
</body>
</html>
```

2.8.5　MathML 系列元素

MathML 中的一系列元素可以用于在 HTML 文档内显示数学公式，并且这些元素本身也具有相应的语义。注意：并不是所有的浏览器都能显示 MathML 标签，因此在网站中使用这个系列的元素时需要告知所支持的浏览器及版本情况。MathML 是一种专门的标记语言，本书就不展开讨论了，通过下面的例子可以看到如何使用 MathML 来实现一个矩阵的显示：

```
MathMLElement.html
    <!DOCTYPE html>
    <html>
```

```
<head>
    <meta charset="utf-8"/>
    <title>数学元素</title>
</head>
<body>
<math xmlns="http://www.w3.org/1998/Math/MathML">
    <mrow>
        <mi>A</mi>
        <mo>=</mo>
        <mfenced open="[" close="]">
            <mtable>
                <mtr>
                    <mtd> <mi>x</mi> </mtd>
                    <mtd> <mi>y</mi> </mtd>
                </mtr>
                <mtr>
                    <mtd> <mi>z</mi> </mtd>
                    <mtd> <mi>w</mi> </mtd>
                </mtr>
            </mtable>
        </mfenced>
    </mrow>
</math>
</body>
</html>
```

矩阵的显示结果如图 2-10 所示。

$$\mathbf{A} = \begin{bmatrix} x & y \\ z & w \end{bmatrix}$$

图 2-10   代码运行效果图

2.8.6   \<progress>\<meter>元素

\<progress>和\<meter>是在 HTML 5 中新增的元素。\<progress>元素可以用来显示正在执行的状态或进度情况，配合 JavaScript 程序，可以控制\<progress>元素中的 value 属性，以精确地显示进展情况。\<meter>元素可以以直方图的形式显示值的大小。为了实现以直方图形式显示，除了需要通过 value 属性给出具体的数值，还需要通过 min 和 max 属性给出该直方图的最小值和最大值，以便可以按比例进行显示。min 和 max 属性的缺省值为 0 和 1。下面的代码给出了\<progress>和\<meter>的使用方法：

ProgressElement.html

```
<!DOCTYPE html>
<html>
<head>
    <meta charset="utf-8"/>
    <title></title>
</head>
<body>
下载进度：
<progress value="22" max="100"></progress>
<p>　<progress/>　</p>
<p>显示度量值：</p>
<meter value="3" min="0" max="10">3/10</meter>
<br>
<meter value="0.6">60%</meter>
</body>
</html>
```

代码的运行结果如图 2-11 所示。

图 2-11　代码运行效果图

2.8.7　SVG 系列元素

根据 HTML 5 的规范，<svg>和<canvas>元素都可以完成在网页中的绘图功能。与<canvas>元素不同的是，SVG 是一种使用 XML 描述 2D 图形的语言，SVG 中所描述的 2D 图形元素是以矢量图形对象的方式存在，不依赖分辨率，可以附加 JavaScript 事件处理器。可以通过 JavaScript 来修改图形对象的属性，浏览器会自动重绘图形。注意，一些浏览器需要插件才能支持 SVG。

<svg>元素的属性及其功能说明如表 2-15 所示。

表 2-15　<svg>元素的属性及其功能说明

属　性	值	描　述
height	pixels	设置 SVG 文档的高度
width	pixels	设置 SVG 文档的宽度
version		定义所使用的 SVG 版本
xmlns		定义 SVG 命名空间

下面应用实例说明了<svg>元素的使用，在浏览器中显示一个五角星，如图 2-12 所示，代码如下：

```
SVGElement.html
    <!DOCTYPE html>
    <html>
    <head>
        <meta charset="utf-8" />
        <title>SVG 元素</title>
    </head>
    <body>
        <svg xmlns="http://www.w3.org/2000/svg" version="1.1" height="190">
            <polygon points="100,10 40,180 190,60 10,60 160,180"
                style="fill: lime; stroke: purple; stroke-width: 5; fill-rule: evenodd;" />
        </svg>
    </body>
    </html>
```

图 2-12   代码运行效果图

2.8.8   <canvas>元素

<canvas>元素用来绘制 2D 图形，这与 SVG 的作用相似；不同的是：<canvas>元素的绘图机制依赖于分辨率、不支持事件处理器，但可以按照像素重新生成。<canvas>元素也需要 JavaScript 代码的支持。关于脚本语言 JavaScript 的语法及程序设计方式将在后续章节中详细阐述，本小节只讨论<canvas>元素的使用方法。

画布元素<canvas>是为了客户端矢量图形而设计的。它本身没有封装行为，而是通过 JavaScript 语言制作脚本程序把图形绘制到画布上。<canvas>元素用来定义图形，如图表和其他图像。该元素的属性及其功能说明如表 2-16 所示。

表 2-16   <canvas>元素的属性及其功能说明

属　　性	值	描　　　　述
height	pixels	设置 canvas 的高度
width	pixels	设置 canvas 的宽度

下面的应用实例说明了<canvas>元素的使用，在浏览器中显示一个红色的矩形，代码如下：

```
<html>
<body>
    <canvas id = "myCanvas"></canvas>
    <script>
        var canvas = document.getElementById('myCanvas');
        var ctx = canvas.getContext('2d');
        ctx.fillStyle = '#FF0000';
        ctx.fillRect(0, 0, 80, 100);
    </script>
</body>
</html>
```

关于使用 JavaScript 在<canvas>元素中绘图的更多例子将在后面的章节中给出。

2.8.9　<iframe>元素

在早期的网页设计中,开发者经常使用<frameset>框架标记把浏览器窗口划分成几个大小不同的子窗口, 每个子窗口显示不同的页面, 也可以在同一时间浏览不同的页面。定义子窗口使用元素<frame>。HTML 5 已经不再支持<frameset>与<frame>元素,但仍然支持创建包含文档的内联框架的<iframe>元素。但是当网站使用了 X-Frame-OptionsHTTP 响应头以阻止其他网站将其内容嵌入到 iframe 中时, 会出现拒绝连接请求的错误。

框架元素及其语义说明如表 2-17 所示。

表 2-17　框架元素及其语义说明

元　素	语　　义	HTML 支持版本
<frameset>	定义框架集	4
<frame>	定义框架集的子窗口	4
<iframe>	创建包含另一个文档的内联(inline)框架	4、5

<iframe>元素可以构成"浮动"的框架,可以在一个 HTML 文档的一个特定区域中展示另一个 HTML 文档。

<iframe>元素在 HTML 5 中所支持的属性及其功能说明如表 2-18 所示。

表 2-18　<iframe>元素的属性及其功能说明

属　性	功　　能
height	定义内联框架的高度
name	定义内联框架的名称
sandbox	使内联框架可以包含其他的一些内容, 例如表格、脚本等
seamless	布尔型属性,使内联框架看起来像包含它的文件的一部分(没有边框和滚动条等)
src	设置内联框架所引用的地址
srcdoc	定义在内联框架中显示的 HTML 内容, 与 sandbox 和 seamless 一起使用
width	定义内联框架的宽度

<iframe>元素的示例如下：

```
FrameElement.html
        <!DOCTYPE html>
        <html>
        <head>
            <meta charset="utf-8" />
            <title>框架元素</title>
        </head>
        <body>
            <iframe src="https://tomcat.apache.org/" name="iframe_a"
                            style="width:600px;height:400px"></iframe>
            <p><a href="http://localhost/WebBasics/" target="iframe_a">Hello</a></p>
            <p><b>注意：</b>因为超链接的目标表明为 iframe，所以当点击超链接时会在 iframe
中显示页面</p>
        </body>
        </html>
```

页面在浏览器中的显示效果如图 2-13 所示。

图 2-13   代码运行效果图

2.8.10   <object><param>元素

　　HTML 本身的元素是有限的，特别是在 HTML 5 之前的版本，开发者为了在 HTML 页面中实现多媒体应用和更复杂的客户端操作，就需要在 HTML 文档中增加各种插件对象以扩展文档的表现能力。自从 1996 年 Netscape Navigator 2.0 引入了对 QuickTime 插件的支持，插件这种开发方式为其他厂商扩展 Web 客户端的信息展现方式开辟了一条自由之路。微软公司迅速在 IE 3.0 浏览器中增加了对 ActiveX 的插件对象支持，Real Networks 公司的 Realplayer 插件也很快在 Netscape 和 IE 浏览器中取得了成功。

　　基于 Java 的插件对象——Java 小应用程序(Java Applet)凭借 Java 本身的跨平台性、安全性等优点，一经推出即为 Web 客户端带来革命性的影响。Java Applet 是可通过互联网下载并在浏览器展示网页时同时运行的一小段 Java 程序。在 Java Applet 中，可以实现图形绘制、字体和颜色控制、动画和声音的播放、人机交互、远程数据访问等功能。 Java Applet 还可以使用抽象窗口工具箱(Abstract Window Toolkit， AWT)这种图形用户界面(GUI)工具建立标准的窗口、按钮、滚动条界面元素，其表现形式类似于传统 C/S 系统的风格。因此，Java Applet 极大地丰富了 B/S 的技术手段，增强了客户端的交互性和表现形式。在 HTML 中可以使用<applet>元素嵌入 Java Applet，例如下面最简单的代码表示在 HTML 的当前位置插入一个固定大小的区域，其中运行"Bubbles.class"这个 Java Applet 对象：

```
<applet code = "Bubbles.class" width = "350" height = "350"></applet>
```

需要注意的是：在 HTML 5 中已经不支持 Java Applet 机制及对应的<applet>元素，取而代之的是通过 Javascript 等技术达到网页交互等目的。

ActiveX 是 Microsoft 对于一系列面向对象程序技术和工具的称呼，其中主要的技术是组件对象模型(Component Object Model，COM)。在嵌入到 HTML 文档中扩展网页功能方面，ActiveX 控件的作用和 Java Applet 非常类似。在实际的项目开发中，是否选择在 HTML 中插入 ActiveX 控件需要考虑网站用户的操作系统环境，因为 ActiveX 只能在 Windows 环境下运行。

ActiveX 控件可由不同语言的开发工具开发，包括 Visual C++、Delphi、Visual Basic、PowerBuilder 等，Visual C++中提供的 MFC 和 ATL 这样的辅助工具可简化 ActiveX 控件的编程过程。按微软的规范要求，ActiveX 控件应具备以下几项主要的性能机制：

(1) 特性和函数(Properties & Methods)：ActiveX 控件必须提供特性的名称、函数的名称及参数。通过这种方式，控件所运行的容器(比如 IE 浏览器)可以提取和改变控件的特性参数。

(2) 事件(Events)：ActiveX 控件以事件的方式通知容器，如参数改变、用户操作等。

(3) 存储(Persistence)：容器通过这种方式通知 ActiveX 控件存储和提取信息数据。

在浏览器中下载相应的 ActiveX 控件后，必须在 Windows 的注册表数据库中注册(通常在安装过程中自动完成)才能在网页中使用。安装之后，ActiveX 控件中的代码就可以如同安装在 Windows 中的各种软件一样使用系统的硬件或文件。一方面，这显然会带来很大的安全性问题，因此多数浏览器在下载、安装和使用 ActiveX 控件时会提示用户注意风险。但另一方面，ActiveX 控件又常常被用作网上银行或支付网关 Web 系统的安全控件，以避免使用 HTML 那些本身没有特别加强安全性能的输入控件。

在 HTML 中可以使用<object>元素来嵌入和配置 ActiveX 控件对象，代码如下：

```
<html>
<body>
    <object id = "DownLoadFile"width = "335" height = "85"
        classid = "CLSID:629B036A-DC74-4BF2-A891-E7A1827E8D01">
        <param name = "IPAddress" value = "10.0.16.67">
    </object>
</body>
</html>
```

在激烈的市场竞争中，Flash 插件以其独特的优势曾经成为网页中展示多媒体信息和提供丰富用户体验的主流解决方案。Flash 技术源自于 1993 年由 Jonathan Gay 创建的 FutureWave 公司所开发的 Future Splash Animator 二维矢量动画展示工具。1996 年，Macromedia 公司收购了 FutureWave 公司并将其产品改名为 Flash，使得 Flash 与该公司的另外两个产品——Dreamweaver 和 Fireworks 一道成为 Web 客户机端开发的重要工具。

Flash 是一种基于矢量图像的交互式多媒体技术。矢量图像也称为面向对象的图像，它使用矢量直线和曲线来描述图像。矢量图像文件中的图形元素称为对象，每个对象都可具有颜色、形状、大小、屏幕位置等属性。Flash 软件对这些对象的属性进行变化时(包括移动、缩放、变形等)，都可维持对象原有的清晰度，同时也不会影响图像中的其他对象。

Flash 最初的应用主要是动画设计，其基本形式是"帧到帧动画"。动画在每一帧中都是单独的一张图片，通过每秒 20 帧以上的连续播放方式达到动画的效果。Flash 文件的扩展名为 .swf，通常文件体积很小，适合插入到 HTML 文档中在网上传播。而随着 Flash 的版本不断更新及其在网页设计中的广泛应用，基于 Flash 的流媒体格式 Flash Video(简称为FLV)也逐渐取代了 Realplayer、Media Player 等插件技术成为众多视频网站的主要技术。

在 HTML 中可以直接使用<embed>元素来嵌入 Flash 对象，也可以使用<object>元素来嵌入和配置 Flash 对象，代码分别如下：

```
<html>
<body>
    <object classid = "clsid:D27CDB6E-AE6D-11cf-96B8-444553540000"
        codebase = "http://download.macromedia.com/pub/shockwave
/cabs/flash/swflash.cab#version = 6,0,29,0"
        width = "300" height = "220">
        <param name = "movie" value = "foo.swf">
        <param name = "quality" value = "high">
        <param name = "wmode" value = "transparent">
        <embed src = " foo.swf" width = "300" height = "220" quality = "high"
            pluginspage = "http://www.macromedia.com/go/getflashplayer"
            type = "application/x-shockwave-flash" wmode = "transparent">
        </embed>
    </object>
</body>
</html>
```

Flash 与其他视频格式的一个基本区别就是 Flash 具有交互性，其交互性是通过 Action-Script 实现的。ActionScript 脚本语言遵循 ECMAscript 标准，在 Flash 中实现交互、数据处理等功能。ActionScript 源代码可编译成"字节代码"，在 Flash Player 中的 ActionScript 虚拟机(AVM)中执行。

然而，随着 HTML 5 标准的制定与应用，通过使用新技术(包括音频元素、视频元素、矢量图形元素、应用缓存)让浏览器直接支持相关的多媒体或交互应用，这种技术的发展趋势必然导致 Flash 等很多传统的插件技术被新的技术标准取代。

2.9 结 构 元 素

2.9.1 结构元素概览

HTML 5 中支持多种结构元素来呈现文档中的各节(Sections)内容，这些结构元素包括 HTML 4 中已经定义的<address>、<h1>、<h2>、<h3>、<h4>、<h5>和<h6>元素，以及 HTML 5 中新定义的<article>、<section>、<nav>、<aside>、<header>和<footer>语义元素。

使用结构元素来呈现文档结构是比较方便的，结构元素的语义属性也非常重要，比如搜索引擎使用结构元素为网页的结构和内容编制索引，用户可以通过结构元素来快速浏览网页。在实践中，应当将结构元素主要用于网页的语义，而不要仅仅是为了生成粗体或大号的文本而使用<h1>这类标签。

结构元素及其语义说明如表 2-19 所示。

表 2-19 结构元素及其语义说明

元　素	语　义	HTML 支持版本
<h1>到<h6>	定义标题 1 到标题 6	4、5
<address>	定义文档作者或拥有者的联系信息	4、5
<article>	定义外部的内容	5
<section>	定义文档中的节。如章节、页眉、页脚或文档中的其他部分	5
<nav>	定义导航链接的部分	5
<aside>	定义 article 以外的内容，且与 article 的内容相关	5
<header>	定义文档的页眉	5
<footer>	定义文档的页脚	5

2.9.2 <h1><h2><h3><h4><h5><h6>元素

<h1>到<h6>元素定义了不同的标题信息，根据其语义，浏览器会以不同大小的字体来呈现，示例代码如下：

```
<html>
<body>
    <h1>这是标题 1</h1>
    <h2>这是标题 2</h2>
    <h3>这是标题 3</h3>
    <h4>这是标题 4</h4>
    <h5>这是标题 5</h5>
```

```
    <h6>这是标题 6</h6>
</body>
</html>
```

显示效果如图 2-14 所示。

图 2-14   代码运行效果图

2.9.3   \<article>\<section>\<nav>\<aside>\<header>\<footer>元素

在 HTML 5 中新增了<article>、<section>、<nav>、<aside>、<header>、<footer>等新元素，而这些元素的作用主要体现在语义上，主要目的是增加文档的可读性和搜索引擎优化，在内容展示方面并没有特别的改变。

2.9 演示

为了方便理解，这里将这些结构元素和 Word 文档结构进行类比：<header>相当于页眉，<footer>相当于页脚，<article>相当于正文，<section>相当于正文中包含的各个部分(可以理解为段落或章节)，<aside>相当于正文的注解，而<nav>则相当于网站中经常使用的导航栏。典型的网页布局如图 2-15 所示。

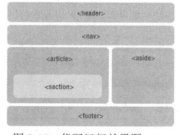

图 2-15   代码运行效果图

下面的代码使用一系列结构元素设计了一个典型的网页结构：

StructureElement.html

```
<!DOCTYPE html>
<html>
<head>
    <meta charset="utf-8"/>
    <title>结构元素</title>
</head>
<body>
<header>
```

```
            中国文学网
    </header>
    <nav>
        <ul>
            <li>中国古典文学</li>
            <li>中国近代文学</li>
            <li>中国当代文学</li>
        </ul>
    </nav>
    <article>
        <h1>文档标题</h1>
        <p>文档内容</p>
        <aside>
            <h2>作者简介</h2>
            <p>高大，男，陕西西安人。</p>
        </aside>
    </article>
    <footer>
        <p>版权：中国文学网，2016 年</p>
    </footer>
    </body>
    </html>
```

然而，如果没有 CSS 的配合，这样的代码就不会显示出理想中的网页结构。如果只考虑网页的结构呈现，那么用 HTML 4 中已经支持的<div>元素似乎更加方便。虽然<div>元素也可以将整个网页分成多个区域，并可以分别设置这些区域的位置和显示风格，但<div>元素本身并没有任何语义，或者说它的语义仅仅是"区域"或"容器"。如果单纯用<div>元素来布置网页的页眉、页脚、导航栏等区域，并不利于对网站中的一系列网页进行统一的风格设计，也不利于搜索引擎对网页内容的理解。因此，建议在 HTML 5 的标准下，尽量采用带有准确语义的结构元素来进行网页区域的定义。

虽然 HTML 5 新增了这些结构元素，但是<div>元素依然没有被弃用。在不强调语义的情况下，或为了兼容较低版本浏览器的情况下，依然可以选择<div>元素作为网页结构定义的主要方式。

2.10 编 辑 元 素

HTML 5 中的编辑元素(Edits)包括<ins>和<del>，两者配合可以对文档进行更新和修正。表 2-20 是编辑元素及其语义说明。

表 2-20　编辑元素及其语义说明

元　素	语　义	HTML 支持版本
ins	定义文档的其余部分之外的插入文本	4、5
del	定义文档中已删除的文本	4、5

编辑元素的示例代码如下：

```html
<html>
<body>
    <ins datetime = "2016-03-16 00:00Z">
        <p>我喜欢吃苹果。</p>
    </ins>
    <del datetime = "2015-10-11T01:25-07:00">
        <p>我喜欢吃梨。</p>
    </del>
</body>
</html>
```

代码的显示效果如图 2-16 所示。

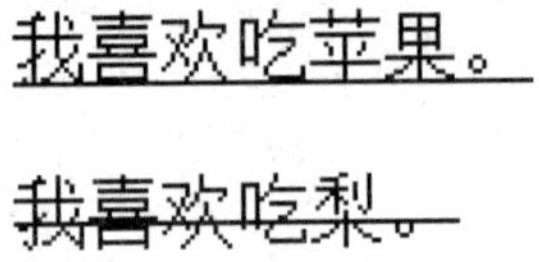

我喜欢吃苹果。

我喜欢吃梨。

图 2-16　代码运行效果图

与结构元素类似，编辑元素的使用主要是为了强调元素的语义。虽然文本元素中<s>元素也可以在文本上标记出删除线，但<del>元素更具有"删除"的语义，其属性中还可以设置删除的原因(cite)和删除的时间(datetime)。

2.11　表 单 元 素

2.11.1　表单元素概览

2.11 演示

<form>元素在页面中可以产生表单，表单提供了用户与 Web 服务器的信息交互功能，是 Web 技术的要素之一。表单接受用户信息后，把信息提供给服务器，然后由服务器端的应用程序处理信息，把处理结果返给浏览器并向用户显示。

表单的定义元素是<form>。表单中包含<input>、<label>、<button>、<select>、<datalist>、<optgroup>、<option>、<textarea>、<keygen>、<output>、<fieldset>、<legend>等子元素。

表单元素及其语义说明如表 2-21 所示。

表 2-21　表单元素及其语义说明

元　素	语　义	HTML 支持版本
\<form\>	定义供用户输入的 HTML 表单	4、5
\<input\>	定义输入控件	4、5
\<label\>	为 input 元素定义标签，响应鼠标点击	5
\<button\>	定义按钮	4、5
\<select\>	定义选择列表(下拉列表)	4、5
\<datalist\>	与 input 元素配合使用，定义 input 可能的值	5
\<optgroup\>	定义选择列表中相关选项的组合	4、5
\<option\>	定义选择列表中的选项	4、5
\<textarea\>	定义多行的文本输入控件	4、5
\<keygen\>	定义用于表单的密钥对生成器字段	5
\<output\>	定义不同类型的输出，比如脚本的输出	5
\<fieldset\>	将表单内的相关元素分组	4、5
\<legend\>	定义 fieldset 元素的其余内容的标题	4、5

2.11.2　\<form\>元素

\<form\>元素的 4 个主要属性分别是 action、method、enctype 和 target。例如下面的代码：

```
<form method = "post" action = "URL" enctype = "text/plain" target = "_self" ><form>
```

action 属性在\<form\>元素中不可缺少，该属性值指定了提交表单时对应的服务器程序地址。

method 属性指定表单中的输入数据的传输方法，它的取值是 get 或 post，默认值是 get。get 或 post 会将表单中的数据发送到 Web 服务器上，具体的方式在前面介绍的"HTTP 协议"中已给出。

enctype 属性指定表单中输入数据的编码方法，该属性在 post 方式下才有作用。默认值为 application/x-www-form-urlencoded，即在发送前编码所有字符。其他的属性值还有 multipart/form-data，即不对字符编码，在使用包含文件上传控件的表单时，必须使用该值。还可取值 text/plain，即空格转换为+加号，但不对特殊字符编码。

target 属性用来指定目标窗口的打开方式，取值及显示方法与超链接元素中的 target 属性相同。

2.11.3　\<input\>元素

\<input\>元素定义输入控件，用来搜集用户信息。\<input\>元素的属性及其功能说明如表 2-22 所示。

表 2-22　<input>元素的属性及其功能说明

属　性	功　能	属　性	功　能
name	定义输入控件的名称	max	规定可填写的最大值
type	指定控件的类型，默认值是 text	min	规定可填写的最小值
maxlength	规定控件允许输入的字符的最大长度	step	规定数据的步长
minlength	规定控件允许输入的字符的最小长度	list	列出输入的选项
size	规定控件输入域的大小	placeholder	给出文本框的占位字符串，可实现文本框水印效果
readonly	规定用户是否可以修改其中的值	checked	提供复选框和单选按钮的初始状态
required	规定是不是必填信息	value	提供控件输入域的初始值
multiple	规定是否可以填写多个值	src	定义以提交按钮形式显示的图像的 URL
pattern	定义用户输入的字符串模板		

在<input>元素的一系列属性中，type 属性值无疑是最重要的。根据不同的 type 属性值，输入字段拥有很多种形式。

<input>元素的属性 type 的取值及其意义如表 2-23 所示。

表 2-23　<input>元素的属性 type 的取值及其意义

值	功　能
hidden	隐藏的输入字段，把表单中的一个或多个组件隐藏起来
text	单行的输入文本框，接受任何形式的输入，默认宽度为 20 个字符
tel	电话号码输入
url	网络地址 URL 输入
email	电子邮件地址输入
password	密码字段，该字段中的字符用*替代
date	日期输入
time	时间输入
number	数字输入
range	范围输入
color	颜色输入
checkbox	复选框，提供多项选择
radio	单选按钮，提供单项选择
file	文件上传
submit	提交按钮，单击提交按钮会把表单数据发送到服务器上

续表

值	功　　能
image	图像形式的提交按钮，单击图像，发送表单信息提交到服务器上
reset	重置按钮，把表单中的所有数据恢复为默认值
button	可点击按钮，可用于创建提交按钮、复位按钮和普通按钮

　　下面的示例代码给出了多种 type 取值所体现出的不同输入形式，包括普通的文本、密码、日期、时间、范围、复选、单选、文件上传、数据提交、重置按钮等。

FormElement1.html

```
<!DOCTYPE html>
<html>
<head>
    <meta charset="utf-8" />
    <title>表单元素</title>
</head>
<body>
    <form method="post" action="travel.jsp">
        请输入姓名：<input type="text" name="textname" size="12" maxlength="6" />
        <br />
        请输入密码：<input type="password" name="passname" size="12" maxlength="6" />
        <br />
        上传的文件：<input type="file" name="filename" size="12" maxlength="6" />
        <br />
        请选择旅游城市，可多选
        <input type="checkbox" name="复选框 1">北京
        <input type="checkbox" name="复选框 2">上海
        <input type="checkbox" name="复选框 3">西安
        <input type="checkbox" name="复选框 4">杭州<br />
        请选择付款方式
        <input type="radio" name="支付方式" id="card" checked="checked">
        <label for="card">信用卡</label>
        <input type="radio" name="支付方式" id="cash">
        <label for="cash">现金</label>
        <br />
        出发日期<input type="date" name="D"/>
        出发时间<input type="time" name="T"/>
        <br />
        <input type="reset" name="复位按钮" value="复位">
        <input type="submit" name="提交按钮" value="确定">
```

```
                    <input type="button" name="close" value="关闭当前窗口" onclick="window.close()">
        </form>
    </body>
    </html>
```

从下面的显示结果可以看出：虽然都是<input>元素，却呈现出不同的形态，即密码不会被直接显示出来；当用户单击出发时间和日期的输入框时，会弹出选择项，范围可通过单击和拖曳的方式输入；复选框和单选框只能接受用户的单击；单击"浏览"按钮会让用户选择上传文件的位置；单击"确定"按钮会将数据传送到服务器上，而单击"复位"按钮则会将之前输入的数据全部恢复为缺省值。上述代码在浏览器中的运行结果如图 2-17 所示。

图 2-17   代码运行效果图

在图 2-17 中，travel.jsp 接收了该页面发来的信息，根据用户所填信息，做出判断。单击"关闭当前窗口"时浏览器会弹出一个关闭警告窗口，让用户选择是否关闭。

与 text 类型的<input>元素类似，<textarea>元素也允许用户进行文本的输入。不同的是，<textarea>元素定义了多行的文本输入控件，其语法如下：

```
<textarea cols = " 文本宽度" rows = "文本区行数">文本区中初始显示的值</textarea>
```

文本区中可容纳无限数量的文本，可以通过 cols 和 rows 属性来规定 textarea 的尺寸。读者可以自己尝试<textarea>元素的用法和显示效果。

2.11.4 <select><option>元素

<select>元素可以定义下拉列表框和滚动式列表框。当提交表单时，浏览器会提交选定的项目，或者收集用逗号分隔的多个选项，将其合成一个单独的参数列表。在将<select>表单数据提交给服务器时，同时还包括了<select>元素的 name 属性值。

<select>元素的属性及其功能说明如表 2-24 所示。

表 2-24   <select>元素的属性及其功能说明

属 性	功 能
disabled	规定禁用该下拉列表，被禁用的下拉列表既不可用，也不可点击。可以使用 JavaScript 来清除 disabled 属性，以使下拉列表变为可用状态
multiple	规定可选择多个选项
name	规定下拉列表的名称
size	规定下拉列表中可见选项的数目

<select>元素的语法如下所示：

```
<select name = "下拉列表名称" size = "下拉列表显示的条数">
    <option value = "控件的初始值" selected = "selected"> 选项描述</option>
    <option value = "控件的初始值">选项描述</option>
</select>
```

使用<select>元素定义下拉列表框时，由<option>元素定义列表框的各个选项。<option>元素位于<select>元素内部。一个<select>元素可以包含多个<option>元素。<option>元素要与<select>元素一起使用，否则元素是无意义的。

<option>元素的属性及其功能说明如表 2-25 所示。

表 2-25　<option>元素的属性及其功能说明

属　性	功　　能
disabled	规定此选项应在首次加载时被禁用
label	定义当使用 <optgroup> 时所使用的标注
selected	规定选项(在首次显示在列表中时)表现为选中状态
value	定义控件送往服务器的选项值

<optgroup>元素用于定义选项组，当使用一个长的选项列表时，对相关的选项进行组合会更加容易处理。<optgroup>元素的 lable 属性可以为选项组显示一个描述性文本，代码如下：

FormElement2.html

```
<html>
<body>
    <select>
        <optgroup label = "初中">
            <option value = "初一">初一</option>
            <option value = "初二">初二</option>
            <option value = "初三">初三</option>
        </optgroup>
        <optgroup label = "高中">
            <option value = "高一">高一</option>
            <option value = "高二">高二</option>
            <option value = "高三">高三</option>
        </optgroup>
    </select>
</body>
</html>
```

值得一提的是，使用<input>元素的 list 属性再配合<datalist>和<option>元素，也可以实现类似<select>元素的下拉框选择效果，代码如下：

```
<html>
<body>
    <form method = "post" action = "travel.jsp">
        <input list = "cars" />
        <datalist id = "cars">
            <option value = "BMW" label = "BMW">
            <option value = "Ford" label = "Ford">
            <option value = "Volvo" label = "Volvo">
        </datalist>
    </form>
</body>
</html>
```

上述两段代码在浏览器中的运行结果如图 2-18 所示，左图使用了<input>元素，右图使用了<select>元素。

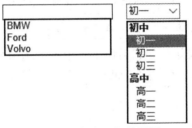

图 2-18　代码运行效果图

通过实际运行的两个代码可以看出，虽然两者的显示效果相似，但最大的区别是：<input>元素中的选项只是方便用户输入的手段，用户可以不必选择其中的选项而直接输入其他的数据；<select>元素中的选项是用户唯一的选择范围，用户不能填写其他数据。因此在实际的开发中选用哪种方式要根据用户需求和业务逻辑来确定。

2.11.5　<fieldset><legend>元素

<fieldset>元素可以将表单中的一部分内容组合起来，生成一组相关表单的字段。当一组表单元素作为子元素放到<fieldset>元素内时，浏览器通常会以加上边框的方式显示。作为<fieldset>元素的第一个子元素，<legend>元素可以为<fieldset>元素加上标题。示例代码如下：

```
FieldsetElement.html
    <!DOCTYPE html>
    <html>
    <head>
        <meta charset="utf-8" />
        <title>分组元素</title>
    </head>
```

```
    <body>
        <form>
            <fieldset>
                <legend>支付方式：</legend>
                <input type="radio" name="支付方式" id="card" checked="checked">
                <label for="card">信用卡</label>
                <input type="radio" name="支付方式" id="cash">
                <label for="cash">现金</label>
            </fieldset>
            <fieldset>
                <legend>退款方式：</legend>
                <input type="radio" name="退款方式" id="card" checked="checked">
                <label for="card">信用卡</label>
                <input type="radio" name="退款方式" id="cash">
                <label for="cash">现金</label>
            </fieldset>
        </form>
    </body>
</html>
```

代码的显示效果如图 2-19 所示。

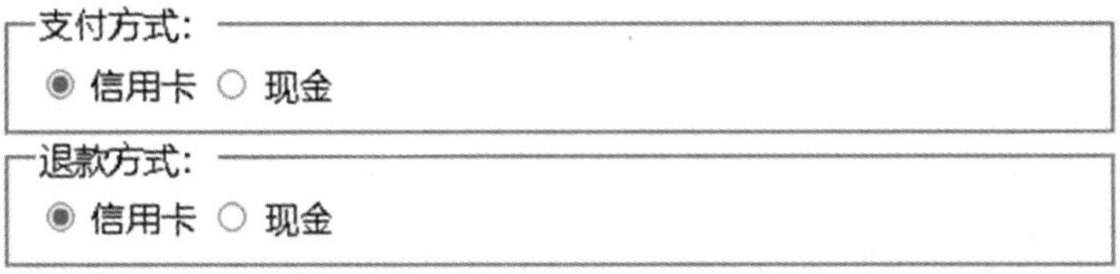

图 2-19　代码运行效果图

2.12　HTML 中的颜色设置

HTML 中的颜色是由红(Red)、绿(Green)、蓝(Blue)3 种颜色的值组合而成的。RGB 中 3 个颜色的值分别都可以从 0(十六进制记作 #00)到 255(十六进制记作 #FF)，所以可以组合出 16 777 216(256 × 256 × 256)种颜色。比如，红色为#FF0000，黄色为#FFFF00，黑色为#000000，白色为#FFFFFF。

在 HTML 标准中，有许多种颜色还可以直接用颜色名称表示，比如 aqua、black、blue、gray、green、purple、red、white、yellow 等。

下列代码用 3 种不同的颜色表示方式给文字加上了黄色的底色。

```
<html>
<body>
    <p style = "background-color: #FFFF00">
        Color set by using hex value
    </p>
    <p style = "background-color: rgb(255,255,0)">
        Color set by using rgb value
    </p>
    <p style = "background-color: yellow">
        Color set by using color name
    </p>
</body>
</html>
```

需要注意的是，虽然在网页设计中可以使用多达 1600 多万种颜色，但颜色的运用并非越多越好，网页中的颜色的选择需要根据网站的内容和风格来确定。

2.13　绝对路径与相对路径

图文并茂的网页通常是由一个 HTML 文件和一系列其他文件构成的，包括 CSS 文件、JS 文件、图像文件、声音文件、视频文件、Flash 文件等，另外，超链接的指向通常也是一个具体的 HTML 文件。浏览器在解析 HTML 文件时必须能够明确地知道这些文件的地址，因此我们可以使用 URL 的绝对路径来说明文件的位置，例如：

```
<link rel = "stylesheet" type = "text/css" href = " http://www.foosite.com/css/mystyle.css" />
<img src = " http://www.foosite.com/img/pulpit.jpg" alt = "Pulpit rock"/>
<a href = "http://www.foosite.com/htm/sample/hello.htm">Hello!</a>
```

上述的代码语法正确，也能达到预定的效果，但却不符合软件工程的要求。网站在设计开发和运行维护的过程中需要不断进行适当修改，甚至可能会整体迁移(从一个域名变为另外一个域名)。在这类情况下，绝对路径的缺点会非常明显，不便于系统的开发和维护。因此，在同一个网站中更多的是采用相对路径来描述文件的引用。

相对路径的描述方式分为以下几种情况：

(1) 如果该 HTML 文档和被引用的文档在同一个目录下，则直接写引用文件名即可。

(2) 如果被引用的文档是在该 HTML 文档的下一级目录下，则使用在之前加入子目录的名称即可，例如"img/abc.jpg"。

(3) 如果被引用的文档是在该 HTML 文档的上一级目录下，则可使用".."来说明，例如"../abc.htm"。

如果当前的 HTML 文件的绝对路径为 http://www.foosite.com/htm/abc.htm，则本节中前面列举的几个绝对路径的描述可改为如下相对路径：

```
<link rel = "stylesheet" type = "text/css" href = " ../css/mystyle.css" />

<img src = "../img/pulpit.jpg" alt = "Pulpit rock"/>

<a href = "sample/hello.htm">Hello!</a>
```

还有一种路径的声明方式是从网站的根目录开始的，以"/"开头来描述。例如 http://www.foosite.com 就是网站的根目录。这样，上述的例子还可写为

```
<link rel = "stylesheet" type = "text/css" href = "/css/mystyle.css" />

<img src = "/img/pulpit.jpg" alt = "Pulpit rock"/>

<a href = "/htm/sample/hello.htm">Hello!</a>
```

这种方式的好处在于，文件的引用不受该 HTML 文件本身路径的影响，便于开发和维护。

思　考　题

1. HTML 是一种计算机语言，它与同样也是计算机语言的 C、Java 语言等有什么本质的不同？

2. 相对之前的标准，HTML 5 的主要变化有哪些？新增了哪些标签？

3. <head>元素中可以有哪些子元素，完成什么功能？

4. 超链接元素中可以设置 target 属性，分别描述 target 属性的不同取值及功能。

5. 表格元素在页面设计中非常重要，特别是在商业系统中的数据展示方面尤为适中。分别说明<table>、<tr>、<td>元素的功能。

6. HTML 中支持插入的图像文件格式主要有哪些，它们各有什么特点？

7. 在不同的浏览器中测试 HTML 5 音频、视频元素的支持情况，测试音频和视频的编码要求。

8. 在什么样的情况下会使用<select>元素？编写代码完成单选和多选的功能。

9. HTML 5 中常见块元素和行内元素有哪些？

10. <div>元素常常用来进行页面的布局设计，试应用<div>元素模仿设计一个门户网站(比如新浪、网易等)的页面布局。

11. 分别应用绝对路径和相对路径方式的超链接设计两个页面，并让它们相互指向。

第 3 章　层叠样式表 CSS

学习提示

很多网站开发者说，网站设计不光是技术问题，同时也是艺术问题。这个说法很有道理，因为一个网站是否能够被用户接受，它的色彩搭配、结构布局、动态效果等都是非常重要的。CSS 正是负责在网页中设置颜色、布局和效果的，因此很多人认为精通 CSS 就可以让网站在视觉上达到很高的水平。另一方面，CSS 是技术层面的知识，并不能提高开发者的艺术水平，网站的设计还是需要美编人员的直接参与。一旦网站的颜色、布局和效果被设计出来，CSS 就可以隆重登场来进行编码实现。因此可以说，审美的能力是"思想力"，CSS 技术是"执行力"。

CSS 技术符合软件工程的原则，它的产生和应用直接提升了网站的开发效率。越是大型的网站，越重视 CSS 的设计和开发。在企业级项目实践中，经常采用主流的前端样式框架，如 Bootstrap。本章将以 Bootstrap 为例，探讨工程化的 UI 解决方案。

3.1　CSS 3 概况

层叠样式表(Cascading Style Sheet，CSS)是 W3C 组织所拟定出的一套标准的样式语言规范。

HTML 的主要功能就是以丰富的样式显示各种内容，而有限的 HTML 元素无法满足不断增加的样式需求。这一矛盾的解决方式是在 HTML 之外增加样式表，以描述复杂的网页显示方式。

自从 20 世纪 90 年代初 HTML 开始应用就出现了各种形式的样式表。不同的浏览器结合各自的样式语言让读者来调节网页的显示方式。1994 年，Hakon Wium Lie 提出了 CSS 的最初建议，而此时 Bert Bos 正在设计名为 Argo 的浏览器，他们决定一起合作设计 CSS。与之前的样式语言不同，CSS 是第一个含有"层叠"特性的样式语言。Hakon 于 1994 年第一次公开展示了 CSS 的解决方案，此方案很快被 W3C 所采纳，并由 Hakon 等人作为项目的主要技术负责人开展更加深入的研发工作。1996 年年底完成了 CSS 1 的制定，1998 年完成了 CSS 2 的制定。CSS 3 的发布从 2001 年的草案规范开始一直持续进行了 10 余年，各个模块不断完善，目前越来越多的浏览器和网站开始支持 CSS 3 标准。CSS 3 引入了许多重要的新特性，主要如下：

(1) 增强语义：CSS 3 提供了更多的选择器(也称为选择符)，使得网页更加语义化，便于搜索引擎抓取网页内容，提高搜索结果的质量，也有利于搜索引擎优化(Search Engine Optimization，SEO)。

(2) 模块化：CSS 3 把样式模块化，从而更加方便地分离出不同的样式，以满足不同的需求。

(3) 动画：CSS 3 为网页动画提供了更多的元素及更多的动画参数，让网页的动画更加丰富多彩。

(4) 多样性：CSS 3 提供了更多的样式和效果，如圆角、阴影、渐变等，更加美观，使得网页更加生动。

(5) 性能：CSS 3 把很多常用的功能，如背景图片、渐变、圆角边框等直接写入样式表，减少了 js 代码的调用，提高了网页性能。

作为一种用于网页展示的样式语言，CSS 增加了更多的样式定义方式来辅助 HTML 语言。定义 CSS 样式表，只要设定某种元素(如表格、背景、超链接、文字、按钮、滚动条等)的样式，各网页相同种类的元素将会呈现出相同的风格。这种方式不仅加快了网站开发的进度，而且便于建立一个风格统一的网站。

CSS 的定义可以直接放在 HTML 元素中，称为内联样式。其形式如下：

```
<p style = "color:sienna;margin-left:20px">This is a paragraph.</p>
```

CSS 的定义也可以放在 HTML 文件的<style>元素中，称为内部样式表。其形式如下：

```
<head>
    <style>
        body {
            background-color: yellow;
        }
    </style>
</head>
```

CSS 的定义也可以独立地保存在一个扩展名为 .css 的文件中，通过链接(Link)标签导入网页中，称为外部样式表。其形式如下：

```
<head>
    <link rel = "stylesheet" type = "text/css" href = "foo.css">
</head>
```

3.2　选　择　器

3.2 演示

一条 CSS 规则中包括两个部分：一个选择器(selector)(也称为选择符)和一个或多个描述((declaration)，描述之间用分号隔开。每一个描述中又包含属性名(property)和属性值(value)，其语法如下：

```
selector {property:value; property:value; ....}
```

下面的 CSS 规则中声明了段落元素<p>的显式方式，包括文本居中、黑色、arial 字体。CSS 中的注释在"/*"和"*/"之间。

```
p {
    text-align: center;
    color: black;
    font-family: arial;
}
```

在这个例子中，p 是选择器，text-align、color 和 font-family 是属性，这些属性分别被设置了相应的属性值。

1. 类选择器

选择器可以是一种 HTML 元素，如"p""table"等，这些可以看作是 HTML 预定义的类。例如下面的 CSS 规则：

```
body {background: #fff; margin: 0; padding: 0; }
p { color: #ff0000; }
```

应用了上述 CSS 的 HTML 文档中所有的<body>元素(虽然只可能有一个)和所有的<p>元素都将无须声明而自动遵守上述的 CSS 规则。

2. 子类选择器

选择器可以是一种 HTML 元素的一部分实例，可以理解为基于该类元素(基类)的一个子类。例如下面的 CSS 规则：

```
td.fancy {background: #666;}
p.rchild {text-align: right}
```

HTML 应用上述 CSS 规则时，必须声明元素的 class 为某个子类。例如下面的代码：

```
<td class = "fancy">ABC<td>
<p class = "rchild">p 标记中的内容</p>
```

如果在定义子类时没有给出基类的名称，则可认为它是任何基类的子类。例如下面的 CSS 规则：

```
.cchild {text-align: center}
```

3. 嵌套类选择器

选择器可以是根据元素之间的嵌套关系而确定的类，嵌套关系也可以理解为上下文关系。例如下面的 CSS 规则和相应的 HTML 代码：

```
td a{ text-align: center;}
<table border = "1">
    <tr>
        <td><a href = "a.htm">File A</a></td>
        <td><a href = "b.htm">File B</a></td>
```

```
        </tr>
    </table>
    <a href = "c.htm">File C</a>
```

上述 CSS 规则意味着：只有在单元格中的超链接才会应用文字居中的样式，而其他的超链接则会忽略这一规则。

4. id 选择器

选择器可以是 HTML 文档中的一个特定元素，例如用"id"属性标识的某一个段落，这些可以看作是 HTML 元素类的实例对象。例如下面的 CSS 规则和相应的 HTML 代码：

```
#red {color:red;}
#green {color:green;}
<p id = "red">这个段落是红色。</p>
<p id = "green">这个段落是绿色。</p>
```

id 属性为 red 的<p>元素显示为红色，而 id 属性为 green 的<p>元素显示为绿色。

5. 伪类与伪元素选择器

CSS 伪类(Pseudo-class)用于向某些选择器添加特殊的效果。使用伪类选择器的语法如下：

```
selector:pseudo-class {property:value;}
```

常用的 CSS 伪类及其描述如表 3-1 所示。

表 3-1　常用的 CSS 伪类及其描述

伪　类	描　　　述
:active	向被激活的元素添加样式
:hover	当鼠标悬浮在元素上方时，向元素添加样式
:link	向未被访问的链接添加样式
:visited	向已被访问的链接添加样式

下面的代码给出了伪类用于超链接的显式效果，在不同的状态下超链接的颜色不同：

```
<html>
<head>
    <style type = "text/css">
        a:link { color: #FF0000; }        /* 未访问的超链接 */
        a:visited { color: #00FF00; }      /* 已访问的超链接*/
        a:hover { color: #FF00FF; }        /* 鼠标位于超链接之上 */
        a:active { color: #0000FF; }       /* 鼠标在超链接上按键 */
    </style>
</head>
<body>
    <a href = "default.jsp">这是一个由伪类装饰的超链接</a>
```

```
    </body>
    </html>
```

　　与伪类相似,伪元素(Pseudo element)也用于向某些选择器添加特殊的效果。常用的 CCS 的伪元素及其描述如表 3-2 所示。

表 3-2　常用的 CSS 伪元素及其描述

属性	描　　述
:first-letter	向文本的第一个字母添加特殊样式
:first-line	向文本的首行添加特殊样式
:before	在元素之前添加内容
:after	在元素之后添加内容

　　下面为伪元素用于设定首字母(或第一个汉字)的代码:

```
<html>
<head>
    <style type = "text/css">
        p:first-letter {
            color: #ff0000;
            font-size: xx-large;
        }
    </style>
</head>
<body>
    <p>伪类用于首字母的显式效果。</p>
</body>
</html>
```

伪元素的显示效果如图 3-1 所示。

图 3-1　伪元素的显示效果

6. 选择器分组

　　如果需要将多个类或 id 设置成相同的样式,就可以对多个选择器进行分组设置。被分组的选择器用逗号隔开,共享相同的声明。下面的例子中所有的标题元素都会以绿色显示,段落和表格中的字体也被一起设定为 9pt 大小。

```
h1,h2,h3,h4,h5,h6 { color: green; }
p, table{ font-size: 9pt }
```

3.3　CSS 的层叠性与优先次序

CSS 允许以多种方式规定样式信息，包括内联样式、内部样式表、外部样式表等。如果在同一个 HTML 文档内部以不同的方式应用了多个 CSS 的定义，且对同一个 HTML 元素存在不止一次样式定义，那么浏览器会使用哪个样式呢？通常，这些来源不同的样式将根据一定的优先规则层叠于一个虚拟样式表中，且其优先顺序从高到低依次如下：

(1) 内联样式(在 HTML 元素内部定义样式)。

(2) 内部样式表(在 HTML 文档头部<style>元素中定义样式)。

(3) 外部样式表(在 HTML 文档头部<link>元素中链接 CSS 文件)。

(4) 浏览器默认设置(每个浏览器都对各种元素有默认的显示样式)。

需要注意的是，虽然内联样式拥有最高的优先权，但在开发中尽量不要采用这种方式，因为分散在 HTML 文档中各元素内部的样式定义不便于维护和更改。

HTML 元素之间可以嵌套，比如 table 元素中可以直接嵌套 tr 元素、间接嵌套 td 元素。被嵌套的元素都可以称为子元素，而子元素在多数浏览器中会继承父元素的样式。例如，对 table 的字体进行了设置，则每个 td 中的字体也都会随这种样式显示，除非 td 元素自己有不同的设置。

对于某一个 HTML 元素，如果多个选择器都对它进行了样式说明，则浏览器将根据一定的优先次序决定最终的样式。多数浏览器支持的选择器优先次序从高到低为：id 选择器、子类选择器、类选择器。例如下面的代码：

```
<html>
<head>
    <style type = "text/css">
        p { color: #FF0000; }
        .blue { color: #0000FF; }
        #yellow { color: #FFFF00; }
    </style>
</head>
<body>
    <p class = "blue" id = "yellow">根据优先次序，文件将以黄色显示。</p>
</body>
</html>
```

根据选择器的层叠性，在实际的开发中常常先使用类选择器来大范围设置样式，然后使用子类选择器来设置小部分元素的样式，最后再使用 id 来针对个别元素进行特别设置。这种"从一般到特殊"的顺序非常便于开发和维护。

3.4 常用属性及其应用实例

3.4.1 CSS 文本属性

在 CSS 中，文本属性可定义文本的外观，如改变文本的颜色、对齐文本、装饰文本、对文本进行缩进等，主要包括 text-indent、text-align、word-spacing、letter-spacing、text-transform、text-decoration、white-space、direction 等。CSS 文本属性及其描述如表 3-3 所示。

3.4 演示

表 3-3　CSS 文本属性及其功能描述

属　　性	描　　述
color	设置文本的颜色
text-indent	规定文本块首行的缩进
text-align	对齐元素中的文本
word-spacing	设置字间距
letter-spacing	设置字符间距
text-transform	控制元素中的字母
text-decoration	向文本添加修饰
white-space	设置元素中空白的处理方式
direction	设置文本方向

text-indent 属性可以实现 Web 页面上段落的第一行缩进一个给定的长度，该长度甚至可以是负值。下面的规则会使所有段落的首行缩进 5em：p{text-indent: 5em;}。该属性可以应用在所有块级元素中，但无法应用于行内元素和图像之类的替换元素。当缩进的长度是负值时，可以实现很多有趣的效果，比如"悬挂缩进"，即第一行悬挂在元素中余下部分的左边。此时为了避免出现因为设置负值而导致首行的某些文本超出浏览器窗口的左边界这种显示问题，建议针对负缩进再设置一个外边距或一些内边距：p {text-indent: -5em; padding-left: 5em;}。

letter-spacing 属性与 word-spacing 的区别在于，前者修改的是字符或字母之间的间隔，后者修改的是字(单词)之间的标准间隔。

text-transform 属性处理文本的大小写。这个属性有 4 个值：none、uppercase、lowercase 和 capitalize。默认值 none 对文本不做任何改动，将使用源文档中的原有大小写；uppercase 和 lowercase 将文本转换为全大写和全小写字符；capitalize 只将每个单词的首字母大写。

text-decoration 有 5 个值：none、underline、overline、line-through 和 blink。其中，underline 会对元素加下画线，就像 HTML 中的<u>元素一样。overline 的作用恰好相反，会在文本的顶端画一个上画线。line-through 则在文本中间画一个贯穿线，等价于 HTML 中的<s>和<strike> 元素。blink 会让文本闪烁。

white-space 属性会影响到对源文档中的空格、换行和 tab 字符的处理。从某种程度上讲，默认的 HTML 处理已经完成了空白符处理：它把所有空白符合并为一个空格。

direction 属性可以用来设定块级元素中文本的书写方向、表格中列的布局方向、元素框中内容的方向等。

结合以上常用属性，可以实现文本的特殊效果，代码如下：

```html
<html>
<head>
    <meta charset="utf-8"/>
    <style type = "text/css">
        p { line-height: 0.5;     text-indent: 1cm; }
        h1 {    text-decoration: overline;   }
        h2 {    text-decoration: line-through;    }
        h3 {    text-decoration: underline;    }
        h4 {    text-decoration: blink;    }
        h5 {    letter-spacing: 20px;     }
    </style>
</head>
<body>
    <p>清明
        <h5>作者：杜牧</h5>
        <h1>清明时节雨纷纷，</h1>
        <h2>路上行人欲断魂。</h2>
        <h3>借问酒家何处有，</h3>
        <h4>牧童遥指杏花村。</h4>
    </p>
</body>
</html>
```

上述代码的运行效果如图 3-2 所示。

图 3-2　CSS 文本属性效果图

3.4.2　CSS 表格属性

CSS 样式表中允许设置表格的属性，以确定表格的布局。与表格有关的特有属性有 border-collapse、border-spacing、caption-side、empty-cells 和 table-layout。CSS 表格属性及其描述如表 3-4 所示。

表 3-4　CSS 表格属性及其描述

属　性	描　　述
border-collapse	设置是否把表格边框合并为单一的边框
border-spacing	设置分隔单元格边框的距离
caption-side	设置表格标题的位置
empty-cells	设置是否显示表格中的空单元格
table-layout	设置显示单元格、行和列的算法

border-collapse 属性可以确定表格的边框是否被合并为一个单一的边框。参数的可选值为 separate、collapse 和 inherit。当参数值为 separate 时，表格各部分的边框将分开显示，同时浏览器不会忽略对 border-spacing 和 empty-cells 属性的设置。当参数值为 collapse 时，边框会合并为一个单一的边框，同时浏览器会忽略对 border-spacing 和 empty-cells 属性的设置。当参数值为 inherit 时，意味着属性将从父元素的 border-collapse 属性继承属性值。

border-spacing 属性可以确定相邻单元格的边框间的距离。通过指定两个长度值，可以分别定义水平间隔和垂直间隔。虽然这个属性只应用于表格元素，但可以被表格中的所有元素继承。

caption-side 属性可以确定表格标题的位置。当属性等于默认值 top 时，表格标题定位在表格最上面；当属性等于 bottom 时，表格标题定位在表格最下面。

empty-cells 属性可以确定是否显示表格中的空单元格。当属性等于默认值 show 时，表格在空单元格周围绘制边框；当属性等于 hide 时，不在空单元格周围绘制边框。

table-layout 属性用来确定表格单元格、行、列的布局算法规则。当属性等于默认值 automatic 时，选择自动布局算法；当属性等于 fixed 时，选择固定布局算法。固定布局算法比较快，但是不太灵活，而自动算法比较慢，不过更能反映传统的 HTML 表格。在固定布局中，水平布局仅取决于表格宽度、列宽度、表格边框宽度、单元格间距，与单元格的内容无关。通过使用固定表格布局，浏览器在接收到表格的第一行数据后就可以显示表格。在自动布局中，列的宽度是由列单元格中没有折行的最宽的内容确定的，需要当表格中所有的行都传输完毕后才能确定，因此相对较慢。

CSS 中表格的边框与其他 CSS 元素的边框的定义和属性基本一致。边框样式属性及其描述如表 3-5 所示。

表 3-5　边框样式属性及其描述

属性	含　义
none	默认值，无边框，不受任何指定的 border-width 值影响
hidden	隐藏边框，用于解决和表格的边框之间的冲突

属　性	含　义
dotted	点面线
dashed	虚线
solid	实线边框
double	双线边框。两条单线与其间隔的和等于指定的 border-width 值
groove	根据 border-color 的值画 3D 凹槽
ridge	根据 border-color 的值画 3D 凸槽
inset	根据 border-color 的值画 3D 凹边
outside	根据 border-color 的值画 3D 凸边

下面的例子说明了 table-layout 和 border-collapse 属性的作用，代码如下：

```
<html>
<head>
    <style type = "text/css">
        table.one {
            table-layout: automatic;
            border-collapse: collapse;
        }
        table.two {
            table-layout: fixed;
            border-collapse: separate;
        }
    </style>
</head>
<body>
    <table class = "one" border = "1" width = "100%">
        <tr>
            <td width = "20%">AAA</td>
            <td width = "40%">BBB</td>
            <td width = "40%">CCC</td>
        </tr>
    </table>
    <br />
    <table class = "two" border = "1" width = "100%">
        <tr>
            <td width = "20%">DDD </td>
```

```
        <td width = "40%">FFF</td>
        <td width = "40%">GGG</td>
      </tr>
    </table>
  </body>
</html>
```

上述代码的运行结果如图 3-3 所示。

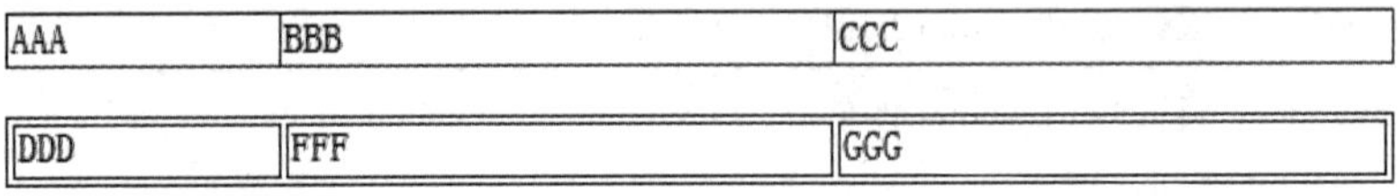

| AAA | BBB | CCC |
| DDD | FFF | GGG |

图 3-3   CSS 边框属性效果图

3.5   CSS 盒子模型和网页布局方式

3.5.1   盒子模型概况

3.5 演示

盒子模型对于 CSS 控制页面起着举足轻重的作用。熟练掌握盒子模型以及盒子模型各个属性的含义和应用方法后，就可以轻松地控制页面中每个元素的位置。下面将介绍盒子模型的概念及其属性的含义和使用方法。

CSS 的盒子模型可以用来定义网页中的一个矩形空间，其中可以包含多个 HTML 元素。盒子模型是由 margin(边界)、border(边框)、padding(空白)和 content(内容)4 个属性组成的。盒子模型的示意图如图 3-4 所示。

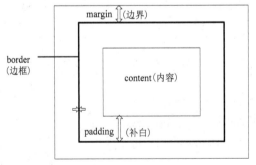

图 3-4   盒子模型示意图

在盒子模型中最重要的是内容，内容是必不可少的一部分，其他几个属性是可选项。其中：content(内容)可以是文字、图片等元素；padding(补白)也称内边距、空白，用于设置盒子模型的内容与边框之间的距离；border(边框)即盒子本身，该属性用于设置内容边框线的粗细、颜色、样式等；margin(边界)也称外边距，用于设置四周的外边距布局。

在用 CSS 定义盒子模型时，设置的高度和宽度是对内容区域高度和宽度的设置，并不是内容、边距、边框和边界的综合。从盒子模型的组成属性看，一个盒子的模型就是把上、下、左、右 4 个方面的全部设置值加起来。

border(边框)是围绕在内边距(padding)和内容(content)外的边框。使用边框属性可以定义边框的样式、颜色和宽度。边框分为上边框、下边框、左边框和右边框，而每个边框又包含 3 个属性，即边框样式、边框颜色和边框宽度。

(1) 边框样式(border-style)用于设置所有边框的样式，也可以单独地设置某个边的边框样式。

(2) 边框颜色(border-color)用于设置所有边框的颜色，也可以为某个边的边框单独设置颜色。边框颜色的属性值可以是颜色值，也可以设置其为透明。border-color 参数的设置与 border-style 参数的设置方法相同，在设置 border-color 之前要先设置 border-style，否则所设置的 border-color 将不会显示出来。

(3) 边框宽度(border-width)用于设置所有边框的宽度(即边框的粗细程度)，也可以单独设置某个边的边框宽度。其属性值有 4 个：medium，使用默认宽度；thin，小于默认宽度；thick，大于默认宽度；length，由浮点数字和单位标识符组成的长度值，不可为负值。border-width 参数的设置与 border-style 参数的设置方法相同。

CSS 中的 padding 属性用于定义内容与边框之间的距离，该属性不允许使用负值，但可以使用长度和百分比值。当设置值为百分数时，该设置值是基于其父元素的宽度计算得出的，即该盒子模型的上一级宽度。

padding 是一个简写属性，用于设置 4 个边的内边距。如果只有一个设置值，则该设置值将作用于 4 个边；如果有两个设置值，则第一个设置值作用于上、下两边，第二个设置值作用于左、右两边；如果有 3 个设置值，则第一个值作用于上边，第二个值作用于左、右边，第三个值作用于下边；如果有 4 个设置值，则将按照上→右→下→左的顺序依次作用于 4 个边。

margin(边界)属性用于设置页面中元素之间的距离。margin 的属性值可以为负值。如果设置某个元素的边界是透明的，则不能为其添加背景色。

margin 也是一个简写属性，可以同时定义上、下、左、右 4 个边的边界。其属性值可以是 length，由浮点数字和单位标识组成的长度值；也可以是百分数，基于父层元素的宽度值；还有 auto，是浏览器自动设置的值，多为居中显示。margin 属性值的设置与 padding 属性值的设置相同，这里不再赘述。

3.5.2　CSS 的定位功能

在网页设计中，能否将各个模块控制到在页面中合理的位置非常关键。这些模块只有放置在正确的位置，网页的布局看起来才够美观。网页中的各种元素都必须有自己合理的位置，才能搭建出整个页面的结构。

使用 CSS 的定位功能，可以相对地、绝对地或者固定地对任何一个元素进行定位。在文档流中，任何一个元素都被文档流设置了其自身的位置，但通过 CSS 的定位就可以改变这些元素的位置。可以通过某个元素的上、下、左、右移动对其进行相对定位。进行相对定位后，虽然元素的表现区脱离了文档流，但在文档流内却为该元素保留一块空间位置，这个位置不能随着文档流的移动而移动。

相对定位只可以在文档流中进行位置的上、下、左、右移动，同样存在一定的局限性。如果希望元素放弃在文档流内为其留下的空间位置，就要用绝对定位。绝对定位不仅可以使其脱离文档流，而且在文档流内不会为该元素留下空间位置，移出去的部分就成了自由体。绝对定位可以通过上、下、左、右移动设置元素，使之可以处在任何一个位置。在父层 position 属性为默认值时，元素将以 body 的坐标原点为起始点进行上、下、左、右的偏移。

元素被设为相对定位或绝对定位后，将自动产生层叠，其层叠级别高于文档流的级别。

在实际应用中，有时既希望定位元素有绝对定位的特征，又希望绝对定位的坐标原点可以固定在网页中的某一个点，当这个点被移动时，绝对定位的元素能保证相对于这个坐标原点的相对位置，即需要该绝对定位随着网页的移动而移动。要实现这种效果，就要将这个绝对定位的父级设置为相对定位。此时，绝对定位的坐标就会以父级为坐标起始点。固定定位，即 position:fixed，就是把一些特殊的效果固定在浏览器的视框位置。例如，让一个元素随着页面的滚动而不断改变自己的位置。目前高级浏览器都可以正确地解析这个CSS 属性。

3.5.3 CSS 的定位方式

在 CSS 中对元素的定位，可以通过 position 属性设置：

position: static | relative | absolute | fixed

(1) static 参数：是所有元素定位的默认值，无特殊定位，对象遵循 HTML 定位规则，不能通过 z-index 进行层次分级。

(2) relative 参数：相对定位。对象不可层叠，可以通过 left、right、bottom、top 等属性指定该元素在正常文档流中的偏移位置，并且可以通过 z-index 进行层次分级。

(3) absolute 参数：绝对定位。脱离文档流，通过 left、right、bottom、top 等属性进行定位。选取其最近的父级定位元素，当父级元素的 position 为 static 时，该元素将以 body 坐标原点进行定位，并且可以通过 z-index 进行层次分级。

(4) fixed 参数：固定定位。该参数固定的对象是可视窗口，而并非 body 或父级元素，可通过 z-index 进行层次分级。

相对定位的概念并不难理解。如果对一个元素进行相对定位的设定，则这个元素将"相对于"它的起点进行移动。下例将元素的 top 属性设置为 20px，则元素将移动到原位置顶部下方 20 像素的地方；同时，将该元素的 left 设置为 30px，则该元素将向右移动 30 像素。代码如下，效果如图 3-5 所示。

```
#box_relative {
    position: relative;
    left: 30px;
    top: 20px;
}
```

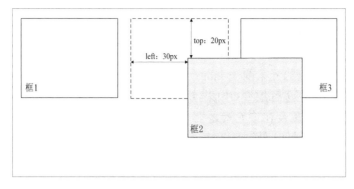

图 3-5　相对定位示意图

在使用相对定位时，无论是否进行移动，元素仍然占据原来的空间。因此，通过相对定位移动元素时可能会导致它覆盖其他元素。

绝对定位使元素的位置与文档流无关，因此不占据空间。这一点与相对定位不同，文档流中其他元素的布局就像绝对定位的元素不存在一样，如图 3-6 所示。

```
#box_absolute {
    position: absolute;
    left: 30px;
    top: 20px;
}
```

绝对定位元素的位置是根据该元素的父元素所在位置进行计算的。若该元素没有父元素，那么它的位置就是按照整个页面内容的左上角进行计算的。

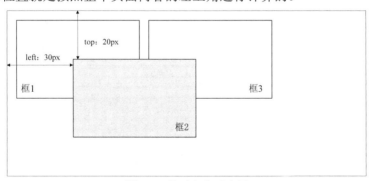

图 3-6　绝对定位示意图

使用 float 定位元素只能在水平方向上定位，而不能在垂直方向上定位。float 的定位方式有两种值：float:left 和 float:right，即让元素在父元素(或页面)中居左或居右。

如果不想让 float 下面的其他元素浮动环绕在该元素的周围，就可以清除该浮动。使用 clear 方法可以将浮动清除。clear 清除浮动有 3 种值：clear: left 清除左浮动；clear: right 清除右浮动；clear-both 清除所有浮动。

在 CSS 中，可以处理元素的高度、宽度和深度 3 个维度。其高度的处理用 height 属性，宽度的处理用 width 属性，而深度的处理则要用 z-index 属性。z-index 属性用于设置元素堆叠的次序，其原理是为每个元素指定一个数字，数字较大的元素将叠加在数字较小的元素之上。其使用格式如下：

```
z-index：auto | number;
```

其中，auto 为默认值，表示遵从其父对象的定位。number 是一个无单位的整数值，可以为负数，如果两个绝对定位的元素的 z-index 属性具有相同的 number 值，则依据该元素在 HTML 文档中声明的顺序进行层叠；如果绝对定位的元素没有指定 z-index 属性，则此属性的 number 值为正数的对象会在该元素之上，而 number 值为负数的对象在该元素之下；如果将参数设置为 null，则可以消除此属性。该属性只作用于 position 的属性值为 relative 或 absolute 的对象，不作用于窗口控件。

3.5.4　网页布局方式实例

进行网页布局时，普遍采用的方法有两种：第一种是传统的 table 布局法，利用 table 表格的嵌套完成对网页的分块布局。第二种是 DIV+CSS 布局法，充分发挥了 div 元素的灵活性。将页面用 div 分块后，再使用 CSS 对分布的块进行定位。对比两种方法，我们可以清楚地看到：table 布局法简单、制作速度快。设计者可以直接通过图像编辑器画图、切图，最后再由图像编辑器自动生成表格布局的页面。但用 table 布局的页面，源代码中存在大量的冗余，使页面结构与表现混杂在一起，非常不利于查找信息和管理，更不利于修改。DIV+CSS 的出现弥补了 table 布局的不足，它具有以下两个方面的显著优势：

(1) 提高页面浏览速度。对于同一个页面视觉效果，采用 DIV+CSS 重构的页面大小要比 table 编码的页面文件小得多，浏览器就不用去解析大量冗长的元素。

(2) 易于维护和改版。由于多个页面可以共享一个 CSS 文件，这样只需简单地修改 CSS 文件就可以重新布局整个网站的页面。

含有导航栏和脚注的三栏结构，是常见的一种网页排版模式，如图 3-7 所示。为了下文讲解方便，用字母标识每一个模块，其中 A 为导航栏，H 为脚注，其余为划分的各内容板块。

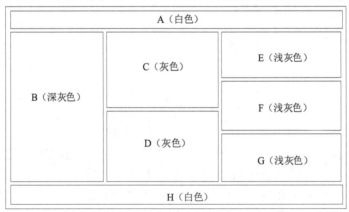

图 3-7　常见的网页排版模块图

为了完成如上需求的布局，需要做以下工作：

首先，用<div>元素对整个网页进行分块。8 个<div>块分别对应图中的 A、B、C、D、E、F、G、H，将它们装进一个大的<div>块中。通过设置大的<div>块的属性，可以使其中所有的<div>块都居中显示。其关键代码如下：

```
<body>
    <div id = "container">
        <div id = "header">
            <h1>A</h1>
        </div>
        <div id = "left">
            <h1>B</h1>
        </div>
        <div id = "middle">
            <h1>C</h1>
        </div>
        <div id = "Div1">
            <h1>D</h1>
        </div>
        <div id = "right">
            <h1>E</h1>
        </div>
        <div id = "Div2">
            <h1>F</h1>
        </div>
        <div id = "Div3">
            <h1>G</h1>
        </div>
        <div id = "footer">
            <h1>H</h1>
        </div>
    </div>
</body>
```

其次，用 CSS 对分布的<div>块进行定位。其中 B 模块采用 float 定位，C、D、E、F、G、H 模块采用相对定位。其关键代码如下：

```
#container {
    width: 1000px;
    height: 960px;
    border: #000000 solid 1px;
    margin: 0 auto;
}
#header {
    clear: both;
```

```
        height: 10%;
        padding: 1px;
        background-color: #FFFFFF;
    }
    #left {
        float: left;
        top: 10%;
        left: 0;
        margin: 0;
        width: 20%;
        height: 81%;
        background-color: #666666;
    }
    #right {
        position: relative;
        top: -80.8%;
        right: -60%;
        margin: 1px;
        padding: 2px;
        width: 39.5%;
        height: 26.5%;
        background-color: #CCCCCC;
    }
    #middle {
        position: relative;
        top: 0;
        left: 20%;
        width: 39.6%;
        height: 40%;
        margin: 1px;
        padding: 1.5px;
        background-color: #999999;
    }
    #footer {
        position: relative;
        top: -83%;
        left: 0;
        width: 100%;
        height: 8.5%;
```

```
    background-color: #FFFFFF;

    }
```

综上所述，将网页用<div>元素进行分块是网页布局设计的第一个步骤。它不涉及网页的设计样式，只是对网页的内容进行结构划分。第二个步骤使用 CSS 则真正地对网页进行布局设计，它对每个<div>分块分别进行样式设计，然后在网页上为其安排合适的位置。可见 CSS 和 div 在网页布局中的分工不同，负责部分也不同，正是由于这种严格的分工，才真正地实现了网页内容与表现样式的分离，以及网页的结构化设计。

以上的布局方式中，核心观念就是"盒子模型"。任何一个元素都可以理解成为一个"盒子"，如段落、图片、表格等。通过盒子模型的边界等属性对每个"盒子"进行设置，所以 CSS 除了对不同元素的样式属性的设置不同外，其排版都可按照分块、定位、设置来完成。理解了上面的布局方式，就可以从网页层把握 CSS 对各种元素的排版规则，无须呆板地死记不同元素的样式属性及设置方法。只有很好地掌握了盒子模型以及其每个元素的用法，才能真正地控制页面中各元素的位置，从而更加准确地对各元素进行定位。

3.6　前端 UI 框架——Bootstrap

3.6.1　Bootstrap 概况

Bootstrap 是一个流行的、开源的前端框架，由 Twitter 开发和维护。它采用了 HTML、CSS 和 JavaScript 技术，为前端开发人员提供了一系列的 CSS 样式、JS 插件和组件，以及基于栅格系统的布局方式，可帮助开发人员快速地构建漂亮、响应式、移动设备优先的网站和 Web 应用程序。

3.6 演示

Bootstrap 最初是为了内部使用而创建的，但是随着其流行度的不断提高，逐渐成为广受欢迎的前端框架之一。Bootstrap 的主要目标是使前端开发更加简单、快速和一致，并且支持所有现代浏览器和移动设备。Bootstrap 的设计理念是"移动设备优先"，即使用 Bootstrap 开发的网站和应用程序，可以在各种设备上流畅地运行，并且界面美观、易用、一致。

Bootstrap 的特点包括：

(1) 响应式布局：Bootstrap 提供了基于栅格系统的响应式布局，可以自适应各种设备和屏幕尺寸，从而提供更好的用户体验。

(2) CSS 样式：Bootstrap 提供了丰富的 CSS 样式，包括按钮、表格、表单、图标等，可以快速地构建漂亮的界面。

(3) JS 插件和组件：Bootstrap 提供了很多常用的 JS 插件和组件，如轮播图、模态框、下拉菜单等，可以轻松实现各种互动效果。

(4) 定制化：Bootstrap 允许用户自定义主题，以满足不同的设计需求。

(5) 社区支持：Bootstrap 有一个庞大的社区，提供了丰富的文档和教程、插件和组件，以及开发经验和技术支持。开发人员可以在社区中获取帮助和交流。

3.6.2　开始使用 Bootstrap

下载使用 Bootstrap 的方法有很多种，下面介绍两种比较常用的方式。

第一种方式：从官方网站下载。

Bootstrap 官方网站提供了完整的 Bootstrap 下载包和源代码，用户可以直接下载并使用，步骤如下：

(1) 打开 Bootstrap 官方网站(https://getbootstrap.com/)，选择所需的版本，单击"Download"超链接。

(2) 在弹出的下载页面中，单击下载所需的组件，包括 CSS 和 JS 压缩文件。

(3) 下载完成后，解压缩文件并将其中的 CSS 和 JS 文件夹拷贝到项目中。

第二种方式：使用 CDN 引用。

内容分发网络(Content Delivery Network，CDN)是一种分布式存储和传输技术，可以让用户通过网络访问各种资源文件。Bootstrap 提供了 CDN 引用的方式，使用户可以直接引用并使用 Bootstrap，步骤如下：

(1) 打开 Bootstrap 官方网站，选择需要的 Bootstrap 版本，然后复制对应版本的 CSS 和 JS 的 CDN 链接。

(2) 在 HTML 文件中引入 Bootstrap 的 CSS 和 JS 文件。通常，CSS 文件应该放置在 HTML 文件头部，JS 文件应该放置在 HTML 文件底部，以避免页面加载时出现延迟。下载和引用完成后，开发人员就可以直接使用 Bootstrap 提供的类、组件和样式。以下是一个使用 Bootstrap 构建的完整网页的示例代码：

```
HelloBootStrap.html
<!DOCTYPE html>
<html>
<head>
    <meta charset="UTF-8">
    <link href="https://cdn.staticfile.org/twitter-bootstrap/5.2.3/css/bootstrap.min.css" rel="stylesheet">
    <title>Java Web 网站设计开发教程</title>
</head>
<body>
<div class="container">
    <nav class="navbar navbar-expand-md navbar-dark fixed-top bg-dark">
        <span class="navbar-brand">BootStrap 实例</span>
        <div class="collapse navbar-collapse">
            <ul class="navbar-nav">
                <li class="nav-item active"><a class="nav-link" href="#">首页</a></li>
                <li class="nav-item"><a class="nav-link" href="#">数据查询</a></li>
                <li class="nav-item"><a class="nav-link" href="#">数据分析</a></li>
```

```
                    <li class="nav-item dropdown">
                        <a    class="nav-link    dropdown-toggle"    data-bs-toggle="dropdown"
href="#">友情链接</a>
                            <div class="dropdown-menu">
                                <a class="dropdown-item" href="http://www.xidian.edu.cn">
                                    西安电子科技大学</a>
                                <a class="dropdown-item" href="http://www.baidu.com">百度</a>
                                <a  class="dropdown-item"  href="http://www.sina.com.cn"> 新 浪
</a>
                            </div>
                        </li>
                    </ul>
                </div>
            </nav>


        <div style="margin-top:80px">
            <h1>Java Web 网站设计开发教程</h1>
            <p>《Java Web 网站设计开发教程》是……。<br>
            本教材系统地介绍了……。
            </P>
        </div>


        <div class="row">
            <div class="col-md-4">
                <h2>Bootstrap</h2>
                <p>
                    Bootstrap 是……。</p>
                <p><a class="btn btn-secondary" href="https://getbootstrap.com/"
                    role="button">View details</a></p>
            </div>
            <div class="col-md-4">
                <h2>Apache Tomcat</h2>
                <p>Tomcat 是……。</p>
                <p><a class="btn btn-secondary" href="http://tomcat.apache.org/"
                    role="button">View details</a></p>
            </div>
            <div class="col-md-4">
                <h2>Eclipse IDE</h2>
```

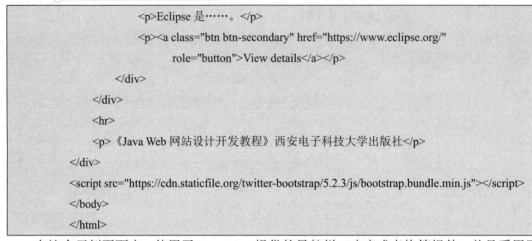

```
                    <p>Eclipse 是……。</p>
                    <p><a class="btn btn-secondary" href="https://www.eclipse.org/"
                        role="button">View details</a></p>
                </div>
            </div>
            <hr>
            <p>《Java Web 网站设计开发教程》西安电子科技大学出版社</p>
        </div>
        <script src="https://cdn.staticfile.org/twitter-bootstrap/5.2.3/js/bootstrap.bundle.min.js"></script>
    </body>
</html>
```

在这个示例页面中，使用了 Bootstrap 提供的导航栏、响应式表格等组件，并且采用了响应式布局，使网页能够适应不同设备和屏幕尺寸。上述代码的运行效果如图 3-8 所示。

图 3-8　使用 Bootstrap 构建的网页运行效果

开发者可以根据自己的需求和设计风格，自由地选择和定制 Bootstrap 的各种组件和样式，以实现更好的页面效果。以下将简单地介绍 Bootstrap 的这些特性。

3.6.3　栅格系统

Bootstrap 的栅格系统是一种响应式(responsive)布局，它将页面分割成 12 个等宽的列，并且允许开发者在不同设备和屏幕尺寸下，通过添加类名来控制每个元素所占用的列数，以实现页面的灵活布局和适配。

栅格系统中最重要的概念是容器(container)，它是包含元素的区域。在 Bootstrap 中有两种类型的容器：固定宽度容器和流式宽度容器。固定宽度容器有固定的宽度，并且会随着屏幕尺寸的变化而适当缩小或放大；流式宽度容器则会根据屏幕尺寸自动调整宽度，从而始终占据整个屏幕。

容器中的元素被分成了一行(row)的若干个列(column)。每个列都有一个类名"col-"，后面跟着一个数字(1~12)，表示该列在不同设备和屏幕尺寸下所占用的列数。例如，一个类名为"col-sm-4"的列表示在小屏幕设备上占用 4 个列(即 1/3)，而在其他设备上则根据需要自动调整列数。例如：

```
<div class="container">
    <div class="row">
        <div class="col-6">左侧内容</div>
        <div class="col-6">右侧内容</div>
    </div>
</div>
```

在使用栅格系统时，可以在一行中添加多个列，以实现页面的灵活布局。这些列的总宽度最大为 12 个列，而且每行中的列数不一定相同，因为 Bootstrap 会自动把多余的列换到下一行。

Bootstrap 的网格系统支持嵌套布局，可以在一个网格内再嵌套另外的网格，从而实现更加复杂的布局。例如：

```
<div class="container">
    <div class="row">
        <div class="col-6">
            <div class="row">
                <div class="col-6">左上</div>
                <div class="col-6">右上</div>
            </div>
            <div class="row">
                <div class="col-12">下面</div>
            </div>
        </div>
        <div class="col-6">右侧</div>
    </div>
</div>
```

Bootstrap 的网格系统支持等分布局，可以将多列元素等分布置在一行内。例如：

```
<div class="container">
    <div class="row">
        <div class="col">1/3</div>
        <div class="col">1/3</div>
        <div class="col">1/3</div>
    </div>
</div>
```

```
        </div>
```

除了基本的类名"col-"，Bootstrap 还提供了一些其他的类名，以便更精细地调整列的宽度、外边距等属性，如"col-md-offset-2"表示在中等屏幕设备上左侧偏移 2 个列的宽度。例如：

```
        <div class="container">
          <div class="row">
            <div class="col-md-4">左侧</div>
            <div class="col-md-4 offset-md-4">右侧</div> <!--向右偏移 4 列-->
          </div>
        </div>
```

Bootstrap 还提供了栅格间隔的控制，可以通过添加 no-gutters 类来移除栅格之间的间隔，或者通过添加 g-* 类来设置栅格之间的间距。例如：

```
        <div class="container">
          <div class="row no-gutters">
            <div class="col-6">左侧内容</div>
            <div class="col-6">右侧内容</div>
          </div>
          <div class="row g-3">
            <div class="col-6">左侧内容</div>
            <div class="col-6">右侧内容</div>
          </div>
        </div>
```

此外，Bootstrap 还可以通过媒体查询和预定义的屏幕尺寸类名(如"sm""md""lg"等)来实现特定设备上的样式适配。

3.6.4　样式组件

Bootstrap 提供了很多常见的样式组件，使得开发者可以快速地构建美观、高效、易用的网站和应用程序。下面是一些常用的样式组件。

(1) 按钮(Button)：Bootstrap 提供了大量不同颜色、大小和样式的按钮，可以通过简单的类名来快速创建各种效果。

(2) 图标(Icon)：Bootstrap 使用图标字体(iconfonts)来展示各种图标，这些图标可以使用简单的 HTML 代码进行调用。

(3) 图片(Image)：Bootstrap 的图片组件可以响应式地处理图片大小和布局，支持不同大小、形状和样式的图片。

(4) 标签(Label)：Bootstrap 的标签组件可以用来展示标记、状态、分类等信息，支持不同颜色、形状和尺寸的标签。

(5) 徽章(Badge)：徽章组件可以用来展示数量、提醒、状态等信息，支持不同颜色、形状和尺寸的徽章。

(6) 警告框(Alert)：警告框可以用来展示警告、错误、成功等提示信息，支持不同颜色和样式的警告框。

(7) 进度条(Progress)：进度条可以用来展示任务进度、资源使用率等信息，支持不同颜色、高度和样式的进度条。

(8) 卡片(Card)：卡片组件可以用来展示各种信息，如文章、产品、用户等，支持不同颜色、形状、样式和尺寸的卡片。

以上是一些常用的 Bootstrap 样式组件，除此之外，Bootstrap 还提供了很多其他有用的组件，如模态框、轮播图、滚动效果、下拉菜单等。这些组件可以大大提高开发效率，同时改善用户体验，使得网站和应用程序更加美观、易用和高效。

3.6.5　表单

Bootstrap 的表单组件包括输入框、选择框、单选框、复选框、文本域、文件上传等常见组件，这些组件都具有统一的外观和样式。以下是一些常见的表单组件及其使用方法。

(1) 输入框(Input)：Bootstrap 的输入框组件支持各种类型的输入，包括文本、数字、日期、邮箱等，支持大小、禁用、校验、提示等功能。例如：

```
<div class="form-group">
    <label for="exampleInputEmail1">Email 地址</label>
    <input type="email" class="form-control" id="exampleInputEmail1" aria-describedby="emailHelp" placeholder="请输入您的电子邮件地址">
    <small id="emailHelp" class="form-text text-muted">我们不会共享您的电子邮件地址。</small>
</div>
```

(2) 选择框(Select)：Bootstrap 的选择框组件支持单选、多选、下拉菜单等形式，支持大小、禁用、校验、提示等功能。例如：

```
<div class="form-group">
    <label for="exampleFormControlSelect1">请选择您的国家/地区</label>
    <select class="form-control" id="exampleFormControlSelect1">
      <option>中国</option>
      <option>美国</option>
      <option>英国</option>
      <option>德国</option>
      <option>法国</option>
    </select>
</div>
```

(3) 单选框(Radio)：Bootstrap 的单选框组件支持单选、多选、水平和垂直 4 种形式，支持大小、禁用、校验、提示等功能。例如：

```
<div class="form-group">
    <legend class="col-form-label">请选择您的性别：</legend>
```

```
    <div class="form-check form-check-inline">
        <input class="form-check-input" type="radio" name="inlineRadioOptions" id="inlineRadio1"
    value="option1">
        <label class="form-check-label" for="inlineRadio1">男</label>
    </div>
    <div class="form-check form-check-inline">
        <input class="form-check-input" type="radio" name="inlineRadioOptions" id="inlineRadio2"
value="option2">
        <label class="form-check-label" for="inlineRadio2">女</label>
    </div>
    </div>
```

(4) 复选框(Checkbox)：Bootstrap 的复选框组件支持单选、多选、水平和垂直 4 种形式，支持大小、禁用、校验、提示等功能。例如：

```
    <div class="form-group">
    <legend class="col-form-label">请选择您喜欢的运动项目：</legend>
    <div class="form-check form-check-inline">
        <input class="form-check-input" type="checkbox" id="inlineCheckbox1" value="option1">
        <label class="form-check-label" for="inlineCheckbox1">足球</label>
    </div>
    <div class="form-check form-check-inline">
        <input class="form-check-input" type="checkbox" id="inlineCheckbox2" value="option2">
        <label class="form-check-label" for="inlineCheckbox2">篮球</label>
    </div>
    <div class="form-check form-check-inline">
        <input class="form-check-input" type="checkbox" id="inlineCheckbox3" value="option3">
        <label class="form-check-label" for="inlineCheckbox3">羽毛球</label>
    </div>
    </div>
```

(5) 文本域(Textarea)：Bootstrap 的文本域组件用于输入多行文本，支持大小、禁用、校验、提示等功能。例如：

```
    <div class="form-group">
    <label for="exampleFormControlTextarea1">请输入您的意见或建议：</label>
    <textarea class="form-control" id="exampleFormControlTextarea1" rows="3"></textarea>
    </div>
```

(6) 文件上传(File Input)：Bootstrap 的文件上传组件支持选择文件、预览、上传等功能，可以与表单中的其他字段一起提交到服务器。例如：

```
    <div class="form-group">
    <label for="exampleFormControlFile1">选择您要上传的文件：</label>
```

```
    <input type="file" class="form-control-file" id="exampleFormControlFile1">
    </div>
```

以上是一些常用的 Bootstrap 表单组件，配合其他表单组件和工具，如栅格系统、帮助文本、按钮组等，可以大大提高开发效率和用户体验。

3.6.6　表格

Bootstrap 的表格组件可以快速创建美观、响应式的数据表格，支持排序、筛选、分页等功能。以下是一些常用的表格组件及其使用方法。

(1) 基本表格(Basic Table)：Bootstrap 的基本表格组件可以创建简单的数据表格，支持不同的尺寸、边框和背景。例如：

```
<table class="table">
  <thead>
    <tr>
      <th scope="col">#</th>
      <th scope="col">姓名</th>
      <th scope="col">年龄</th>
      <th scope="col">性别</th>
    </tr>
  </thead>
  <tbody>
    <tr>
      <th scope="row">1</th>
      <td>张三</td>
      <td>18</td>
      <td>男</td>
    </tr>
    <tr>
      <th scope="row">2</th>
      <td>李四</td>
      <td>22</td>
      <td>女</td>
    </tr>
    <tr>
      <th scope="row">3</th>
      <td>王五</td>
      <td>25</td>
      <td>男</td>
    </tr>
  </tbody>
```

```
</table>
```

(2) 带边框表格(Bordered Table)：Bootstrap 的带边框表格组件可以给表格加上边框线条，增强表格的可读性。例如：

```
<table class="table table-bordered">
  ⋮
</table>
```

(3) 斑马线表格(Striped Table)：Bootstrap 的斑马线表格组件可以在表格中隔行换色，使得表格更易读。例如：

```
<table class="table table-striped">
  ⋮
</table>
```

(4) 响应式表格(Responsive Table)：Bootstrap 的响应式表格组件可以在小屏幕设备上自适应调整表格布局，以保证表格不会超出限定宽度。例如：

```
<div class="table-responsive">
  <table class="table">
    ⋮
  </table>
</div>
```

(5) 鼠标悬停表格(Hoverable Table)：Bootstrap 的鼠标悬停表格可以为表格的每一行添加鼠标悬停效果，使得表格更易读。例如：

```
<table class="table table-hover">
  ⋮
</table>
```

以上是一些常用的 Bootstrap 表格组件，配合其他表格组件和工具，如筛选、分页、隔行换色、卡片式布局等，可以大大提高开发效率和用户体验。

3.6.7　导航条

Bootstrap 提供了丰富的导航组件，包括导航菜单、面包屑导航、分页导航、选项卡等，可以轻松创建各种形式的导航，支持垂直和水平两种方向，并且支持大小、禁用、活动状态、下拉菜单等功能。以下是一些常见的导航组件及其使用方法。

(1) 导航菜单(Navigation Menu)：Bootstrap 的导航菜单组件通常用于网站的顶部或侧边栏，可以包含多个链接和下拉菜单。例如：

```
<nav class="navbar navbar-expand-lg navbar-light bg-light">
  <a class="navbar-brand" href="#">LOGO</a>
  <button class="navbar-toggler" type="button" data-toggle="collapse" data-target="#navbarSupp-
    ortedContent" aria-controls="navbarSupportedContent" aria-expanded="false" aria-label="Toggle
navigation">
```

```
        <span class="navbar-toggler-icon"></span>
    </button>
    <div class="collapse navbar-collapse" id="navbarSupportedContent">
    <ul class="navbar-nav mr-auto">
        <li class="nav-item active">
            <a class="nav-link" href="#">首页  <span class="sr-only">(current)</span></a>
        </li>
        <li class="nav-item">
            <a class="nav-link" href="#">产品介绍</a>
        </li>
        <li class="nav-item dropdown">
            <a class="nav-link dropdown-toggle" href="#" id="navbarDropdown" role="button" data-
toggle="dropdown" aria-haspopup="true" aria-expanded="false">
                下拉菜单
            </a>
            <div class="dropdown-menu" aria-labelledby="navbarDropdown">
                <a class="dropdown-item" href="#">选项 1</a>
                <a class="dropdown-item" href="#">选项 2</a>
                <div class="dropdown-divider"></div>
                <a class="dropdown-item" href="#">其他</a>
            </div>
        </li>
    </ul>
    </div>
</nav>
```

(2) 面包屑导航(Breadcrumb)：Bootstrap 的面包屑导航组件可以告诉用户当前页面所在的位置以及路径，帮助用户快速定位和导航。例如：

```
<nav aria-label="breadcrumb">
    <ol class="breadcrumb">
        <li class="breadcrumb-item"><a href="#">首页</a></li>
        <li class="breadcrumb-item"><a href="#">分类</a></li>
        <li class="breadcrumb-item active" aria-current="page">产品</li>
    </ol>
</nav>
```

(3) 分页导航(Pagination)：Bootstrap 的分页导航组件可用于将长列表或内容分页显示，支持不同的尺寸、形式、禁用、活动状态等。例如：

```
<nav aria-label="Page navigation example">
    <ul class="pagination">
        <li class="page-item"><a class="page-link" href="#">上一页</a></li>
        <li class="page-item active"><a class="page-link" href="#">1</a></li>
```

```
        <li class="page-item"><a class="page-link" href="#">2</a></li>
        <li class="page-item"><a class="page-link" href="#">3</a></li>
        <li class="page-item"><a class="page-link" href="#">下一页</a></li>
    </ul>
</nav>
```

(4) 选项卡(Tab)：Bootstrap 的选项卡组件可以用于切换不同的内容或面板，支持不同的尺寸、位置、禁用、活动状态等。例如：

```
<ul class="nav nav-tabs">
  <li class="nav-item">
    <a class="nav-link active" href="#tab-1">选项卡一</a>
  </li>
  <li class="nav-item">
    <a class="nav-link" href="#tab-2">选项卡二</a>
  </li>
  <li class="nav-item">
    <a class="nav-link disabled" href="#">选项卡三(禁用)</a>
  </li>
</ul>
<div class="tab-content">
  <div class="tab-pane fade show active" id="tab-1">
    <p>这是选项卡一的内容。</p>
  </div>
  <div class="tab-pane fade" id="tab-2">
    <p>这是选项卡二的内容。</p>
  </div>
</div>
```

思 考 题

1. CSS 文本属性可以设置文字的样式，HTML 中的文本元素也可以对文字样式进行设置。试比较这两种方式的主要不同之处。

2. position 属性的值有哪些？各个值是什么含义？

3. CSS 的层叠性是如何体现的？试举例说明。

4. CSS 常见的选择器有哪些？CSS 选择器的优先级是怎样的？

5. 从软件工程的角度来分析，用 CSS 进行网页显示样式的设计有何优点？

6. 简述 CSS 盒子模型的主要思路。

第 4 章　脚本语言 JavaScript

学习提示

如果说 HTML 文档创建了网页中的对象，CSS 设置了这些对象的属性值，那么 JavaScript 就可以让这些对象"活"起来，并按照规定的程序动起来，因为 JavaScript 是一种程序设计语言。作为一种热门的计算机语言，JavaScript 拥有大量的特性和优点，开发人员还可以在此基础上扩展出各种复杂的应用。在很多云计算的环境中，我们看到了用 JavaScript 作为主要开发工具实现的在线文档编辑器(类似 Word)、可交互的地图以及各种社交网络软件。

鉴于初学者的需要和知识结构的考虑，本章着重介绍 JavaScript 语言最核心的特性和程序开发方法，特别讨论其对浏览器对象的操作。在此基础上，还介绍几种目前流行的 JavaScript 框架。

4.1　JavaScript 概况

JavaScript 是由 Netscape 公司开发的一种基于对象、事件驱动并具有相对安全性的客户端脚本语言。JavaScript 可以让网页产生动态、交互的效果，从而改善用户体验。目前，JavaScript 已成为 Web 客户端开发的主流脚本语言。

1995 年 12 月，Sun 公司与 Netscape 公司联合发表了 JavaScript。1996 年 11 月，Netscape 公司将 JavaScript 提交给欧洲计算机制造商协会(European Computer Manufacturers Association，ECMA)进行标准化。JavaScript 与 ECMAScript(缩写为 ES)之间有非常密切的关系。ECMAScript 是一种由 ECMA 通过 ECMA-262 标准化的脚本程序设计语言。ECMAScript 可以看作是 JavaScript 的标准化规范，而 JavaScript 可以看作是 ECMAScript 的一种具体实现或是扩展。ECMAScript 提供了最基本的语法，规定了代码如何编写，比如如何定义变量和函数，如何定义循环、分支等。JavaScript 实现了 ECMAScript 语言标准，并且还在这个基础上做了扩展。

JavaScript 和 Java 表面上看似存在某些联系，但是本质上讲，它们是两种不同的语言。JavaScript 是 Netscape 公司的产品，是一种解释型的脚本语言。而 Java 是 Sun 公司(现在已归于 Oracle 麾下)的产品，是一种面向对象程序设计语言。从语法风格上看，JavaScript 比较灵活自由，而 Java 是一种强类型语言，语法比较严谨。JavaScript 与 Java 名称上的近似，是当时 Netscape 为了营销考虑与 Sun 公司达成协议的结果。

JavaScript 由 JavaScript 核心语言、JavaScript 客户端扩展和 JavaScript 服务器端扩展 3 部分组成。核心语言部分包括 JavaScript 的基本语法和 JavaScript 的内置对象,在客户端和服务器端均可运行。客户端扩展部分支持浏览器的对象模型 DOM,可以很方便地控制页面上的对象。服务器端扩展部分包含了在服务器上运行的对象,这些对象可以和数据库连接,可以在应用程序之间交换信息, 也可以对服务器上的文件进行操作。本书主要讨论 JavaScript 核心语言和 JavaScript 客户端扩展的部分。

JavaScript 程序是纯文本、无须编译的,任何文本编辑器都可以编辑 JavaScript 文件。在 JavaScript 中并不强调完整的面向对象的概念,但是 JavaScript 使用了一种叫"原型化继承"的模型,并且 JavaScript 中也有作用域、闭包、继承、上下文对象等概念。

JavaScript 通过<script>元素在 HTML 文档中嵌入脚本代码,有两种方法嵌入脚本:第一种方法,直接在 HTML 文档中编写 JavaScript 代码。例如:

```
<script type = "text/JavaScript">
    document.write("这是 JavaScript! 采用直接插入的方法! ");
</script>
```

为了避免不支持 JavaScript 的浏览器将 JavaScript 程序解译成纯文字,书写代码时可以将 JavaScript 程序放在 HTML 的注释标签"<!-- -->"之间。例如:

```
<script language = "JavaScript" type = "text/JavaScript">
    <!-- document.write("这是 JavaScript! 采用直接插入的方法! "); -->
</script>
```

第二种方法,可以通过文件引用的方式将已经编写好的 JavaScript 文件(通常以.js 为扩展名)引入进来。这种方式可以提高代码的重用性和可读性。例如:

```
<script src = "foo.js" language = "JavaScript" type = "text/JavaScript"></script>
```

其中, src 属性值就是脚本文件的地址。需要说明的是,如果在<script>元素中指定了 src 属性,那么<script>元素中的其他内容都会被忽略,即在一个<script>元素中要么将 JavaScript 程序直接写入 HTML 文档,要么通过文件引用的方式来实现,二者不能同时生效。例如:

```
<script src = "foo.js" language = "JavaScript" type = "text/JavaScript">
    document.write("这段脚本将不会被执行! ");
</script>
```

另外,虽然一个 HTML 文档上的<script>块的数量没有明确的限制,但是应该按照功能的划分将一组相互依赖的或者功能相近的模块写在一个<script>块中,将功能相对独立彼此孤立的代码分开写入不同的<script>块中。

4.2 JavaScript 的基本语法

JavaScript 语言的语法类似于 C 语言和 Java 语言,但 JavaScript 的语法远不如 C 语言等严格。如果程序中有错误,那么浏览器会忽略错误的部分,而不是停止执行。与 C 语言一样，JavaScript 是对大小写敏感的语言。

4.2.1　常量和变量

JavaScript 程序中的数据根据值的特征分为常量和变量，常量是那些在程序中可预知结果的量，不随程序的运行而变化，而变量则正好相反。常量和变量共同构成了程序操作数据的整体。

JavaScript 中的常量更接近"直接量"，它可以是数值、字符串或者布尔值。一般来说，JavaScript 的常量是只能出现在赋值表达式右边的那些量。例如：3.1415、"Hello world"、true、null 等都是常量。

JavaScript 中用标识符来命名一个变量，合法标识符可以由字母、数字、下画线以及$符号组成，其中首字符不能是数字。在代码 var a = 5，b = "test"，c = new Object()中，标识符 a、b、c 都是变量，它们可以出现在赋值表达式的左侧。严格地说，有一个例外，在 JavaScript 中，undefined 符号可以出现在赋值号的左边，但是根据它的标准化含义，还是将它归为常量。

JavaScript 内部定义的保留字不能用作变量名，例如：

do	case	catch	with	default	delete	continue	synchronized
for	new	super	long	break	export	package	protected
try	else	var	void	import	private	implements	abstract
this	byte	char	class	static	double	instanceof	function
int	fimal	float	const	return	volatile	extends	interface
in	goto	enum	short	public	switch	debugger	transient
if	while	throws	throw	typeof	finally	boolean	mative

不同于 C/C++和 Java，JavaScript 是一种"弱类型"语言，即 JavaScript 的变量可以存储任何类型的值。也就是说，对于 JavaScript 而言，数据类型和变量不是绑定的，变量的类型通常要到运行时才能决定。在 JavaScript 中既可以在声明变量时初始化，也可以在变量被声明后赋值，例如：

```
var   num = 3
```

或者：

```
var   num
num = 3
```

因为 JavaScript 变量没有类型规则的约定，所以从语法上来讲 JavaScript 的使用就比较简单灵活。但同时，由于没有变量类型的约束，因而对程序员也提出了更高的要求，尤其是在编写比较长而复杂的程序时，谨慎地管理变量和它所指向的值的类型，是一件非常重要的事情。

4.2.2　数据类型

JavaScript 中的数据类型主要包括基本数据类型和引用数据类型。基本数据类型包括数值、字符串和布尔型，引用数据类型包括数组和对象。

1．数值

数值是最基本的数据类型，它们表示的是普通的数。JavaScript 的数值并不区别整型或是浮点型，也可以理解为所有的数值都是由浮点型表示的，是精度 64 位浮点型格式(等同于 Java 和 C++中的 double 类型)。

十六进制整数常量的表示方法是，以"0X"或者"0x"开头，其后跟随十六进制数字串。十六进制数是用数字 0～9 以及字母 A～F 来表示的，其中字母大小写均可，如 0xff、0xCAFE911。

JavaScript 中浮点型数值可以采用科学记数法表示，如 3.14、234.3333、6.02e23、1.4738e-23。

除了基本的数值之外，JavaScript 还支持一些特殊的数值，比如常量 Infinity 的含义为"无穷大"。

2．字符串

JavaScript 中的字符串数据类型是由 Unicode 字符组成的序列。与 C++或 Java 不同，JavaScript 没有 char 类型的数据，字符串是表示文本数据的最小单位。

JavaScript 的字符串常量是用单引号或双引号括起来的字符序列，其中可以含有 0 个或多个 Unicode 字符。与 C 语言类似，反斜线(\)为转义字符，例如"\n"表示换行符。

当用单引号来界定字符串时，字符串中如果有单引号字符，就必须用转义序列(\')来进行转义。反之，当用双引号来界定字符串时，字符串中如果有双引号字符，就要使用转义序列(\")来进行转义。例如：

```
alert('\'');        (实际输出的字符串为一个单引号)
alert("\"\\");      (实际输出的字符串为一个双引号和一个反斜线)
```

表 4-1 列出了 JavaScript 转义序列以及它们所代表的字符。

表 4-1　JavaScript 转义序列以及所代表的字符

序　列	所代表的字符
\0	NULL 字符
\b	退格符
\t	水平制表符
\n	换行符
\v	垂直制表符
\f	换页符
\r	回车符
\"	双引号
\'	单引号
\\	反斜线
\xXX	由两位十六进制数值指定的 Latin-1 字符
\uXXXX	由四位十六进制数值指定的 Unicode 字符
\XXX	由一位到三位八进制数指定的 Latin-1 字符 ECMAScript v3 不支持，不推荐使用

3．布尔型

布尔型是最简单的一种基本数据类型，它只有两个常量值，即 true 和 false，代表着逻辑上的"真"和"假"。

4．数组

数组是元素的集合，数组中的每一个元素都具有唯一下标并用来标识，可以通过下标来访问这些数值。数组下标是从 0 开始的连续整数。在 JavaScript 中，数组的元素不一定是数值，它可以是任何类型的数据(甚至可以是数组，进而构建成为二维数组)。

可以通过数组的构造函数 Array()来创建一个数组，数组一旦被创建，就可以给数组的任何元素赋值。与 Java 以及 C++明显不同的是：JavaScript 的一个数组中的多个元素不必具有相同的类型，例如：

```
var a = new Array();
a[0] = 1.2;
a[1] = "JavaScript";
a[2] = true;
```

5．对象

对象是 JavaScript 中的一种引用数据类型，也是一种抽象和广义的数据结构。JavaScript 对象是一个非常重要的知识，将在后续章节专门讨论。在这里仅先讨论对象的基本形式和基本语法。

JavaScript 中，对象是通过调用构造函数来创建的。理论上任何 JavaScript 函数都可以作为构造函数来创建。例如：

```
var o = new Object();
var time = new Date();
```

对象一旦创建，就可以根据自己的意愿设计并使用它们的属性了。

4.2.3　表达式和运算符

JavaScript 的表达式是由变量、常量、布尔量和运算符按一定规则组成的集合。JavaScript 中有 3 种表述式：算术表达式、串表达式和逻辑表达。例如：

```
number++
"Hello " + "you are welcome !"
(a > 5) && (b = 2)
```

JavaScript 中的运算符有：算术运算符、赋值运算符、逻辑运算符、比较运算符、字符串运算符、位运算符等。

1．算术运算符

算术运算符用于执行变量与(或)值之间的算术运算。表 4-2 给出了算术运算符的使用说明。

表 4-2　JavaScript 中的算术运算符

运算符	描　述	例　子
+	加	x = y + 2
−	减	x = y − 2
*	乘	x = y * 2
/	除	x = y/2
%	求余数 (保留整数)	x = y%2
++	累加	x = ++ y
−−	递减	x = −−y

2. 赋值运算符

赋值运算符用于给 JavaScript 变量赋值。表 4-3 给出了赋值运算符的使用说明。

表 4-3　JavaScript 中的赋值运算符

运算符	例子	等价于
=	x = y	
+=	x += y	x = x + y
−=	X −= y	x = x − y
*=	x *= y	x = x * y
/=	x /= y	x = x / y
%=	x %= y	x = x % y

3. 逻辑运算符与比较运算符

逻辑运算符与比较运算符都可返回布尔型的值。逻辑运算符用于测定变量或值之间的逻辑。表 4-4 给出了逻辑运算符的使用说明。

表 4-4　JavaScript 中的逻辑运算符

运算符	描　述	例　子
&&	逻辑 "与"	(x<10&&y>1)
||	逻辑 "或"	(x==5 || y==5)
!	逻辑 "非"	!(x==y)

比较运算符在逻辑语句中使用。表 4-5 给出了比较运算符的使用说明。

表 4-5　JavaScript 中的比较运算符

运算符	描　述	例　子
==	等于	x==8
!=	不等于	x!=8

续表

运算符	描　述	例　子
>	大于	x>8
<	小于	x<8
>=	大于或等于	x>=8
<=	小于或等于	x<=8

4. 字符串运算符

JavaScript 只有一个字符串运算符"+"，使用字符串运算符可以把几个串联接在一起。例如，"hello"+", world"的返回值就是"hello, world"。

5. 位运算符

位运算符是对数值的二进制位进行逐位运算的一类运算符。它们用于二进制数操作，在 JavaScript 的程序设计中并不常用。表 4-6 给出了位运算符的使用说明。

表 4-6　JavaScript 中的位运算符

运算符	描　述	例　子
&	按位与运算	A&B
|	按位或运算	A|B
^	按位异或运算	A^B
~	按位取反	~A
<<	左移运算	A<<B
>>	右移运算	A>>B

6. 条件运算符

条件运算符是 JavaScript 中唯一的三目运算符。它的表达式如下：

```
test？语句 1：语句 2
```

其中，test、语句 1、语句 2 是它的三个表达式。条件运算符首先计算它的第一个表达式 test 的值，如果它的值为 true，则执行语句 1 并返回其结果；否则执行语句 2 并返回其结果。例如，下面的代码可根据当前的时间返回 am 或 pm 的标志。

```
var now = new Date();
var mark = (now.getHours() > 12) ? "pm" : "am";
```

7. 逗号运算符

逗号运算符是一个双目运算符，它的作用是连接左右两个运算数，先计算左边的运算数，再计算右边的运算数，并将右边运算数的计算结果作为表达式的值返回。因此，

```
x = (i = 0, j = 1, k = 2)
```

等价于：

```
i = 0; j = 1; x = k = 2;
```

运算符一般是在只允许出现一个语句的地方使用,在实际应用中,逗号运算符常与 for 循环语句联合使用。

8. 对象运算符

对象运算符是指作用于实例对象、属性或者数组以及数组元素的运算符。JavaScript 中的对象运算符包括 new 运算符、delete 运算符、in 运算符、.运算符和[]运算符。

4.2.4　循环语句

循环语句是 JavaScript 中允许执行重复动作的语句。JavaScript 中,循环语句主要有 while 语句和 for 语句两种形式。

while 语句的基本形式如下:

```
while(expression)
statement
```

while 语句首先计算 expression 的值。如果它的值是 false,那么 JavaScript 就转而执行程序中的下一条语句。如果值为 true,那么就执行循环体的 statement,然后再计算 expression 的值,一直重复以上动作直到 expression 的值为 false 为止。下面是一个 while 循环的例子:

```
var i = 10;
while (i--) {
    document.write(i);
}
```

for 语句抽象了结构化语言中大多数循环的常用模式,这种模式包括一个计数器变量,在第一次循环之前进行初始化,在每次循环开始之时检查这个计数器的值,决定循环是否继续,最后在每次循环结束之后通过表达式更新这个计数器变量的值。for 语句的基本形式如下:

```
for(initialize; test_expr; increment)
statement
```

在循环开始之前,for 语句先计算 initialize 的值,在实际的程序中,initialize 通常是一个 var 变量声明和赋值语句,每次循环开始前要先计算表达式 test_expr 的值,如果它的值为 true,那么就执行循环体的 statement,最后计算表达式 increment 的值。这个表达式通常是一个自增/自减运算或赋值表达式,例如:

```
for (var i = 0; i < 10; i++) {
    document.write(i);
}
```

在 for 循环中,也允许使用多个计数器并在一次循环中同时改变它们的值,这种情况下通常需要逗号运算符的配合,例如:

```
for (var i = 0, j = 0; i + j < 10; i++, j += 2) {
    document.write(i + "" + j + "<br>");
}
```

除了基本形式之外，for 语句还有另一种形式：

```
for(variable in object)
    statement
```

在这种情况下，for 语句可以枚举一个数组或者一个对象的属性，并把它们赋给 in 运算符左边的运算数，同时执行 statement。这种方法常用来穷举数组的所有元素和遍历对象的属性，包括原生属性和继承属性，前提是元素和属性是可枚举的。for/in 的存在不但为 JavaScript 提供了一种很强大的反射机制，也使得 JavaScript 的集合对象使用起来可以像哈希表一样方便。

4.2.5　条件语句

条件语句是一种带有判定条件的语句，根据条件的不同，程序选择性地执行某个特定的语句。条件语句和后循环语句都是带有从句的语句，它们是 JavaScript 中的复合语句。

JavaScript 中的条件语句包括 if 语句和 switch 语句。

if 语句是基本的条件控制语句，这个语句的基本形式如下：

4.2 演示

```
if(expression)    statement
```

在这个基本形式中，expression 是要被计算的表达式，statement 是一个句子或者一个段落，如果计算的结果不是 false 且不能转换为 false，那么就执行 statement 的内容，否则就不执行 statement 的内容。例如：

```
if (a != null && b != null) {
    a = a + b;
    b = a - b;
}
```

除了基本形式外，if 语句还具有扩展形式，在扩展形式下，if 语句允许带有 else 从句：

```
if(expression)    statement1
else    statement2
```

如果 expression 的计算结果不是 false 且不能够被转换为 false，那么执行 statement1 语句；否则执行 statement2 语句。

理论上讲，结构化语言的任何一种条件逻辑结构都能用 if 和 if 与 else 组合来实现。但是，当程序的逻辑结构出现多路分支时，如果依赖于层层嵌套的 if 语句，那么程序的逻辑结构最终将变得极其复杂。如果此时多个分支都依赖于同一组表达式，那么 JavaScript 提供的 switch 语句将比 if 语句嵌套更为简洁。switch 语句的基本形式如下：

```
switch(expression)
{
    statements
}
```

其中，statements 从句通常包括一个或多个 case 语句，以及零个或一个 default 语句。case 语句和 default 语句都要用一个冒号来标记。当执行一个 switch 语句时，先计算 expression 的值，然后查找和这个值匹配的 case 语句，如果找到了相应的语句，就开始执行语句后代码块中的第一条语句并依次顺序执行，直到 switch 语句的末尾或者出现跳转语句为止。如果没有查找到相应的标签，就开始执行标签 default 后的第一条语句并依次顺序执行，直到 switch 语句的末尾或者出现跳转语句为止。如果没有 default 标签，它就跳过所有的 statements 代码块。下面是一个具体的 switch 控制语句的例子。

JSLang.html

```
<html>
<head>
    <title>switch 控制语句</title>
</head>
<body>
    <script type = "text/JavaScript">
    function convert(x) {
        switch (typeof x) {
            case 'number': return x.toString(16);          //把整数转换成十六进制的整数
                break;
            case 'string': return ' " ' + x + ' " ';       //返回引号包围的字符串
                break;
            case 'boolean': return x.toString().toUpperCase();  //转换为大写
                break;
            default: return x.toString();                  //直接调用 x 的 toString()方法
                                                           进行转换
        }
    }
    document.write("十进制数 110 可以转换为：" + convert(110) + "<br/>");   //转换数值
    document.write("字符串 ab 可以转换为：" + convert("ab") + "<br/>");      //转换字符串
    document.write("布尔型真可以转换为：" + convert(true) + "<br/>");       //转换布尔值
    </script>
</body>
</html>
```

上述代码的执行效果如图 4-1 所示。

```
十进制数110可以转换为: 6e
字符串ab可以转换为: "ab"
布尔型真可以转换为: TRUE
```

图 4-1　switch 语句的执行效果图

上面的程序中出现了 break 语句，break 语句是 JavaScript 中的跳转语句，它会使运行的程序立即退出包含在最内层的循环或者 switch 语句。在本例中，遇到 break 语句之后就会结束 switch 语句，如果没有 break 语句程序，则会继续执行接下来的 case 语句。跳转语句是用来让程序逻辑跳出所在分支、循环或从函数调用返回的语句。除了 break 语句，JavaScript 中还有 continue 和 return 这两种跳转语句。

continue 语句的用法和 break 语句非常类似，唯一的区别是，continue 不是退出循环而是开始一次新的迭代。continue 语句只能用在循环语句的循环体中，在其他地方使用都会引起系统级别的语法错误。执行 continue 语句时，封闭循环的当前迭代就会被终止，开始执行下一次迭代。例如：

```
for (var i = 1; i < 10; i++)
{
    if (i % 3 != 0)
    continue;
    document.write(i + "<br>");
}
```

上面的代码意思是对于每次迭代的 i 值如果不能被 3 整除，则跳过当前循环(不执行 document 语句)而进入下一次循环。代码的输出为"3 6 9"。

4.2.6　函数

函数是封装在程序中可以多次使用的模块。函数必须先定义，后使用。通过 function 语句来定义函数有两种方式，分别是命名方式和匿名方式，例如：

```
function f1(){alert()};            //命名方式
var f1 = function(){alert()};      //匿名方式
```

有时候也将命名方式定义函数的方法称为"声明式"函数定义，而把匿名方式定义函数的方法称为引用式函数定义或者函数表达式。命名方式定义函数的方法是最常用的方法，其基本形式如下：

```
function  函数名(参数列表)
{
    函数体
}
```

定义一个函数时，函数的参数列表中的多个参数要用逗号分开。调用一个函数时，需要把相应的零个或多个参数值放在括号中，同样是用逗号隔开的。

return 语句用来指定函数的返回值，把这个值作为函数调用表达式的值。例如：

```
function square(x)
{
    //定义一个函数 square()，计算 x 的平方值并返回该计算结果
    return x * x;
}
```

return 语句的 expression 可以省略，缺省 expression 的 return 语句仅仅是从函数调用中返回，不带任何值。

4.3　JavaScript 的面向对象特性

JavaScript 是一种基于对象的语言。所谓"基于对象"，通常指该语言不一定支持面向对象的全部特性，比如不支持面向对象中"继承"或"多态"的特点。JavaScript 具有封装的特点，并可以使用封装好的对象，调用对象的方法，设置对象的属性。笼统地说："基于对象"也是一种"面向对象"。

4.3.1　类和对象

对象是对具有相同特性的实体的抽象描述，实例对象是具有这些特征的单个实体。对象包含属性(properties)和方法(methods)两种成分。属性是对象静态特征的描述，是对象的数据，以变量表征；方法是对象动态特征的描述，也可以是对数据的操作，用函数描述。JavaScript 中的对象可通过函数由 new 运算符生成。生成对象的函数被称为类或者构造函数，生成的对象被称为类的实例对象，简称为对象。

4.3 演示

通过 new 运算符可以构造对象，例如：

```
var a = new Object();
a.x = 1, a.y = 2;
```

也可以通过对象直接量来构造对象，这种方式使用了对象常量，实际上可以看成是 new 运算符方法的快捷表示法。例如：

```
var b = {x:1, y:2};
```

以上方法都是通过实例化一个 Object 来生成对象的，然后通过构造基本对象直接添加属性的方法来实现。JavaScript 是一种弱类型的语言，一方面体现在 JavaScript 的变量、参数和返回值可以是任意类型的，另一方面也体现在 JavaScript 可以对对象任意添加属性和方法，这样无形中就淡化了"类型"的概念。例如：

```
var a = new Object();
var b = new Object();
a.x = 1, a.y = 2;
b.x = 1, b.y = 2, b.z = 3;
```

在这种情况下既没有办法说明 a、b 是同一种类型，也没办法说明它们是不同的类型，而在 C++和 Java 中，变量的类型是很明确的，在声明时就已经确定了它们的类型和存储空间。JavaScript 允许给对象添加任意的属性和方法，这使得 JavaScript 对象变得非常强大。在 JavaScript 中，几乎所有的对象都是同源对象，它们都继承自 Object 对象。

对象运算符"new"是一个单目运算符,用来根据函数原型创建一个新对象,并调用该函数原型初始化它。用于创建对象的函数原型既是这个对象的类,也是这个对象的构造函数。

下面是构造和使用对象的例子:

JSClass.html

```
<html>
<head>
  <title>对象和对象的构造</title>
</head>
<body>
  <script type = "text/JavaScript">
    var o = new Date();                       // o 是一个 Date 对象
    Complex = function (r, i)                 //自定义 Complex 类型,表示复数
    {
        this.re = r;
        this.im = i;
    }
    var c = new Complex(1, 2);                // c 是一个复数对象
    document.writeln(o.toLocaleString());
    document.write("<br>");
    document.write(c.re + "," + c.im);
  </script>
</body>
</html>
```

上述代码执行后将在网页上显示出年月日时分秒的信息。

对象运算符"delete"是一个单目运算符,它将删除运算数所指定的对象属性、数组元素或者变量。如果删除成功,则它将返回 true,否则将返回 false。

对象运算符"."和"[]"都是用来存取对象和数组元素的双目运算符。它们的第一个运算数都是对象或者数组。它们的区别是运算符"."将第二个运算数作为对象的属性来读写,而"[]"将第二个运算数作为数组的下标来读写。运算符"."要求第二个运算数只能是合法的标识符,而运算符"[]"的第二个运算数可以是任何类型的值甚至 undefined,但不能是未定义的标识符。例如:

```
var a = new Object();
a.x = 1;
alert(a["x"]);                    // a.x 和 a[ "x" ]是等价的表示形式
var b = [1, 2, 3];
alert(b[1]);                      //对于数组 b,b[1]通过下标"1"访问数组的第二个元素
```

上述代码执行时,会弹出对话框以显示数组 a 和 b 的值。

另一种构造对象的方法是先定义类型,再实例化对象。例如:

```
function Point(x, y) {
    this.x = x;
    this.y = y;
}
var p1 = new Point(1, 2);
var p2 = new Point(3, 4);
```

上述代码使用 function 定义了一个构造函数 Point，实际上也同时定义了 Point 类型。p1 和 p2 是同一种类型的对象，它们都是 Point 类的实例。

4.3.2 JavaScript 的内置对象

JavaScript 核心中提供了丰富的内置对象(Built-in Object)，除了之前出现的 Object 对象外，最常见的有 Math 对象、Date 对象、Error 对象、String 对象和 RegExp 对象。

1. Math 对象

Math 对象是一个静态对象，这意味着不能用它来构造实例。程序可以通过调用 Math.sin() 这样的静态函数来实现一定的功能。Math 对象主要为 JavaScript 核心提供了对数值进行代数计算的一系列方法(比如三角函数、幂函数等)以及几个重要的数值常量(比如圆周率 PI 等)。

2. Date 对象

Date 对象是 JavaScript 中用来表示日期和时间的数据类型。可以通过几种类型的参数来构造它，最简单的形式是缺省参数：

```
var now = new Date();
```

其次可以是依次表示"年""月""日""时""分""秒""毫秒"的数值，这些数值除了"年""月"和"日"之外，其他的都可以缺省。例如：

```
var time = new Date(1999, 1, 2);
```

以这种形式构造日期时应当注意的是，JavaScript 中的月份是从 0 开始计算的，因此上面的例子构造的日期是 2 月 2 日，而不是 1 月 2 日。

第三种构造日期的方式是通过一个表示日期的字符串来构造的，例如：

```
var d = new Date("1999/01/02 12:00:01");        //这一次表示的是 1 月份
```

JavaScript 为 Date 对象提供了许多有用的方法，下面通过一个例子给出了构造 Date 对象和使用 Date 对象方法的示范。

```
<html>
<head><title>测试</title></head>
<body>
    <script>
        var today = new Date();
        var year = today.getFullYear();              //获取年份
        var month = today.getMonth() + 1;            //JavaScript 中月份是从 0 开始的
```

```
            var date = today.getDate();                    //获取当月的日期
            //表示星期的中文
            var weeks = ["星期日", "星期一", "星期二", "星期三", "星期四", "星期五", "星期六"];
            //输出结果
            document.write("今天是:");
            document.write(year);
            document.write("年");
            document.write(month);
            document.write("月");
            document.write(date);
            document.write("日");
            document.write("" + weeks[today.getDay()]);
        </script>
    </body>
</html>
```

上述代码的输出将在页面中显示日期和星期,比如"今天是:2016 年 6 月 5 日星期日"。

3. String 对象

字符串对象是 JavaScript 基本数据类型中最复杂的一种类型, 也是使用频率很高的数据类型。String 对象有两种创建方式: 一是直接声明方式, 二是通过构造函数 new String() 创建一个新的字符串对象。例如:

```
var s1 = "abcdef";
var s2 = new String("Hello, world");
```

String 对象的属性不多, 常用的是 lenth 属性, 用于标识字符串的长度。String 对象的方法比较多, 而且功能也比较强大, 表 4-7 列出了 String 对象的方法。可以看出, 很多函数是与字符串的显示有关的。

表 4-7   JavaScript 中 String 对象的方法

方　法	描　　述
anchor()	创建 HTML 锚
big()	用大号字体显示字符串
blink()	显示闪动字符串
bold()	使用粗体显示字符串
charAt()	返回在指定位置的字符
charCodeAt()	返回在指定位置的字符的 Unicode 编码
concat()	连接字符串
fixed()	以打字机文本显示字符串
fontcolor()	使用指定的颜色来显示字符串
fontsize()	使用指定的尺寸来显示字符串

方　法	描　　述
fromCharCode()	从字符编码创建一个字符串
indexOf()	检索字符串
italics()	使用斜体显示字符串
lastIndexOf()	从后向前搜索字符串
link()	将字符串显示为链接
localeCompare()	用本地特定的顺序来比较两个字符串
match()	找到一个或多个正则表达式的匹配
replace()	替换与正则表达式匹配的子串
search()	检索与正则表达式相匹配的值
slice()	提取字符串的片段，并在新的字符串中返回被提取的部分
small()	使用小字号来显示字符串
split()	把字符串分割为字符串数组
strike()	使用删除线来显示字符串
sub()	把字符串显示为下标
substr()	从起始索引号提取字符串中指定数目的字符
substring()	提取字符串中两个指定的索引号之间的字符
sup()	把字符串显示为上标
toLocaleLowerCasc()	把字符串转换为小写
toLocaleUpperCase()	把字符串转换为大写
toLowerCase()	把字符串转换为小写
toUpperCase()	把字符串转换为大写
toSource()	代表对象的源代码
toString()	返回字符串
valueOf()	返回某个字符串对象的原始值

4. Error 对象

JavaScript 中的 Error 对象是用来在异常处理中保存异常信息的。Error 对象包括 Error 及其派生类的实例，Error 的派生类是 EvalError、RangeError、TypeError 和 SyntaxError。

5. RegExp 对象

在 JavaScript 中，正则表达式由 RegExp 对象表示，它是对字符串执行模式匹配的强大工具。每一条正则表达式模式对应一个 RegExp 实例。

4.3.3 异常处理机制

所谓异常(exception)，是指一个信号，说明当前程序发生了某种意外状况或者错误。抛出(throw)一个异常就是用信号通知运行环境，程序发生了某种意外。捕捉(catch)一个异常，就是处理它，采取必要或适当的动作从异常状态恢复。JavaScript 异常总是沿调用堆栈自下向上传播，直到它被捕获或者传播到调用堆栈顶部为止。被传播到调用顶部的异常将会引发一个运行时错误，从而终止程序的执行。

异常通常是由运行环境自动引发的，原因可能是出现了语法错误，对一个错误的数据类型进行操作或者其他的一些系统错误，比如"被零除""函数参数不匹配"等。

JavaScript 的异常处理机制是标准的 try/catch/finally 模式。try 语句定义了需要处理异常的代码块，catch 从句跟随在 try 块后，当 try 块内某个部分发生了异常时，catch 能够"捕获"它们。finally 块一般跟随在 catch 从句之后，不管是否产生异常，finally 块中所包含的代码都会被执行。虽然 catch 和 finally 从句都是可选的，但是 try 从句之后至少应当有一个 catch 块或 finally 块。下面是一个异常处理的例子。

```
try{
    Bug                    //这里将会引发一个 SystaxError
}
catch(e) {                 //产生的 SystaxError 在这里会被接住
    alert(e);              //异常对象将被按照默认的方式显示出来
}
finally{
    alert("finally");      //不论如何，程序最终执行 finally 语句
}
```

4.4　JavaScript 在浏览器中的应用

4.4.1　浏览器对象

在开发网站前端程序时，对浏览器对象的调用是必不可少的。浏览器对象的结构如图 4-2 所示。下面分别介绍两个最常用的浏览器对象——window 对象和 document 对象。

4.4.1 演示

1. window 对象

window 对象是浏览器提供的第一类对象，它的含义是浏览器窗口，每个独立的浏览器窗口或者窗口中的框架都是用一个 window 对象的实例来表示的。window 对象是内建对象中的最顶层对象，它的下层对象有 event 对象、frame 对象、document 对象等，其中最主要的是 document 对象，它指的是 HTML 页面对象。

window 对象提供了丰富的属性和方法。它主要常见的属性有：name、parent、self、top、status、defaultStatus 等；它的主要方法有：alert()、confirm()、close()、open()、prompt()、setTimeout()、clearTimeout()等。表 4-8 列举了 window 对象的主要属性和它们的应用说明；

表 4-9 列举了 window 对象的主要方法以及它们的应用说明。

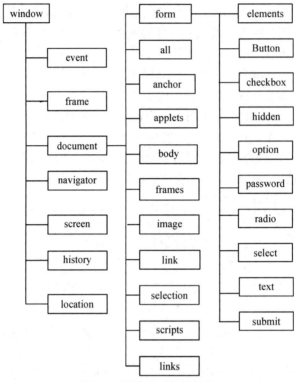

图 4-2   浏览器对象的结构

表 4-8   window 对象的主要属性

属性名称	说 明	范 例
name	当前窗口的名字	window.name
parent	当前窗口的父窗口	parent.name
self	当前打开的窗口	self.status = "你好"
top	窗口集合中的最顶层窗口	top.name
status	设置当前打开窗口状态栏的显示数据	self.status = "欢迎"
defaultStatus	当前窗口状态栏的显示数据	self.defaultStatus = "欢迎"

表 4-9   window 对象的主要方法

方法名称	说 明	范 例
alert()	创建一个带"确定"按钮的对话框	window.alert('输入错误！')
confirm()	创建一个带"确定"和"取消"按钮的对话框	window.confirm('是否继续！')
close()	关闭当前打开的浏览器窗口	window.close()
open()	打开一个新的浏览器窗口	window.open(URL, '新窗口名', '新窗口属性设置')

续表

方法名称	说　明	范　例
prompt()	创建一个带"确定""取消"按钮及输入字符串字段的对话框	window.prompt('请输入姓名')
setTimeout()	设置一个时间控制器	window.setTimeout("fun()", 3000)
clearTimeout	清除原来时间控制器内的时间设置	window.clearTimeout()

window 对象方法中的 alert()、prompt()和 confirm()方法，用作 JavaScript 的接口元素，用来显示用户的输入，并完成用户和程序的对话过程。

alert()：显示一个警告框，其中"提示"是可选的，是在警告框内输入的内容。

confirm()：显示一个确认框，等待用户选择按钮。"提示"也是可选的，是在提示框中显示的内容，用户可以根据提示选择"确定"或"取消"按钮。

prompt()：显示一个提示框，等待输入文本，如果选择"确定"按钮，则返回文本框中的内容；如果选择"取消"按钮，则返回一个空值。它的"提示"和"默认值"都是可选的，"默认值"是文本框的默认值。

下面是一个 window 对象的综合应用案例。

JSBrowser.html

```html
<!DOCTYPE html>
<html>
<head>
    <meta charset="utf-8"/>
    <title>JS 浏览器对象</title>
</head>
<body>
<button id="btn" onclick="link('张三')">Click Me!</button>
<script type="text/JavaScript">
    var btn = document.getElementById("btn");
    btn.textContent = "点击我";

    function link(str) {
        var myStr = prompt("请输入姓名");
        if (myStr == str) {          //如果验证姓名输入正确
            if (confirm(myStr + "你好！你想打开新的窗口?"))
                window.open("http://www.baidu.com");
        } else {
            alert("对不起，用户名信息错误！");
        }
        return;
```

```
        }
    </script>
    </body>
    </html>
```

程序中，var myStr = prompt("请输入姓名")语句可以获取用户输入的字符串。如果用户选择"确定"按钮，则在提示框中输入的数据将会赋值给变量 myStr；如果用户选择"取消"按钮，则将默认值赋给 myStr，如图 4-3 所示。

图 4-3   prompt 语句的执行效果图

如果用户输入的不是"张三"，则通过 alert("对不起，用户名信息错误！")函数显示信息；否则通过 confirm(myStr + "你好！你想打开新的窗口？")函数在浏览器中弹出新的对话框，提示用户打开新窗口，如图 4-4 所示。

图 4-4   alert 与 confirm 函数的执行效果图

程序中，window.open("http://www.baidu.com")调用了 window 对象的 open 方法，其作用是打开一个新的窗口。

2. document 对象

document 对象是浏览器的一个重要对象，它代表着浏览器窗口的文档内容。浏览器装载一个新的页面时，总是初始化一个新的 document 对象。window 对象的 document 属性总是引用当前已初始化的 document 元素。

document 对象的属性可以用来设置 Web 页面的特性，例如标题、前景色、背景色和超链接颜色等。其主要用来设置当前 HTML 文件的显示效果。表 4-10 列举了 document 对象的主要属性和它们的使用说明。

表 4-10　document 对象的主要属性

属性名称	说　明	范　例
alinkColor	页面中活动超链接的颜色	document. alinkColor = "red"
bgColor	页面背景颜色	document.bgColor = "ff0000"
fgColor	页面前景颜色	document.bgColor = "ff000f"
linkColor	未访问的超链接的颜色	document.linkColor = "red"
vlinkColor	已访问的超链接的颜色	document. vlinkColor = "green"
lastModified	最后修改页面的时间	date = lastModified
location	页面的 URL 地址	url_inf = document.location
title	页面的标题	title_inf = document.title

document 对象的方法主要是用于文档的创建和修改操作，表 4-11 列举了 document 对象的主要方法和它们的使用说明。

表 4-11　document 对象的主要方法

方法名称	说　明	范　例
clear()	清除文档窗口内的数据	document.clear()
close()	关闭文档	document. Close()
open()	打开文档	document. Open()
write()	向当前文档写入数据	document. Write("你好! ")
writeln()	向当前文档写入数据，并换行	document. Writeln("你好!!")

4.4.2　JavaScript 在 DOM 中的应用方式

文档对象模型(Document Object Model，DOM)是以面向对象的方式描述的文档模型。DOM 可以以一种独立于平台和语言的方式访问和修改一个文档的内容和结构，它是表示和处理一个 HTML 或 XML 文档的常用方法。DOM 定义了表示和修改文档所需的对象、对象的行为和属性以及它们之间的关系。根据 W3C DOM 规范，DOM 是 HTML 与 XML 的应用编程接口

4.4.2 演示-1

(API)，DOM 将整个页面映射为一个由层次节点组成的文件。DOM 的设计是以对象管理组织(OMG)的规约为基础的，因此可以用于任何编程语言。DOM 技术使得用户页面可以动态地变化，如可以动态地显示或隐藏一个元素，改变它们的属性，增加一个元素等。DOM 技术使得页面的交互性大大地增强。下面构建一个非常基本的网页，其代码如下：

```
<!DOCTYPE html>
<head>
    <meta charset="UTF-8">
    <title>Sports</title>
</head>
<body>
<h3>例子</h3>
<p title="选择你最喜欢的运动">你最喜欢的运动是?</p>
<ul>
    <li>篮球</li>
    <li>乒乓球</li>
    <li>足球</li>
</ul>
</body>
</html>
```

上述代码的输出效果如图 4-5 所示。

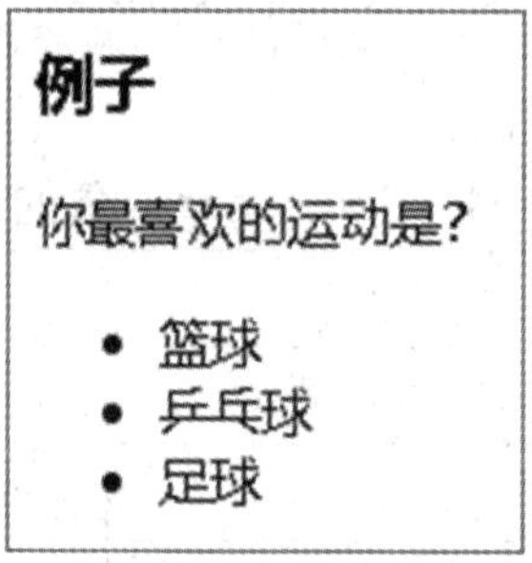

图 4-5　代码运行效果图

可以把上面的 HTML 描述为一棵 DOM 树，在这棵树中，<h3>、<p>、<ul>以及<ul>的 3 个<li>子节点都是树的节点，可以通过 JavaScript 中的 getElementById 或者 getElementByTagName 方法来获取元素，这样得到的元素就是 DOM 对象。DOM 对象可以使用 JavaScript 中的方法和属性。getElementById 方法通过节点的 id 值来获取该节点元素，getElementByTag Name 通过标签的名称获取所有与之相同标签的节点，返回的是一个数组。将上述代码修改如下：

JSDOMSports.html

```
<!DOCTYPE html>
<head>
    <meta charset="UTF-8">
    <title>Sports</title>
</head>
<body>
<h3>例子</h3>
<div id="dom">
```

```
        </div>
        <p title="选择你最喜欢的运动">你最喜欢的运动是?</p>
        <ul>
            <li>篮球</li>
            <li>乒乓球</li>
            <li>足球</li>
        </ul>
        <script type="text/JavaScript">
            var uls = document.getElementsByTagName("ul");
            uls[0].style.backgroundColor = "#FFFF00"
            var domObj = document.getElementById("dom");
            domObj.innerHTML = "<h1>hello, world!</h1>"
        </script>
        </body>
        </html>
```

通过 getElementById 方法获取 id 值为 dom 的 div 节点，然后可以对其进行相应的操作。例如：

```
        var domObj = document.getElementById("dom");
        domObj.innerHTML = "<h1>hello,world!</h1>";
```

上述代码将会在<div>中填充相应的 HTML 代码，并且可以通过 getElementByTagName 获取标签的节点。例如：

```
        var uls = document.getElementsByTagName("ul");
        uls[0].style.listStyle = "none";
```

上述代码可获取所有 ul 标签的节点，虽然这里只有一个 ul 标签，但返回的是一个数组，通过对数组下标的操作可以对具体标签进行操作，上面的 uls[0]表示对第一个 ul 标签的引用，uls[0].style.backgroundColor = "#FFFF00"是将 ul 标签的样式修改为黄色的背景颜色。需要说明的是，通过 JavaScript 修改 HTML 标签样式时，样式属性的名称和 CSS 中有所区别。CSS 中 listStyle 样式对应着 list-style，通过 JavaScript 修改样式时，应该去掉连字符，并且去掉连字符后的每个首字母必须大写。修改后的效果如图 4-6 所示。

图 4-6　代码的执行效果图

HTML 文档中不同的元素类型分别对应不同类型的 DOM 节点，在 JavaScript 中，这些节点是作为实现了特定的 Node 接口的 DOM 对象来操作的。每个 Node 对象都有一个 nodeType 属性，这些属性指定了节点类型。Node 的种类一共有 12 种，可通过 Node.nodeType

的取值来确定，表 4-12 给出了 HTML 文档中常见的几种节点类型。

表 4-12　HTML 文档中常见的几种节点类型

nodeType 常量	nodeType 值	备　　注
Node.ELEMENT_NODE	1	元素节点
Node.TEXT_NODE	3	文本节点
Node.DOCUMENT_NODE	9	document
Node.COMMENT_NODE	8	注释的文本
Node.DOCUMENT_FRAGMENT_NODE	11	document 片断
Node.ATTRIBUTE_NODE	2	节点属性

DOM 树的根节点是 document 对象，该对象的 documentElement 属性表示当前文档的根节点(root)，对于 HTML 文档来说，它就是<html>标记。JavaScript 操作 HTML 文档时，document 即指向整个文档，<body>、<table>等节点类型即为 Element。Comment 类型的节点则是指文档的注释。

document 定义的方法采用的是工厂化的设计模式，主要用于创建可以插入文档中的各种类型的节点。常用的 document 方法如表 4-13 所示。

表 4-13　document 对象的常用方法

方　　法	描　　述
createAttribute()	用指定的名字创建新的 Attr 节点
createComment()	用指定的字符串创建新的 Comment 节点
createElement()	用指定的标记名创建新的 Element 节点
createTextNode()	用指定的文本创建新的 TextNode 节点
getElementById()	返回文档中具有指定 id 属性的 Element 节点
getElementsByTagName()	返回文档中具有指定标记名的所有 Element 节点

对于 Element 节点，可以通过调用 getAttribute()、setAttribute()、removeAttribute()方法来查询、设置或者删除一个 Element 节点的属性，比如<table>标记的 border 属性。表 4-14 列出了 Element 常用的方法。

表 4-14　Element 对象的常用方法

方　　法	描　　述
getAttribute()	以字符串形式返回指定属性的值
getAttributeNode()	以 Attr 节点的形式返回指定属性的值
hasAttribute()	如果该元素具有指定名字的属性，则返回 true
removeAttribute()	从元素中删除指定的属性
removeAttributeNode()	从元素的属性列表中删除指定的 Attr 节点
setAttribute()	把指定的属性设置为指定的字符串值，如果该属性不存在，则添加一个新属性
setAttributeNode()	把指定的 Attr 节点添加到该元素的属性列表中

Attr 对象代表文档元素的属性，有 name、value 等属性，可以通过 Node
接口的 attributes 属性或者调用 Element 接口的 getAttributeNode()方法来获取。
不过，在大多数情况下，使用 Element 元素属性的最简单方法是 getAttribute()
和 setAttribute()两个方法，而不是 Attr 对象。

4.4.2 演示-2

下面通过另一个实例来说明 JavaScript 是如何通过 DOM 来操作 HTML
文档的。

JSDOM.html

```
<html>
<head>
    <meta http-equiv = "Content-Type" content = "text/html; charset=utf-8" />
    <title>DOM 操作 HTML 文档示例</title>
    <script type = "text/JavaScript">
        function addMore() {
            var td = document.getElementById("more");          //获取 id 为 more 的节点
            var br = document.createElement("br");             //创建 br 元素
            var input = document.createElement("input");        //创建 input 元素
            var button = document.createElement("input");
            input.type = "file";                               //指定 input 这个 DOM 对象的类型
            input.name = "file";                               //指定名称
            button.type = "button";                            //指定 button 这个 DOM 对象的类型
            button.value = "Remove";                           //指定其 value
            td.appendChild(br);                                //将创建好的三个元素插入节点中
            td.appendChild(input);
            td.appendChild(button);
            button.onclick = function () {                     //为 button 按钮注册 onclick 事件
                td.removeChild(br);                            //删除 br 元素
                td.removeChild(input);                         //删除 input 元素
                td.removeChild(button);                        //删除 button 元素
            }
        }
    </script>
</head>
<body>
    <form action = "#" enctype = "multipart/form-data" method = "post">
        <table border = "1">
            <caption>文件上传示例</caption>
            <tr>
                <td>  file:
```

```
            </td>
            <td id = "more">
                <input type = "file" />
                <input type = "button" value = "add More" onclick = "addMore();" />
            </td>
        </tr>
        <tr>
            <td>
                <input type = "submit" value = "提交" />
            </td>
            <td>
                <input type = "reset" value = "重置" />
            </td>
        </tr>
    </table>
    </form>
    </body>
    </html>
```

　　上面的代码是简单实现一个动态地添加附件的前端页面，就是说当附件的数量不确定时，可以动态地添加<input type="file" >这样的元素，也可以根据需要删除相应的表单元素。在本例中出现了 appendChild 和 removeChild 方法，它们分别是将创建的元素插入到节点中和从节点中删除相应元素。代码的执行效果如图 4-7 所示。

文件上传示例

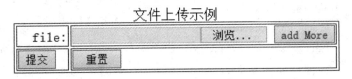

图 4-7　代码的执行效果图

4.4.3　事件驱动与界面交互

　　在浏览器文档模型中，事件是指因为某种具体的交互行为发生，而导致文档内容需要作某些处理的场合。在这种情况下，通常由被作用的元素发起一个消息，并向上传播，在传播的途径中，将该消息进行处理的行为，被称为事件响应或者事件处理。浏览器事件的种类很多，包括鼠标点击、鼠标移动、键盘输入、失去与获得焦点、装载、选中文本等。浏览器的 DOM 提供了基本的事件处理方式，它被广泛应用于 Web 应用程序的开发中。

　　HTML 标准规定了每个元素支持多种不同的事件类型。表 4-15 归纳整理了常见的事件类型。

　　把一个脚本函数与事件关联起来被称为事件绑定，被绑定的脚本函数称为事件的句柄。在简单事件模型里，JavaScript 支持两种不同的事件绑定方式。

表 4-15　JavaScript 中常见的事件类型

事件代理	事件说明	支持的 HTML 标记
onabort	图片装载被中断	\<img\>\<object\>
onblur	元素失去焦点	\<button\>\<input\>\<label\>\<select\>\<textarea\>\<body\>
onchange	元素内容发生改变	\<input\>\<select\>\<textarea\>
onclick	单击鼠标	大部分标记
ondbclick	双击鼠标	大部分标记
onerror	图片装载失败	\<img\>\<object\>
onfocus	元素获得焦点	\<button\>\<input\>\<label\>\<select\>\<textarea\>\<body\>
onkeydown	键盘被按下	表单元素和 body
onkeypress	键盘被按下并释放	表单元素和 body
onkeyup	键盘被释放	表单元素和 body
onload	文档装载完毕	\<body\>\<frameset\>\<iframe\>\<img\>\<object\>
onmousedown	鼠标被按下	大部分标记
onmousemove	鼠标在元素上移动	大部分标记
onmouseout	鼠标移开元素	大部分标记
onmouseover	鼠标移到元素上	大部分标记
onmouseup	鼠标被释放	大部分标记
onreset	表单被重置	\<form\>
onresize	调整窗口大小	\<body\>\<frameset\>\<iframe\>
onselect	选中文本	\<input\>\<textarea\>
onsubmit	表单被提交	\<form\>
onunload	页面卸载或离开页面	\<body\>\<frameset\>\<iframe\>

　　HTML 元素的事件属性可以将合法的 JavaScript 代码字符串作为值，这一种绑定被称为"静态绑定"，例如下面代码中 onclick 的属性值：

```
<button id = "btn" onclick = "link('张三')">Click Me!</button>
```

　　除了静态绑定之外，JavaScript 还支持直接对 DOM 对象的事件属性赋值，对应地，这种绑定称为"动态绑定"，例如：

```
<html>
<body>
    <button id = "btn">Click Me!</button>
    <script type = "text/JavaScript">
        btn.onclick = function () {
        alert("hello");
```

```
        }
    </script>
</body>
</html>
```

上面的例子是在脚本中直接调用了 id 为 "btn" 的按钮对象 onclick 事件，也可以直接将事件写在对象中，直接在对象中调用事件函数，例如：

```
<html>
<body>
    <button id = "btn" onclick = "pgload()">Click Me!</button>
    <script type = "text/JavaScript">
        function pgload() {
        alert("hello");
        }
    </script>
</body>
</html>
```

上面的代码是将函数 pgload()注册给了 onclick 事件。

4.5 JavaScript 在 HTML 5 中的应用

4.5.1 HTML 5 绘图的应用

在前面的章节中，我们已经简单地描述了 HTML 5 中非常重要的 Canvas 元素。Canvas API 是基于 Canvas 元素的一套 JavaScript 函数库，它提供了基本的绘图功能，支持创建文本、直线、曲线、多边形和椭圆，并可以设置其边框的颜色和填充色。下面的例子用 JavaScript 和 Canvas 元素创建了一个在商业报表中常见的直方图，如图 4-8 所示。

4.5.1 演示

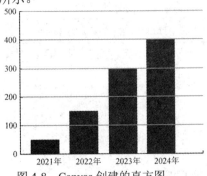

图 4-8 Canvas 创建的直方图

其代码如下：

JSCanvas.html

```
<!DOCTYPE html>
<html>
<head>
    <meta charset="utf-8"/>
    <title>JS   Canvas 绘图</title>
    <script type="text/javascript">
        function graph(report, maxWidth, maxHeight) {
            var data = report.values;
            var canvas = document.getElementById("graph");
            var axisBuffer = 20;
            canvas.height = maxHeight + 100;
            canvas.width = maxWidth;
            var ctx = canvas.getContext("2d");

            var width = 50;
            var buffer = 20;
            var i = 0;
            var x = buffer + axisBuffer;
            ctx.font = "bold 12px  宋体";
            ctx.textAlign = "start";
            for (i = 0; i < data.length; i++) {
                ctx.fillStyle = "rgba(0, 0, 200, 0.9)";
                ctx.fillRect(x, maxHeight - (data[i][report.y] / 2),
                    width, (data[i][report.y] / 2));
                ctx.fillStyle = "rgba(0, 0, 0, 0.9)";
                ctx.fillText(data[i][report.x], x + (width / 4), maxHeight + 15);
                x += width + buffer;
            }

            // draw the horizontal axis
            ctx.moveTo(axisBuffer, maxHeight);
            ctx.lineTo(axisBuffer + maxWidth, maxHeight);
            ctx.strokeStyle = "black";
            ctx.stroke();

            // draw the vertical axis
            ctx.moveTo(axisBuffer, 0);
```

```
            ctx.lineTo(axisBuffer, maxHeight);
            ctx.stroke();

            // draw gridlines
            var lineSpacing = 50;
            var numLines = maxHeight / lineSpacing;
            var y = lineSpacing;
            ctx.font = "10px 宋体";
            ctx.textBaseline = "middle";
            for (i = 0; i < numLines; i++) {
                ctx.strokeStyle = "rgba(0,0,0,0.25)";
                ctx.moveTo(axisBuffer, y);
                ctx.lineTo(axisBuffer + maxWidth, y);
                ctx.stroke();
                ctx.fillStyle = "rgba(0,0,0, 0.75)";
                ctx.fillText("" + (2 * (maxHeight - y)), 0, y);
                y += lineSpacing;
            }
        }
        function init() {
            var data = [{year: "2021 年", sales: 50},
                {year: "2022 年", sales: 150},
                {year: "2023 年", sales: 300},
                {year: "2024 年", sales: 400}];
            var report = {
                x: "year",
                y: "sales",
                values: data
            };
            graph(report, 350, 300);
        }
    </script>
</head>
<body onload="init()">
<canvas id="graph"></canvas>
</body>
</html>
```

在上述代码的 graph 函数中，首先通过 document.getElementById("graph")函数获取了这个图形所需的 canvas 对象，并设置了画布的宽度、高度等属性，然后通过循环访问 data

数组获得了相应的数据，并根据数据绘制出柱状图。

在代码中，使用 rgba 函数设置了颜色值及 alpha 值，颜色值包括红(R)、绿(G)、蓝(B)3 个部分，而 alpha 值则是颜色的透明度(代码中为 0.9，即 90%)。

代码中使用 fillRect 函数创建了柱状图，函数的参数为矩形的起点(x,y)、高度和宽度；使用 fillText 函数在画布上绘制文本；使用 moveTo 函数设置开始绘制直线的起始点；使用 lineTo 函数和 stroke 函数从当前点到指定点之间绘制了一条直线。

4.5.2　cookie 存储

cookie 是一种存储在用户设备中的小文件，它可以用来记录用户的浏览器的在线活动，以实现更好的用户体验。cookie 通常存储在用户的浏览器中，以存储用户的数据，例如登录信息和偏好设置。cookie 的存储方式可以是文本文件，也可以是数据库文件，取决于客户端设置。

传统的 HTML 使用 cookie 作为本地存储(浏览器端存储)的方式。通过 cookie 可以保存用户访问网站的信息，例如个人资料等。每个 cookie 的格式都是"键/值对"(或称为"名称/值对")，即<cookie 名>=<值>，名称和值都必须是合法的标识符。从 JavaScript 的角度看，cookie 就是一些字符串，可以通过 document.cookie 来读取或设置这些信息。由于 cookie 多用在客户端和服务端之间进行通信，因此除了 JavaScript 以外，服务端的语言(如 JSP)也可以存取 cookie。

使用 cookie 需要注意它的如下特性：

每个 cookie 所存放的数据不能超过 4 KB。

cookie 是以文件形式存放在客户端计算机中的，对于客户端的用户来说，这些信息可以被查看和修改，因此，通常在 cookie 中不能存放与安全或隐私有关的重要信息。

cookie 存在有效期。默认情况下，一个 cookie 的生命周期就是在浏览器关闭的时候结束。如果想要 cookie 能在浏览器关掉之后还可以使用，就必须要为该 cookie 设置有效期。

cookie 通过域和路径来设置相应的访问控制。通过域的设置确保不同域之间不能互相访问 cookie 信息(除非特别设置)，通过路径的设置，使得一个网页所创建的 cookie 只能被同一目录的其他网页访问。

下面的代码介绍了如何设置和获取 cookie 的值。cookie 的值可以由 document.cookie 直接获得，得到的将是以分号隔开的多个"键/值对"所组成的字符串。其代码如下：

```
<!DOCTYPE html>
<html>
<head></head>
<body onload = "init()">
    <script type = "text/JavaScript">
        document.cookie = "userId=828";
        document.cookie = "username = hulk";
        var strcookie = document.cookie;
```

```
            alert(strcookie);
        </script>
    </body>
</html>
```

关于服务器端的 cookie 访问，将在后面的章节中专门介绍。

应用 cookie 可以方便地存储用户的信息，但它本身也有明显的缺陷与不足。比如存储空间小，每个站点大小限制在 4 KB 左右；有时间期限，需要设置失效时间；在请求网页时 cookie 会被附加在每个 HTTP 请求的 header 中，增加了流量；在 HTTP 请求中的 cookie 是明文传递的，具有安全隐患。

HTML 5 的新标准提供了比 cookie 更好的本地存储解决方案，主要包括 4 种：localstorage、sessionstorage、webSQL 和 indexedDB。由于浏览器的兼容性问题，基于 HTML 5 标准的本地存储机制并不是在所有浏览器中都已得到支持，因而在实际使用时需要对前端环境进行测试。

4.6 常用的 JavaScript 框架

在软件工程中提高代码重用性对缩短开发周期、降低开发难度、提高开发质量等都有明显的作用。在开发一定规模的基于 JavaScript 的浏览器端程序时也需要重视代码的重用性，一方面需要将在不同 HTML 文件中多次重用的 JavaScript 代码保存到独立的文件中，另一方面也可充分利用由其他机构开发出的 JavaScript 框架(类库)。目前常用的 JavaScript 框架包括 jQuery、React、Angular、Vue.js 等。

jQuery 是一个优秀的轻量级 JavaScript 框架，它压缩后文件较小，便于浏览器下载和执行。jQuery 框架兼容 CSS3 和多种浏览器，可以让开发者更方便地处理对象、事件、AJAX 等效果。在开发时，通过定义 HTML 对象的 ID 值，jQuery 能够使程序代码和 HTML 内容更加方便地分离，适合团队协作开发。

React 是一个开源 JavaScript 框架，由 Facebook 团队主导开发，用于开发交互式用户界面和高效的 Web 应用程序。React 使用提供声明式、函数式和基于组件的样式的方法来提供出色的用户体验，并使用虚拟 DOM 提供的高速渲染功能。

Angular 是一个开源的 JavaScript 框架，用于开发动态和复杂的 Web 应用程序。Angular 支持用户使用依赖注入和数据绑定的功能来为用户提供极大的便利，通过简洁的代码，让开发者可以轻松调用应用程序的组件。

Vue.js 是一个用于构建用户界面的渐进式 JavaScript 框架。它可以构建在 CSS、HTML 和 JavaScript 之上，并提供一个简洁高效的基于组件的编程模型。Vue.js 遵循"模型-视图-视图模型"(MVVM)架构模式，是国内网站开发者广泛使用的前端框架之一。

思 考 题

1. JavaScript 语言和 C 语言有哪些异同？

2. JavaScript 有哪些数据类型？

3. JavaScript 中如何实现继承？

4. JavaScript 中 Null 和 undefined 的区别是什么？

5. JavaScript 中 var、const 的区别是什么？

6. JavaScript 中使用 new 创建对象的过程是什么样的？

7. JavaScript 语言的面向对象的特性主要表现在哪些方面？

8. JavaScript 语言有哪些内置对象？

9. 试举例说明 JavaScript 语言异常处理机制。

10. 编写代码练习：在网页中实现一个浮动的小图片，让其保持 45°角的匀速直线运动，当碰到浏览器边框时会被反弹到另一个方向。(提示：首先在 HTML 中用 DIV 声明一个层，在这一层中放置一个小图片，DIV 声明的矩形区域的大小与图片的大小相同；然后通过 JavaScript 语句来控制 DIV 层的横纵坐标，驱动的事件来自内置的 Timer 对象。)

第 5 章 XML 与 JSON 技术

学习提示

与网站设计技术刚刚兴起的时候不同，现在学习网站设计已经无法绕开 XML 和 JSON 技术了。从名字就可以看出，XML 与 HTML 有一定的相关性，它们都来自同一家族——SGML，而 JSON 则与 JavaScript 有着密切的关系。随着网站技术的广泛应用，单纯的 HTML 已无法满足应用的需求，XML 和 JSON 技术担当起打破技术瓶颈、提供扩展能力的重要角色。

目前，XML 和 JSON 不仅在网站设计的前端、后端发挥重要的作用，这项技术已广泛应用于互联网、物联网、大数据、云计算等重要领域。

5.1 XML 语法基础

5.1.1 XML 概况

为了使异构系统间的数据交换更加容易实现，W3C 于 1998 年正式推出了可扩展标记语言(Extensible Markup Language，XML)。作为标准通用标记语言(SGML)经过优化后的一个子集，XML 具有简明的结构、良好的可扩展性、通用性和开放性，因而逐步成为信息交换和共享的重要手段。目前，XML 已被广泛地应用于网站开发中的许多环节，包括服务器配置、业务流程描述、程序代码编写、数据库接口设计等方面。

XML 的产生与 HTML 在应用过程中产生的瓶颈问题直接相关。虽然 HTML 是 Web 的"数据类型"，但同时还具有如下不足：

(1) HTML 是专门为描述主页的表现形式而设计的，它疏于对信息语义及其内部结构的描述，不能适应日益增多的信息检索要求和存储要求。

(2) HTML 对形式的描述能力实际也还是非常不够的，它无法描述矢量图形、科技符号和一些其他的特殊显示效果。

(3) HTML 的元素日益臃肿，文件结构混乱而缺乏条理，导致浏览器的设计越来越复杂。

HTML 源于 SGML，且后者是描述各种电子文件的结构及内容的成熟的国际标准，因此 SGML 便很自然地成为解决 HTML 瓶颈问题的思路。但 SGML 并非为 Internet 应用而设计的，它的体系也太过复杂和庞大，很难被 Internet 应用所广泛使用。于是，经过多次国

际会议和多个国际组织的努力，于 1998 年形成了针对 Internet 进行优化的 SGML "子集"——XML。XML 去除了 SGML 中繁杂的部分而保持了其优点，使其可以方便地应用于各种基于 Internet 的系统中。

XML 文档的层次结构容易被软件所解析，同时，它还非常易于人的阅读。图 5-1 记事本中的代码给出了一所大学的院系设置。

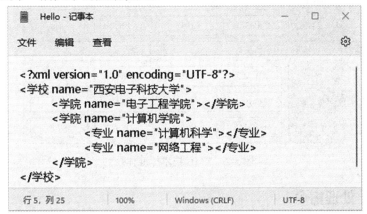

图 5-1　典型的 XML 代码

XML 继承了 SGML 具有的可扩展性、结构性及可校验性，这也是它与 HTML 的主要区别：

(1) 可扩展性方面：HTML 不允许用户自定义标识或属性，而在 XML 中，用户能够根据需要，自行定义新的标识和属性名，以便更好地从语义上修饰数据。

(2) 结构性方面：HTML 不支持深层的结构描述，XML 的文件结构嵌套可以复杂到任意程度。

(3) 可校验性方面：传统的 HTML 没有提供规范文件以支持应用软件对 HTML 文件进行结构校验；而 XML 文件可以包括一个语法描述，使应用程序可以对此文件进行结构确认。

虽然 XML 较 HTML 具有很多优势，但这并不能得到 "XML 将取代 HTML" 的结论。虽然 XML 也可以用来描述表现形式，但这种描述的方式(具体的标签和语法)也必须通过标准固定下来，而 HTML 就是这种完成特定任务的 "固化" 的标准。事实上，W3C 确实制定了一个应用标准——XHTML，用以规范网页设计。

由于 XML 的开放特性，任何一个信息发布者(包括企业或个人)都可以制定自己的信息描述标准并按这一标准提交 XML 文档，这造成了相同信息内容的不同格式版本，文档之间也难以相互兼容。这种结果必然制约 XML 的通用性，阻碍信息的交流。因此，根据不同行业的特点制定一系列 XML 应用标准是很有必要的。

XML 的技术标准可分为 3 个层次：元语言标准、基础标准和应用标准，如图 5-2 所示。其中，元语言标准是整个体系的核心，包含了 XML 从 SGML 中继承和扩展的语言特性；基础标准规定了 XML 中的公用特征，如命名空间(Namespace)、XML 连接(Xlink)、架构(Schema)以及文档对象模型(DOM)等，它们是进一步建立 XML 应用标准的基础；应用标准是基于文档特性、应用环境、使用方式等特点制定的实用化标准。

制定 XML 应用标准是一件非常庞大的工程，它涉及 XML 的体系结构、应用环境以及行业特点等问题。因此，许多企业、行业协会和政府部门都参与了标准的制定，并针对不同的应用环境推出了大量的标准。

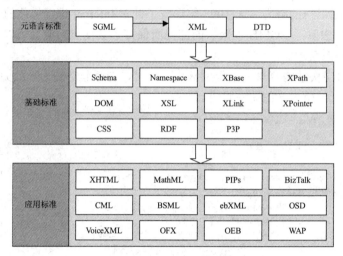

图 5-2　XML 技术标准体系

5.1.2　XML 处理指令

XML 的处理指令是用来给处理 XML 文档的应用程序提供信息的。处理指令遵循下面的格式：

```
<?指令名  指令信息?>
```

例如：

```
<?xml version = "1.0" encoding = "GB2312" standalone = "yes"? >

<?xml-stylesheet type = "text/xsl" href = "mystyle.xsl"?>
```

例子中的第一个处理指令由<?xml>标签描述的 XML 声明，其中的信息为：该文档遵守 XML 版本 1.0；文档所使用的编码方式为 GB2312(默认为 UTF-8)；standalone 属性说明文档不需要从外部导入文件；例子中的第二个处理指令"xml-stylesheet"指定了与 XML 文件配套使用的 XSL 文件，即 mystyle.xsl。

5.1.3　XML 元素

XML 文档的基本单位是元素。元素是一个信息块，它由一个元素名和一个元素内容构成。元素的名称还应遵守如下规则：

(1) 元素名称中可以包含字母、数字以及其他字符；

(2) 元素名称不能以数字或 "_"(下画线)开头；

(3) 元素名称不能以 "xml"(包括其各种大小写形式)开头；

(4) 元素名称中不能包含空格；

(5) 元素名称中间不能包含 ":"(冒号)。

每一个 XML 文档都有一个根元素，或称作文档元素，如下面代码中的<Sections>。

```
<?xml version="1.0"?>

<Sections>
```

```
        <ado>
            <code>Source Code Section of C-Sharp Corner</code>
            <articles>Source Code Section of C-Sharp Corner</articles>
        </ado>
        <Graphics>
            <code>GDI+ source Code Section of C-Sharp Corner</code>
            <articles>Source Code Section of C-Sharp Corner</articles>
        </Graphics>
    </Sections>
```

按照 XML 元素所包含的内容，可以将 XML 元素分为以下 4 种形式：

(1) 包含数据内容的元素：这些元素中只包含数据，例如<x>abc</x>。

(2) 包含子元素内容的元素：元素包含一个或多个子元素，例如<x><y></y></x>。

(3) 空元素：元素中既不包含数据内容又不包含子元素，例如<x> </x>，可以简写为<x/>。

(4) 包含混合内容的元素：元素既包含数据内容又包含子元素，例如<x>abc<y> </y></x>。

元素中的数据内容通常是一般的字符串，但如果这些字符串的内容与 XML 文档本身会产生二义性，则需要采用 CDATA(character data)来声明。例如：

```
        <x> <![CDATA[<AUTHOR name = "Joey"> </AUTHOR>]]> </x>
```

通过这种方式，将整个字符串"<AUTHOR name = "Joey"> </AUTHOR>"声明为<x>元素的数据内容。

空元素看似没有实质意义，但与元素属性配合则可描述具有一定特征的元素。另外，虽然 XML 的语法支持包含混合内容的元素，但这种形式在数据语义上容易造成混乱，不建议使用。

XML 与 HTML 有很多相似性，但在语法上 XML 比 HTML 更为严格。所以在编写 XML 文档时需要注意下列细节：

(1) XML 是大小写敏感的，例如<table>和<TABLE>是不同的元素；

(2) XML 中的每一个元素都必须有对应的结束标签，即使是空元素也必须要写一对标签；

(3) XML 中的元素之间可以嵌套而形成子元素，但不能交叉，例如This text is bold and italic在 XML 的语法中是错误的；

(4) 空格也可以是 XML 文档的数据内容。

5.1.4　XML 元素属性

XML 元素属性提供一种定义复杂元素的解决方案。属性由属性名和属性值组成。元素的属性说明只能在元素起始标签或空元素标签中出现，属性值必须放置在一对双引号中，例如：

```
        <code language = "C# ">Source Code Section of C-Sharp Corner</code>
```

与元素名一样，属性名也对大小写敏感。如果属性名为"ID"，则说明该属性可以作为元素的索引。

对于 XML 元素来说，属性并不是必需的。有时我们也可以将相同的信息放到一个子元素中，但对于比较简单的上下文信息，使用属性比使用子元素更方便，而且表达的意思也更清晰。

5.1.5　命名空间

命名空间(Namespaces)是 XML 规范的重要组成部分，它可以对 XML 元素或属性的命名进行扩展：采用命名空间方式后，XML 的元素名称将由一个前缀名称和一个本地名称组成，它们用冒号分隔。前缀名称采用统一资源标识符(URI)的格式，相当于整个名称中的"姓"；本地名称则是一个普通的字符串，相当于整个名称中的"名"，但要求在同一个前缀名称中不能重复。在互联网中，由于不同公司或组织的统一资源标识符(URI)不同，加上在同一公司或组织内部的本地名称保持唯一，因此前缀名称和本地名称的命名组合可以生成互联网中唯一的名称。

有两种类型的 URI——统一资源定位器(URL)和统一资源名称(URN)，它们都可以用作命名空间标识符，其中 URL 的方式更为常用。命名空间标识符仅仅是字符串，并不代表在互联网中可以访问到相应的资源。当两个命名空间标识符中的各个字符都完全相同时，它们就被视为相同。

命名空间的语法如下：

```
xmlns:[prefix] = "[url of name]"
```

其中，"xmlns:"是必需的属性，"prefix"是命名空间的别名。例如：

```
<sample xmlns:ins = "http://www.lsmx.net.ac">
    <ins:batch-list>
        <ins:batch>Evening Batch</ins:batch>
    </ins:batch-list>
</sample>
```

上述代码中，batch-list、batch 等元素都是在 http://www.lsmx.net.ac 命名空间中定义的，而该命名空间的别名为 ins。

5.2　文档类型定义与校验

对文档的格式和数据有效性验证可以对应用程序之间的数据交换提供保障。XML 标准先后推荐了两种 XML 文档验证方式，即文档类型定义(DTD)和 XML 架构(XML Schema)。

5.2.1　文档类型定义

文档类型定义(Document Type Definition，DTD)是一套语法规则，它可以作为 XML 文档的模板，同时也是 XML 文档的有效性(valid)校验标准。在 DTD 中可以定义一系列文档规则，包括文档中的元素及其顺序、属性等。当我们打开很多网站的页面源代码时，可能会看到 HTML 文档的第一行文字如下：

```
<!DOCTYPE html PUBLIC "-//W3C//DTD XHTML 1.0 Transitional//EN"
   "http://www. w3.org/TR/xhtml1/DTD/xhtml1-transitional.dtd">
```

这便是 XHTML 的文档类型定义声明，浏览器根据这一声明决定如何解析页面元素。

例如，假定要使用以下 XML 词汇描述员工信息：

```
<employee id = "555-12-3434">
    <name>Mike</name>
    <hiredate>2007-12-02</hiredate>
    <salary>42000.00</salary>
</employee>
```

以下 DTD 文档描述了 XML 文档的结构：

```
<!-- employee.dtd -->
<!ELEMENT employee (name, hiredate, salary)>
<!ATTLIST employee    id CDATA #REQUIRED>
<!ELEMENT name (#PCDATA)>
<!ELEMENT hiredate (#PCDATA)>
<!ELEMENT salary (#PCDATA)>
```

由于 DTD 语法本身不符合 XML 的语法规范，因此不能使用标准的 XML 解析器来处理 DTD 文档。基于 XML 的文档定义方式——XML 架构的产生弥补了这一缺陷。

5.2.2　XML 架构

XML 架构(XML Schema)是一种文档类型定义方式，与 DTD 的最大区别在于：XML 架构本身也是 XML 文档。XML 架构文档之于 XML 实例文档如同面向对象系统中对象类之于实例对象。因此，一个 XML 架构文档往往对应了多个 XML 实例文档。

架构定义中使用的元素来自 http://www.w3.org/2001/XMLSchema 命名空间，为使用方便，通常将其赋予别名 xsd。XML 架构文件的结构如下：

```
<xsd:schema xmlns:xsd = "http://www.w3.org/2001/XMLSchema"
    targetNamespace = "http://example.org/employee/">
<!-- definitions go here -->
</xsd:schema>
```

XML 架构定义中必须具有一个根元素 xsd:schema。根元素可包含的子元素包括 xsd:element、xsd:attribute、xsd:complexType 等。例如，我们要描述以下这类 XML 实例文档：

```
<tns:employee xmlns:tns = "http://example.org/employee/" tns:id="555-12-3434">
    <tns:name>Monica</tns:name>
    <tns:hiredate>1997-12-02</tns:hiredate>
    <tns:salary>42000.00</tns:salary>
</tns:employee>
```

可以看出，XML 架构的描述较 DTD 而言要"烦琐"一些，但"烦琐"的方式却可带来更加灵活和强大的文档定义功能。比如，XML 架构中可以使用更加丰富的数据类型，子元素的出现次数和排序的定义也更加灵活，代码的重用性和可维护性也较高。

DOM 为编程语言提供了一个读写 XML 文档的接口，通过这一接口可以访问到 XML 文档的内容、结构以及样式数据。DOM 以树形结构的视角看待 XML 文档，XML 文档中的每个成分都是树中的一个节点，也是对应的一个 DOM 对象。应用程序通过存取这些对象就能够存取 XML 文档的内容。以下是 XML 文档中各成分与树形结构节点之间的对应关系：

5.3 演示

(1) 整个 XML 文档是一个文档节点；
(2) 每个 XML 元素是一个节点；
(3) 包含在 XML 元素中的数据内容是文本节点；
(4) 每一个 XML 属性是一个属性节点；
(5) 注释属于注释节点。

在程序设计中，不同的 XML 解析器所提供的 DOM 类库大致相同。以 JAXP(Java API for XML Processing)为例，DOM 的基本对象有 7 个，即 Node、NodeList、Document、Element、Entity、Attr 和 CharacterData，如图 5-3 所示。

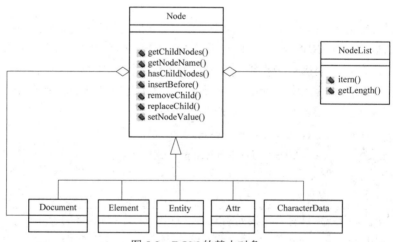

图 5-3   DOM 的基本对象

Document 对象代表了整个 XML 的文档，所有其他的 Node，都以一定的顺序包含在 Document 对象之内，排列成一个树形的结构，程序员可以通过遍历这棵树来得到 XML 文档的所有的内容，这也是对 XML 文档操作的起点。我们总是先通过解析 XML 源文件而得到一个 Document 对象，然后再来执行后续的操作。此外，Document 还包含了创建其他节点的方法，比如 createAttribute()用来创建一个属性对象。

　　Node 对象是 DOM 结构中最为基本的对象，代表了文档树中的一个抽象的节点。在实际使用时，很少会真正用到 Node 这个对象，而是用到诸如 Element、Attr、Text 等 Node 对象的子对象来操作文档。Node 对象为这些对象提供了一个抽象的、公共的根。虽然在 Node 对象中定义了对其子节点进行存取的方法，但是有一些 Node 子对象，比如 Text 对象，它并不存在子节点，这一点是要注意的。

　　NodeList 对象中可以包含一个或多个 Node 对象，可以看作是一个 Node 数组。通过调用相应的函数，应用程序可以获得 NodeList 中的各个 Node 对象。

　　Element 对象代表的是 XML 文档中的元素，继承于 Node，亦是 Node 的最主要的子对象。在标签中可以包含有属性，所以 Element 对象中有存取其属性的方法，而任何 Node 中定义的方法，也可以用在 Element 对象上面。

　　Attr 对象代表了某个元素中的属性。Attr 继承于 Node，但是因为 Attr 实际上是包含在 Element 中的，它并不能被看作是 Element 的子对象，所以在 DOM 中 Attr 并不是 DOM 树的一部分，Node 中的 getParentNode()、getPreviousSibling() 和 getNextSibling() 返回的都将是 null。也就是说，Attr 其实是被看作包含它的 Element 对象的一部分，它并不作为 DOM 树中单独的一个节点出现。这一点在使用时要同其他的 Node 子对象相区别。

　　CharacterData 是文本节点类的接口，其中定义了文本相关的函数。Text 和 Comment 两个文本节点类实现了此接口。由于只是接口而不是类，因此 CharacterData 并不能被直接实例化，而只能通过实现了此接口的类(Text 和 Comment)进行实例化。

　　Entity 可以代表 XML 中的实体，也可以是由 DTD 定义的一个实体类实例，例如 <!ENTITY foo "foo"> 中定义的 foo 就是一个实体类实例。

　　需要说明的是，上面所说的 DOM 对象在 DOM 中都是用接口定义的，在定义时使用的是与具体语言无关的 IDL 语言。因而，DOM 其实可以在任何面向对象的语言中实现，只要它实现了 DOM 所定义的接口和功能就可以了。同时，有些方法在 DOM 中并没有定义，是用 IDL 的属性来表达的，当被映射到具体的语言时，这些属性被映射为相应的方法。

　　以下代码为使用 JavaScript 语言对 XML 数据进行 DOM 解析的例子，其中 XML 数据以字符串的形式给出，保存在 xmlStr 变量中。parser 是 DOMParser 解析器类的实例对象，通过这一对象可以获得 XML 数据中的元素、属性、值等信息。代码如下：

```
HelloXML.html

<!DOCTYPE html>
<html>
<head><meta charset="UTF-8"><title>Hello XML DOM</title></head>
<body>
    <p id="demo"></p>
    <script>
        var x, i, xmlDoc;
        var htmlStr = "";
        var xmlStr= "<学校><学院>计算机学院</学院><院长>图灵</院长><成立时
```

```
间>1980 年</成立时间></学校>";
                parser = new DOMParser();
                xmlDoc = parser.parseFromString(xmlStr, "text/xml");
                x = xmlDoc.documentElement.childNodes;
                for (i = 0; i < x.length; i++) {
                    htmlStr += x[i].nodeName + ": " + x[i].childNodes[0].nodeValue + "<br>";
                }
                document.getElementById("demo").innerHTML = htmlStr;
        </script>
    </body>
</html>
```

代码的执行结果如图 5-4 所示。

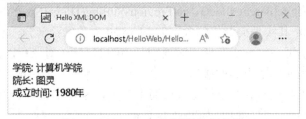

图 5-4　XML DOM 例子的执行结果

除了 XML DOM 解析方式，XML 还可以通过 SAX(Simple API for XML)进行解析。SAX 并不是由 W3C 所提出的标准，它是一种技术社区的产物。与 DOM 比较而言，SAX 是一种轻量级的方法。如前面所描述的，采用 DOM 处理 XML 文档时需要读入整个 XML 文档，然后在内存中创建 DOM 树，并生成每个 Node 对象。如果 XML 文档非常大，那么运行的效率和资源的消耗都不够理想，一个较好的替代解决方法就是 SAX。总的来说，DOM 编程相对简单，但是速度比较慢，占用内存多，而 SAX 编程复杂一些，但是速度快，占用内存少。所以，我们应该根据不同的环境选择使用不同的方法。

5.4　JSON 语法基础

5.4.1　JSON 概况

JSON 是 JavaScript 对象表示法(JavaScript Object Notation)的简称，是一种轻量级的文本数据交换格式。JSON 采用完全独立于编程语言的文本格式来存储和表示数据，其简洁和清晰的层次结构既易于人阅读和编写，又易于机器解析和生成，可有效地提升 Web 系统前后端数据传输效率。

虽然 JSON 使用 JavaScript 语法来描述数据对象，但 JSON 可独立于语言和平台，Java、C/C++、Python、PHP、Go 等不同的编程语言都有 JSON 库或 JSON 解析器。由于 JSON 文本格式在语法上与创建 JavaScript 对象的代码相同，因此 JavaScript 无须专门的解析器，就可以基于 JSON 数据直接生成相应的 JavaScript 对象。

JSON 的技术特点如下：

(1) JSON 具有自我描述性，易于阅读和编写，同时也易于机器解析和生成；

(2) JSON 采用完全独立于语言的文本格式，是一种理想的轻量级的数据交换格式；

(3) JSON 可以使用 JavaScript 语法来解析，这样可以极大地简化数据结构的使用；

(4) JSON 支持嵌套，可以很容易地表示一个复杂的结构；

(5) 使用 JSON 可以减少网络传输的数据量，提高传输效率。

JSON 语法作为 JavaScript 对象语法的子集，使用大括号{}定义和保存对象，使用"名称/值对"(Name/Value)表达和存储一条数据，一个对象中可以有多个数据，多个数据之间用逗号分隔；使用中括号[ ]存储对象数组，即一个数组中可以有多个对象。

5.4.2 JSON 对象

JSON 对象由大括号{}来定义和保存，即一个对象以左大括号开始，右大括号结束。JSON 对象是一个无序的"名称/值对"(或称为"键/值对")集合，"名称"与对应的"值"用冒号(:)分隔，"名称/值对"之间使用逗号(,)分隔。

"名称/值对"中的名称(Name)是双引号括起来的字符串，值(Value)可以是双引号括起来的字符串(string)、数值(number)、布尔值(true 或 false)、对象(object)、数组(array)或为空(null)。可以看出，JSON 对象中的一个数据(名称/值对)中的值又可以是一个对象，也就是说，JSON 对象是可以嵌套的。

以下是一段简单的 JSON 数据：

```
{
    "学院" : "计算机学院",
    "院长" : "图灵",
    "专业" : {"名称" : "软件工程","人数" : 30}
}
```

代码中描述了一个"学院"对象的信息，其中嵌套了一个"专业"对象的信息。从上述代码中可以看出，与 XML 相似，JSON 也具有自描述性，易于理解。

5.4.3 JSON 数组

数组是值(Value)的有序集合，JSON 是用中括号[ ]来描述数组信息的。一个数组以左中括号开始，右中括号结束，值之间使用逗号(,)分隔。数组中的值可以是字符串、数值、布尔值、对象、数组或为空。可以看出，JSON 数组也是可以嵌套的，即数组中包含数组。

以下是一段包含数组的 JSON 数据：

```
{
    "college":[
        {"name": "电子工程学院" , "dean":"肖克利"},
```

```
        {"name": "计算机学院", "dean":"图灵"},
        {"name": 物理学院", "dean":"牛顿"}
    ]
}
```

5.5   JSON 解析

5.5.1   解析内嵌的 JSON 数据

由内嵌在 JavaScript 代码中的 JSON 数据可以直接生成 JavaScript 对象。以下代码中，jObj 即是所生成的对象，随后是对该对象的访问。

HelloJSON.html

```html
<!DOCTYPE html>
<html>
<head><meta charset="UTF-8"><title>Hello JSON</title></head>
<body>
    <p>
        学院: <span id="college"></span><br />
        院长: <span id="dean"></span><br />
        ，成立时间: <span id="year"></span><br />
    </p>
    <script>
        var jObj = {
            "学院" : "计算机学院",
            "院长" : "图灵",
            "成立时间" : "1980 年"
        };
        document.getElementById("college").innerHTML = jObj.学院
        document.getElementById("dean").innerHTML = jObj.院长
        document.getElementById("year").innerHTML = jObj.成立时间
    </script>
</body>
</html>
```

5.51 演示

5.5.2　解析服务端的 JSON 数据

5.5.2 演示

由于 JSON 通常用于浏览器端与服务器端交换数据，因此 JSON 一般以字符串的方式表达和传输。在浏览器端，可以使用 JSON.parse()方法将数据转换为 JavaScript 对象。JSON.parse()方法的语法如下：

　　　　JSON.parse(text[, reviver])

其中，text 参数是必需的，值为一个有效的 JSON 字符串；reviver 参数为可选，指向转换对象结果的函数。使用 JSON.parse()方法的示例如下：

　　　　var obj = JSON.parse('{"学院" : "计算机学院","院长" : "图灵",　　"成立时间" : "1980 年"}');

以下代码中，由 XMLHttpRequest()方法动态获取服务器端的"JSON.txt"文件(文件内容与之前的 JSON 代码相同)，然后由得到的 JSON 数据生成了对象 jObj，随后是对该对象的访问。

HelloJSON2.html

```html
<!DOCTYPE html>
<html>
<head><meta charset="UTF-8"><title>Hello JSON2</title></head>
<body>
    <p>
        学院: <span id="college"></span><br />
        院长: <span id="dean"></span><br />
        成立时间: <span id="year"></span><br />
    </p>
    <script>
        var xmlhttp = new XMLHttpRequest();
        xmlhttp.onreadystatechange = function() {
            if (this.readyState == 4 && this.status == 200) {
                var jObj = JSON.parse(this.responseText);
                document.getElementById("college").innerHTML = jObj.学院
                document.getElementById("dean").innerHTML = jObj.院长
                document.getElementById("year").innerHTML = jObj.成立时间
            }
        };
        xmlhttp.open("GET", "JSON.txt", true);
        xmlhttp.send();
    </script>
</body>
</html>
```

上述两段代码的执行结果基本相同，都如图 5-5 所示。

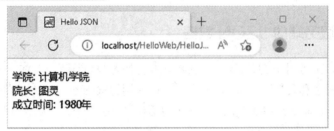

图 5-5　JSON 解析的执行结果

5.6　JSON 与 XML 的异同

在 Web 应用系统开发中，JSON 和 XML 都是常用的信息表达和交换格式。JSON 和 XML 都是开放式数据交换，二者既有可通用的方面，也有不同之处。

JSON 具有规则简单、便于学习的特点，且配有多种语言开发包，在项目中易于使用。无论是使用 JavaScript，还是其他编程语言，操作 JSON 的代码量都相对较少。JSON 数据格式比较简单、占用空间和宽带少、处理速度快，使 JSON 在 Web 数据存储与交换方面应用广泛。

XML 具有较为严格的标准并易于扩展，因此得到广泛的行业支持。大量商业化应用程序支持对应的 XML 标准，非 IT 人员也可以较为容易地编写、阅读 XML。相对 JSON，XML 文件较为庞大，文件格式复杂，传输宽带占用较多。另外，不同浏览器解析 XML 的方式有所区别，需要编写专门的兼容性代码。

相对于 XML 而言，JSON 属于轻量级数据格式。二者都具有与编程语言无关性的特点，具体相关特性比较总结如表 5-1 所示。

表 5-1　XML 与 JSON 具体相关特性比较

比较项目	XML	JSON
编码方式	纯文本	纯文本
可读性	自我描述	自我描述
层级结构	多层、可嵌套	多层、可嵌套
空间占用	较多	较少
表达方式	标签	名称/值对
量级	重量级	轻量级
保留字	使用保留字	不使用保留字

在使用 Spring 等 Web 系统开发框架技术时，除了使用 XML 和 JSON，还会用到 YAML 等类似的技术。YAML 是 "YAML Ain't a Markup Language" (YAML 不是一种标记语言)的递归缩写，也是一种信息表达方式。YAML 借鉴 Pathon 等高级语言的表达方式，依赖空格缩进等外观的模式，以简洁的方式表达层次、列表、标量等数据形态。特别适合用来进行系统配

置描述。需要指出的是：未来还会有其他的数据描述方法不断涌现出来，但在学习和使用的过程中需要重点掌握其语法特点、优势和应用场景等关键环节，做到举一反三、一通百通。

思 考 题

1. XML 的产生和发展与 HTML 的局限性有关系，请列举 HTML 的主要不足之处。
2. 简述 XML 继承 SGML 的主要特性。
3. XML 元素在命名时需要遵守哪些原则？
4. XML 命名空间的作用是什么？
5. 查找相关资料，进一步学习，写出符合下面 DTD 声明的 XML 文档。

```
<?xml version = "1.0" encoding = "gb2312"?>
<!DOCTYPE school [
    <!ELEMENT school (students,classes)>
    <!ELEMENT students (student*)>
    <!ELEMENT classes (class*)>
    <!ELEMENT student (name,age,email)>
    <!ATTLIST student id ID #REQUIRED>
    <!ATTLIST student cl IDREFS #REQUIRED>
    <!ELEMENT name (#PCDATA)>
    <!ELEMENT age (#PCDATA)>
    <!ELEMENT email (#PCDATA)>
    <!ELEMENT class (xueyuan,zhuanye)>
    <!ATTLIST class cl ID #REQUIRED>
    <!ELEMENT xueyuan (#PCDATA)>
    <!ELEMENT zhuanye (#PCDATA)>
]>
```

6. 查找相关资料，进一步学习，写出符合下面 XML 架构的 XML 文档。

```
<?xml version = "1.0"?>
<schema xmlns = "http://www.w3.org/2001/XMLSchema">
    <element name = "Root">
        <complexType>
            <sequence>
                <element name = "Row" maxOccurs = "unbounded">
                    <complexType>
                        <sequence>
                            <element name = "Column1" type = "string" />
```

```
                        <element name = "Column2" type = "string" />
                        <element name = "Column3" type = "string" />
                </sequence>
            </complexType>
        </element>
    </sequence>
</complexType>
</element>
</schema>
```

7. 如何将 JavaScript 对象转换为 JSON 字符串？

8. JSON 支持哪些基本数据类型？

第 6 章 Web 服务器工作机理及配置

学习提示

丰富的互联网应用离不开计算机网络协议、分布式计算等基础技术。建议在学习 Java Web 核心技术之前，了解(或复习)网络协议模型和体系结构等知识，特别要深入理解 Web 所依赖的 HTTP 协议。在此基础上，可以进一步了解静态 HTML 文档及动态 HTML 的产生和传输机理。

采用 Web 浏览器端技术(如 HTML、CSS、JavaScript 等)编写的静态网页可以直接通过浏览器(如 IE 等)打开，查看网页的显示效果。当需要将开发好的网站发布出去，让他人通过 Internet 运用浏览器访问我们做好的网页时，就要搭建 Web 服务器，并将网页等相关文件放到特定的目录中，而且运行 Web 服务器端技术(如 ASP、JSP、PHP 等)编写的动态页面时也必须通过 Web 服务器实现。目前常用的 Web 服务器软件有 IIS、Apache、Tomcat 等，其对应的服务器端开发技术和操作系统不同。

通过学习 Tomcat 服务器配置与 Web 应用部署方法，可为学习网站后端开发技术打好基础。

6.1 相关网络协议

6.1.1 OSI 网络协议模型

开放式通信系统互连(Open System Interconnection，OSI)参考模型是国际标准化组织(ISO)提出的一个试图使各种计算机在世界范围内互联为网络的标准框架。OSI 参考模型通过划分层次，简化了计算机之间相互通信所要完成的任务。在 OSI 参考模型中，它的 7 层分别完成特定的功能。

- 第 1 层——物理层：该层提供电气的、机械的、软件的或者实用的方法来激活和维护系统间的物理链路。这一层使用双绞线、同轴电缆、光纤等物理介质。
- 第 2 层——数据链路层：该层在物理层的基础上向网络层提供数据传输服务。它负责将网络层数据封装、差错检测和纠正、MAC 寻址和流量控制。这一层使用介质访问控制(MAC)地址，这种地址也称为物理地址或硬件地址。

- 第 3 层——网络层：该层决定把数据从一个地方移到另一个地方的最佳路径。路由器在这一层上运行。本层使用逻辑地址方案，以便管理者能够进行管理。互联网中使用 IP 协议的寻址方案，此外还有 ApplTalk、DECnet、VINES、IPX 等寻址方案。
- 第 4 层——传输层：该层把数据进行分段或重组成数据流。传输层具有潜在的能力保证一个连接并提供其可靠的传输。
- 第 5 层——会话层：该层建立、维持和管理应用进程之间的会话，如 SQL、NFS、RPC 等。
- 第 6 层——表示层：该层提供了数据表示和编码格式，还有数据传输语法的协商。它确保从网络抵达的数据能被应用进程使用，应用进程发送的信息能在网络上传送，如 ASCII、MPEG、JPEG 等。
- 第 7 层——应用层：该层定义了运行在不同客户端系统上的应用程序进程如何相互传递报文。

6.1.2　TCP/IP 协议栈

传输控制协议/网际协议(Transmission Control Protocol/Internet Protocol，TCP/IP)是 Internet 最基本的协议，也是国际互联网的基础。TCP/IP 协议其实是一组协议，但传输控制协议(TCP)和网际协议(IP)是其中最重要的两个协议。

TCP/IP 协议的基本传输单位是数据包。TCP 负责把原始文件分成若干数据包，这些包通过网络传送到接收端的 TCP 层，接收端的 TCP 层把包还原为原始文件。IP 负责处理每个包的地址部分，使这些包正确地到达目的地。网络上的网关计算机根据信息的地址来进行路由选择。虽然来自同一文件的分包路由也有可能不同，但最后会在目的地汇合。如果传输过程中出现数据丢失、数据失真等情况，那么 TCP/IP 协议会自动要求数据重新传输，并重新组包。

TCP/IP 协议栈分为 4 层，它与 OSI 协议栈的对应关系如图 6-1 所示。

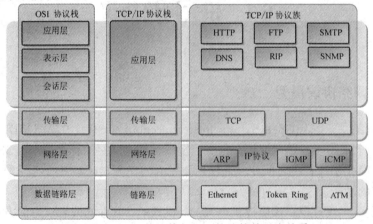

图 6-1　TCP/IP 协议栈与 OSI 协议栈的对应关系

TCP/IP 应用层协议包括超文本传输协议(HyperText Transfer Protocol，HTTP)、文件传输协议(File Transfer Protocol，FTP)和简单邮件传输协议(Simple Mail Transfer Protocol，SMTP)等，这些协议在网站开发和应用中被广泛使用。其中，HTTP 更是 Web 应用中的关键环节。

6.1.3 HTTP 协议

HTTP 协议定义了 Web 客户端和 Web 服务器端请求和应答的标准。通常，由 Web 客户端(也可称为 HTTP 客户端)发起一个请求，建立一个到 Web 服务器指定端口(默认是 80 端口)的 TCP 连接。Web 服务器端(也可称为 HTTP 服务器端)则在那个端口监听客户端发送过来的请求。一旦收到请求，服务器向客户端发回一个状态行和响应的消息，消息的内容可以是请求的 HTML 文件、错误消息或者其他一些信息。

基于 HTTP 协议的信息交换过程包括 4 个过程：建立连接、发送请求信息、发送响应信息和关闭连接。HTTP 协议的交互主要由请求和响应组成，请求是指客户端发起向服务器请求资源的消息，而响应是服务器根据客户端的请求回送给客户端的资源消息。

1. HTTP 请求信息

发出的请求信息(Request Message)包括请求行(一个)、消息报头(多个)和请求正文，格式如下：

> 请求消息=请求行|消息报头 CRLF[实体内容]

请求行的格式如下：

> MethodSPRequest-URISPHTTP-VersionCRLF

其中：SP 表示空格；Request-URI 遵循 URI 格式，在此字段为星号(*)时，说明请求并不用于某个特定的资源地址，而是用于服务器本身；HTTP-Version 表示支持的 HTTP 版本，例如为 HTTP/1.1；CRLF 表示换行回车符。下面的语句表示从/images 目录下请求 logo.gif 这个文件：

> GET /images/logo.gif HTTP/1.1

HTTP/1.1 协议中共定义了 8 种方法来声明对指定的资源的不同操作方式，方法 GET 和 HEAD 应该被所有的通用 Web 服务器支持，其他所有方法的实现是可选的。这些方法如表 6-1 所示。HTTP/1.1 协议中定义的请求头字段如表 6-2 所示。

表 6-1 HTTP/1.1 协议中的方法及其含义

方 法	含 义
GET	向特定的资源发出请求。此方法的 URL 参数传递的数量是有限的，一般在 1KB 以下
POST	向指定资源提交数据进行处理请求(如提交表单或者上传文件)，数据被包含在请求体中。传递的参数的数量比 GET 大得多，一般没有限制
HEAD	向服务器索要与 GET 请求相一致的响应，只不过响应体将不会被返回。请求获取由 Request-URI 所标识的资源的响应消息报头
PUT	向指定资源位置(Request-URI)上传其最新内容
DELETE	删除指定资源
TRACE	回显服务器收到的请求
CONNECT	HTTP/1.1 协议中预留，让代理服务器代替用户去访问其他网页，之后把访问结果返回给用户
OPTIONS	请求查询服务器的性能，或者查询与资源相关的选项和需求

表 6-2   HTTP/1.1 协议中定义的请求头字段

头 字 段	定 义
Accept	客户端可以处理的媒体类型(MIME-Type)，按优先级排序；在一个以逗号为分隔的列表中，可以定义多种类型和使用通配符
Accept-Language	客户端支持的自然语言列表
Accept-Encoding	客户端支持的编码列表
User-Agent	客户端环境类型
Host	服务器端的主机地址
Connection	连接类型，默认为 Keep-Alive

一个 GET 请求的示例如下：

```
GET /hello.htm HTTP/1.1 (CRLF)

Accept: */* (CRLF)

Accept-Language: zh-cn (CRLF)

Accept-Encoding: gzip, deflate (CRLF)

If-Modified-Since: Wed, 17 Oct 2007 02:15:55 GMT (CRLF)

If-None-Match: W/"158-1192587355000" (CRLF)

User-Agent: Mozilla/4.0 (compatible; MSIE 6.0; Windows NT 5.1; SV1) (CRLF)

Host: 192.168.2.162:8080 (CRLF)

Connection: Keep-Alive (CRLF)

(CRLF)
```

2. HTTP 响应消息

HTTP 响应消息由 HTTP 协议头和 Web 内容构成。Web 服务器收到一个请求，就会立刻解释请求中所用到的方法，并开始处理应答。响应消息的格式如下：

```
响应消息=状态行(通用信息头|响应头|实体头)  CRLF  [实体内容]
```

响应消息的第一行是状态行(Stauts-Line)，由协议版本以及状态码和相关的文本短语组成。状态码的第一位数字定义响应类型，有 5 种值，如表 6-3 所示。

表 6-3   HTTP 响应状态码

状态码	定 义
1xx 报告	接收到请求，继续进程
2xx 成功	操作被成功接收并处理
3xx 重定向	为了完成请求，必须采取进一步措施
4xx 客户端出错	请求包括错的顺序或不能完成
5xx 服务器出错	服务器无法完成显然有效的请求

其中，很常见的状态码包括"200"(表示成功)、"404"(表示资源未找到)。下面的代码为一个 HTTP 响应消息：

```
HTTP/1.1 200 OK

Date: Wed, 17 Oct 2010 03:01:59 GMT
```

```
Server: Apache-Coyote/1.1

Content-Length: 1580

Content-Type: text/html

Cache-Control:private

Expires: Wed, 17 Oct 2010 03:01:59 GMT

Content-Encoding:gzip


<html>
…
</html>
```

6.2　静态 HTML 与动态 HTML

　　Web 服务器的主要功能就是根据浏览器的请求，发送相应的 HTML 文档。在早期的 Web 网站中，所有的 HTML 文档都是由网站的开发者事先编写好的，这种固定内容的 HTML 文档就是静态 HTML 页面(Static HTML Pages)。

　　随着 Web 应用的推广，用户越来越多地需要"动态"的内容，如实时的市场信息、航班信息等，事先编写的 HTML 文件显然无法满足这种要求，由程序动态生成 HTML 的技术应运而生。能够动态生成 HTML 的程序被称为服务器端程序，如 CGI、JSP、ASP.NET 等，而所生成的 HTML 文档被称为动态 HTML 页面(Dynamic HTML Pages)。

　　当客户端发出对静态页面的请求(如 example.htm)时，服务器不需要做任何逻辑处理，只需要直接将相应的网页文件以 HTTP 协议传输给浏览器即可。当客户端发出对动态页面的请求(如 example.jsp)时，服务器将运行相应的程序来生成 HTML 文件，然后以 HTTP 协议传输给浏览器。值得说明的是：页面是动态的还是静态的对于浏览器完全没有区别，因为 Web 浏览器的工作就是把接收到的 HTML 内容以图文并茂的形式展现给用户，所以在 HTTP 协议和 HTML 标准的支持下，理论上不存在浏览器和服务器的兼容性问题。即使 Web 服务器是基于 Linux 操作系统的，客户端也可以是运行在 Windows、MacOS 等 PC 操作系统的浏览器或是基于 iOS 或 Android 的移动终端浏览器。另外，不论是哪一种动态页面生成技术(如 PHP、Java、DOTNET 等)，其目标都是生成 HTML，因此在运行原理上也大同小异。

　　实践中，由一个程序动态生成的页面也并非完全不同，通常这些页面在格式上是相同的，比如都显示为表格，所不同的就是表格中的数据。因此，动态生成 HTML 时往往需要有数据库的支持，当浏览器发出访问请求时，服务器端程序负责访问数据库以获取最新数据，并将这些数据编写到 HTML 文件中。Web 服务器响应浏览器对静态 HTML 页面和动态 HTML 页面请求的过程如图 6-2 所示。图中给出了最基本的 Web 系统运行过程，而大型、复杂的 Web 系统则主要是提供了大量动态 HTML 服务，同时服务器端的系统结构和层次更加复杂。

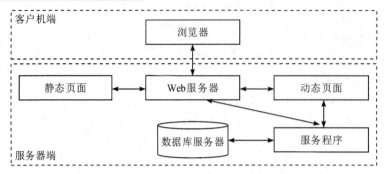

图 6-2   静态与动态页面运行过程

6.3   CGI 程序

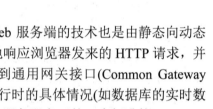

与浏览器端技术从静态向动态的演进过程类似，Web 服务端的技术也是由静态向动态逐渐发展、完善起来的。早期的 Web 服务器只能简单地响应浏览器发来的 HTTP 请求，并将存储在服务器上的 HTML 文件返回给浏览器，直到通用网关接口(Common Gateway Interface，CGI)技术的产生才使得 Web 服务器可根据运行时的具体情况(如数据库的实时数据)动态生成 HTML 页面。CGI 是外部应用程序与 Web 服务器交互的一个标准接口。1993年，CGI 1.0 的标准草案由国家超级计算机应用中心(National Center for Supercomputing Applications，NCSA)提出，并于 1995 年制定了 CGI 1.1 标准。遵循 CGI 标准编写的服务器端的可执行程序称为 CGI 程序。随着 CGI 技术的普及，聊天室、论坛、电子商务、搜索引擎等各式各样的 Web 应用蓬勃兴起，使得互联网真正成为信息检索、信息交换和信息处理的超级工具。

CGI 技术允许服务端的应用程序根据客户端的请求，动态生成 HTML 页面，这使客户端和服务端的动态信息交换成为可能。绝大多数的 CGI 程序被用来解释处理来自用户在 HTML 文件的表单中所输入的信息，然后在服务器端进行相应的处理并将结果信息动态编写为 HTML 文件反馈给浏览器。

CGI 程序大多是编译后的可执行程序，其编程语言可以是 C、C++、Pascal、Perl 等程序设计语言。其中，Perl 的跨操作系统、易于修改等特性使它成为 CGI 的主要编程语言。目前几乎所有的 Web 服务器都支持 CGI。

CGI 程序的工作过程如图 6-3 所示，具体流程如下：

(1) 用户指示浏览器访问一个 URL；

(2) 浏览器通过 HTML 表单或超链接请求指向一个 CGI 程序的 URL；

(3) Web 服务器收到请求，并在服务器端运行所指定的 CGI 程序；

(4) CGI 程序根据参数执行所需要的操作；

(5) CGI 程序把结果格式化为 HTML 网页；

(6) Web 服务器把结果返回到浏览器中。

图 6-3 基本 CGI 操作

CGI 程序通常由脚本语言编写，但也可以由普通的程序设计语言(如 C 语言)来开发。下列代码就是用 C 语言编写的非常简单的 CGI 程序，它的执行结果如图 6-4 所示。

```c
/* HelloWorld.c */
#include <stdio.h>
#include <time.h>
int main(void)
{
    time_t now;
    time(&now);
    printf("Content-type: text/html\n\n");
    printf("<html>");
    printf("<head><title>Hello World</title></head>");
    printf("<body>");
    printf("<H1>Hello World</H1>");
    printf("I'm a C Program<br>");
    printf("It is now %s",ctime(&now));
    printf("</body>");
    printf("</html>");
}
```

图 6-4 基本 CGI 程序的执行结果

从程序代码可以看出，一个动态 HTML 生成程序的任务就是输出字符串，而这个字符串就是一个符合 HTML 标准的文档。

虽然 CGI 技术为 Web 服务器端带来了动态生成 HTML 文档的能力，但 CGI 的缺点也是较为明显的：CGI 的应用程序一般都是一个独立的可执行程序，每一个用户的请求都会激活一个 CGI 进程。当用户请求数量非常大时，大量的 CGI 程序就会吞噬系统资源，造成 Web 服务器运行效率低下。另外，在 CGI 程序设计过程中，代码编写方式(在语言中不断嵌入 HTML 文档片段)、调试等环节非常烦琐，开发效率不高。

除了基本的 CGI 技术，Microsoft 公司的 ISAPI (Internet Server API)和 Netscape 的 NSAPI(Netscape Server API)也都是 Web 服务器应用程序编程接口。虽然两种技术所支持的 Web 服务器产品不同，但它们的定位和原理都与 CGI 相似，都是通过交互式网页获取用户输入的信息，然后交服务器后端处理。以 ISAPI 为例，两种技术与 CGI 最大的区别在于：在 ISAPI 下建立的应用程序都是以动态链接库(DLL)的形式存在的。基于 ISAPI 的进程需要的系统资源也较 CGI 少，因此 ISAPI 的运行效率要显著高于 CGI 程序。

6.4 Tomcat 服务器配置

6.4.1 Tomcat 概况

Tomcat 是一种 Web 容器，也是一种 Java Servlet 容器。

作为 Web 容器，Tomcat 包含一个 HTTP 服务器用于接收客户端的 HTTP 请求，当从客户端向 Web 服务器发出请求时，Web 容器的工作是找到处理请求的正确资源(HTML 文档或 Servlet 程序)，然后将响应发送回客户端。

作为 Servlet 容器，Tomcat 能够访问服务器端的 Java 程序。当 Web 容器收到的请求是针对 Servlet 的时，Web 容器将客户端的请求发送给 Servlet 容器，Servlet 容器负责调用相应的应用程序进行响应。Servlet 容器会创建两个对象——ServletRequest 和 ServletResponse，然后根据 URL 找到正确的 Servlet，并为请求创建一个线程。通过调用 Servlet 的 service() 方法生成动态页面并将其写入 ServletResponse，然后将结果反馈给 HTTP 服务器，进而传递给客户端。执行过程的 UML 序列图如图 6-5 所示。

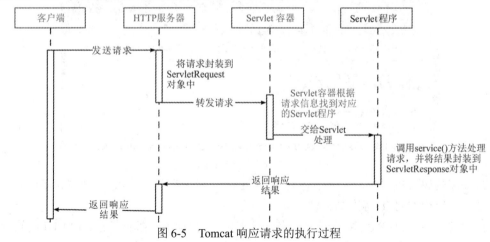

图 6-5 Tomcat 响应请求的执行过程

关于 Servlet 程序的技术细节将在后续章节详细讨论。

Tomcat 的工作机制为 Java Web 开发提供了许多重要的支持，主要包括：

(1) 通信支持：Tomcat 提供了 HTTP 服务器与 Servlet 或 JSP 之间的简单通信方式。开发者不需要构建服务器套接字(socket)来侦听和解析来自 HTTP 服务器的任何请求，这些重要而复杂的任务都是由 Tomcat 完成的，开发者只需关注应用程序的业务逻辑。

(2) 生命周期和资源管理：Tomcat 负责管理 Servlet 的生命周期，包括将 Servlet 加载到内存中、初始化 Servlet、调用 Servlet 方法和销毁 Servlet。

(3) 多线程支持：Tomcat 为 Servlet 的每个请求创建一个新的线程，当请求被响应后，线程就会失效。因此，Servlet 不会针对每个请求进行重复的初始化，从而节省时间和内存。

(4) JSP 支持：Tomcat 提供了对 JSP 的支持，每个 JSP 都由 Servlet 容器编译并转换为 Servlet，然后像其他 Servlet 一样被有效地管理。

(5) 其他任务：Tomcat 还可以管理资源池，进行内存优化，运行垃圾收集器，提供安全配置，支持多个应用程序、热部署和其他一些后端任务，使开发过程更为轻松。

6.4.2　server.xml 文件配置

server.xml 文件是 Tomcat 服务器的核心配置文件，它包含了 Tomcat 服务器的所有配置信息，包括服务器端口、虚拟主机配置、连接器配置、认证、日志等。通过修改 server.xml 文件，用户可以对 Tomcat 服务器进行配置，从而实现 Tomcat 服务器功能的定制化和优化。

Tomcat 的核心功能是名为 Catalina 的 Servlet 容器，其他模块都是为 Catalina 提供支撑的。Tomcat 安装成功后可以对其进行进一步的配置，Tomcat 服务器的配置主要集中于 Tomcat 安装目录(如 C:\Program Files\Apache Software Foundation\Tomcat 10.1\conf)下的 server.xml、catalina.policy、catalina.properties、context.xml、tomcat-users.xml、web.xml 文件。可以通过编辑修改这些文件的内容进行服务器配置，也可以通过 Web 界面控制台对 Tomcat 进行可视化配置。

server.xml 是 Tomcat 服务器的核心配置文件，包含了 Catalina 的所有配置。server.xml 包含的元素大体可分为 4 类：

(1) 顶层类元素：位于整个配置文件的顶层，即<Server>元素与其中的<Service>元素。

(2) 连接器元素：客户机和服务器间的通信接口，负责接收客户机请求与向客户机返回响应结果，主要有<Connector>元素。

(3) 容器类元素：负责处理客户机请求并且生成响应结果，主要有<Engine>元素、<Host>元素和<Context>元素。

(4) 嵌套类元素：可以加入容器中的元素，主要有<Cluster>元素、<Value>元素、<Realm>元素等。

server.xml 中的基本元素等级关系如图 6-6 所示。

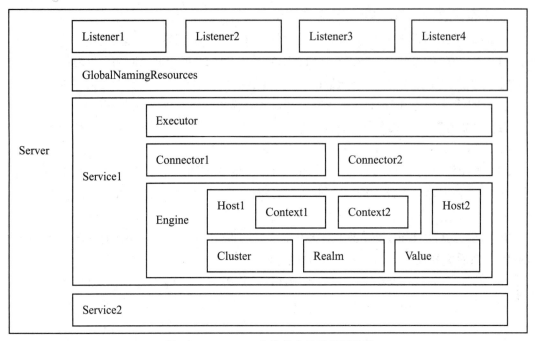

图 6-6　server.xml 中的基本元素等级关系

server.xml 中基本元素的含义和用途如下：

- <Server>：根元素，包含一个或多个 service 实例。
- <Listener>：监听器，负责监听特定的事件，并作出相应处理。可嵌在 Server、Engine、Host、Context 内。
- <GlobalNamingResources>：定义了全局命名服务，用于配置 JNDI。
- <Service>：用于创建 Service 实例。
- <Connector>：用于创建链接器实例。Service 包含一个或多个 Connector 组件，Service 内的 Connector 共享一个 Engine。
- <Engine>：Servlet 引擎，一个 Service 有且仅有一个 Engine。
- < Realm >：存放用户名、密码及 role 的信息。
- < Value>：用于日志、权限等，可嵌在 Engine、Host、Context 内。
- < Cluster>：用于 Tomcat 集群配置。
- <Host>：用于配置一个虚拟主机，可包含多个 Web 应用。
- <Context>：用于配置一个 Web 应用。
- <Executor>：用于配置一个线程池。

server.xml 中各基本元素的主要属性说明如表 6-4 所示。

表 6-4　server.xml 基本元素说明

元素名	属　性	解　　释
Server	port	Tomcat 监听 shutdown 命令的端口
	shutdown	指定向端口发送的命令字符串
Listener	className	指定实现 org.apache.catalina.LifecycleListener 接口的类
Service	name	指定 service 的名字

续表

元素名	属 性	解 释
	className	指定实现 org.apache.catalina.Service 接口的类，默认值为 org.apache.catalina.core.StandardService
Executor	name	线程池的名字
	className	指定实现 org.apache.catalina.Executor 接口的类，默认值为 org.apache.catalina.core.StandardThreadExecutor
	maxThreads	线程池内线程数上限，默认值为 200
Connector	port	Connector 接收请求的端口
	protocol	Connector 使用的协议(HTTP/1.1 或 AJP/1.3)
	redirectPort	处理 HTTP 请求时，收到一个 SSL 传输请求，该 SSL 传输请求将转移到此端口处理
	executor	指定线程池，如果没设置 executor，则可在 Connector 标签内设置 maxThreads(默认 200)、minSpareThreads(默认 10)
	redirectPort	处理 HTTP 请求时，收到一个 SSL 传输请求，该 SSL 传输请求将转移到此端口处理
	acceptCount	Connector 请求队列的上限。默认为 100。当该 Connector 的请求队列超过 acceptCount 时，将拒绝接收请求
	connectionTimeout	指定连接超时的时间(单位为 ms)
Engine	name	Engine 的名字
	defaultHost	指定缺省的处理请求的主机名，它至少与其中的一个 host 元素的 name 属性值是一样的
	className	指定实现 org.apache.catalina.Engine 接口的类，默认值为 org.apache.catalina.core.StandardEngine
Host	name	指定主机名
	appBase	存放 Web 项目的目录(绝对路径、相对路径均可)
	unpackWARs	如果为 true，则 Tomcat 会自动将 WAR 文件解压成目录结构的 Web 项目；否则不解压，直接从 WAR 文件中运行应用程序
	autoDeploy	是否开启自动部署。设为 true，Tomcat 检测到 appBase 有新添加的 Web 项目时，会自动将其部署
Context	docBase	应用程序的路径或者 WAR 文件存放的路径
	path	表示此 Web 应用程序的 URL 的前缀
	crossContext	设置为 true，该 Web 项目的 Session 信息可以共享给同一 host 下的其他 Web 项目。默认为 false
	reloadable	设置为 true，Tomcat 会自动监控 Web 项目的/WEB-INF/classes/和/WEB-INF/lib 变化，当检测到变化时，会重新部署 Web 项目。reloadable 默认值为 false。通常项目开发过程中设为 true，项目已发布的则设为 false
Realm	className	指定 Realm 使用的类名，此类必须实现 org.apache.catalina. Realm 接口
Value	className	指定 Value 使用的类名，如用 org.apache.catalina.values. AccessLog Value 类可以记录应用程序的访问信息

通过修改 server.xml 文件并重启动 Tomcat 服务器，可以改变 Tomcat 的运行方式。例如，如果在 Tomcat 安装时默认设置服务端口为 8080，则可以通过修改 Connector 元素的 port 属性值修改端口为 80，代码如下：

```
<Connector port = "80" redirectPort = "8443" connectionTimeout = "20000" protocol = "HTTP/1.1"/>
```

另外，虚拟主机是一种在一个 Web 应用服务器上服务多个域名的机制，对每个域名而言，都好像独享了整个主机。目前，互联网云服务(或虚拟主机服务)上的大量网站均采用虚拟主机来实现。在 Tomcat 中配置虚拟主机比较简单，只要在 server.xml 中添加一个 Host 元素即可。但要注意，每一个 Host 元素必须包括一个或多个 context 元素，而且所包含的 context 元素中必须有一个是默认的 context，这个默认的 context 的访问路径应该设置为空，例如：

```
<Host name = "www.myTestAPP.com" appBase = "webapps">
<Context path = " " docBase = "TestApp"/>
</Host>
```

一个典型的 server.xml 文件代码如下：

server.xml

```
<Server port="8005" shutdown="SHUTDOWN">
    <!-- 用于以日志形式输出服务器、操作系统、JVM 的版本信息 -->
    <Listener className="org.apache.catalina.startup.VersionLoggerListener" />
    <!-- 用于加载(服务器启动)和销毁(服务器停止) APR -->
    <Listener className="org.apache.catalina.core.AprLifecycleListener"SSLEngine= "on" />
    <!-- 用于避免 JRE 内存泄漏问题 -->
    <Listener className="org.apache.catalina.core.JreMemoryLeakPreventionListener" />
    <!-- 用户加载(服务器启动)和销毁(服务器停止) 全局命名服务 -->
    <Listener className="org.apache.catalina.mbeans.GlobalResourcesLifecycleListener" />
    <!-- 用于在 Context 停止时重建 Executor 池中的线程，以避免 ThreadLocal 相关的内存泄漏 -->
    <Listener className="org.apache.catalina.core.ThreadLocalLeakPreventionListener" />
    <!-- 全局命名资源，以定义一些外部访问资源，其作用是定义所有引擎应用程序所引用的外部资源 -->
    <GlobalNamingResources>
        <Resource name="UserDatabase" auth="Container"
            type="org.apache.catalina.UserDatabase"
            description="User
            database that can be updated and saved"
            factory="org.apache.catalina.users.MemoryUserDatabaseFactory"
            pathname="conf/tomcat-users.xml" />
    </GlobalNamingResources>
    <!-- # 定义 Service 组件，并关联 Connector 和 Engine -->
```

```
<Service name="Catalina">
    <Connector port="80" protocol="HTTP/1.1"
        connectionTimeout="20000" redirectPort="8443" /><!-- 修改 HTTP 的端口为 80 -->
    <Connector port="8009" protocol="AJP/1.3"
        redirectPort="8443" />
    <!-- 修改当前 Engine，默认主机是 www.helloweb.com -->
    <Engine name="Catalina" defaultHost="helloweb.com">
        <Realm className="org.apache.catalina.realm.LockOutRealm">
            <Realm className="org.apache.catalina.realm.UserDatabaseRealm"
                resourceName="UserDatabase" />
        </Realm>  <!--定义对当前容器内的应用程序访问的认证-->
        <!-- 定义一个主机，域名为 helloweb.com，应用程序的目录是/web，设置自
动部署，自动解压 -->
        <Host name="helloweb.com" appBase="/web" unpackWARs="true"  toDeploy="true">
            <!-- 定义一个别名 www.helloweb.com -->
            <Alias>www.helloweb.com</Alias>
            <!-- 定义该应用程序，访问路径""，即访问 www.helloweb.com 即可访问 -->
            <Context path="" docBase="www/" reloadable="true" />
            <!-- 定义另外一个独立的应用程序，访问路径为 www.helloweb.com/bbs，
                该应用程序网页目录/web/bbs -->
            <Context path="/bbs" docBase="/web/bbs" reloadable="true" />
        </Host>
        <!-- 定义一个主机名 man.helloweb.com，应用程序目录
            是$CATALINA_HOME/webapps，自动解压，自动部署 -->
        <Host name="manager.helloweb.com" appBase="webapps" unpackWARs= "true"
            autoDeploy="true">
            <!-- 定义远程地址访问策略，仅允许 172.23.136.*网段访问该主机，
                其他的将被拒绝访问 -->
            <Value className="org.apache.catalina.valves.RemoteAddrValue"
                allow="172.23.136.*" />
        </Host>
    </Engine>
</Service>
</Server>
```

    server.xml 中的一些属性值也可以通过 Web 界面控制台进行可视化配置，如图 6-7
所示。

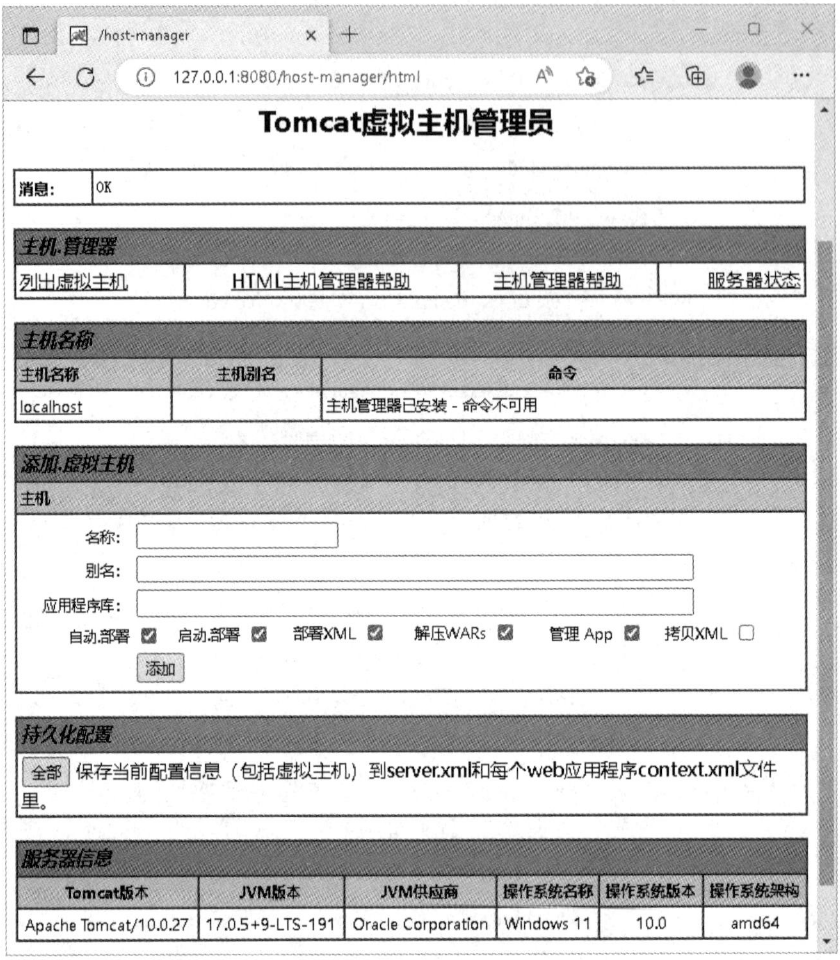

图 6-7　服务器虚拟主机属性可视化配置

6.5　Web 应用配置与部署

6.5.1　Web 应用目录结构

Web 应用(Web Application)所指的既不是一个真正意义上的 Web 网站，也不是一个传统的应用程序。换句话说，它是一些 Web 网页和用来完成某些任务的其他资源的一个集合。它隐含这样一层意思：有一个预定义的路线贯穿于网页之中，用户可作出选择或提供信息使任务能够完成。

根据 Java EE 规范要求，Java Web 应用具有固定的目录结构，通常要建立一个 Web 应用的根目录，应用程序的所有内容均置于其下。假设要建立一个名字为 HelloWeb 的应用，其基本目录结构如下所示。其中 WEB-INF 是必备的固定目录，存放 Web 应用所需的各种类和包文件，以及发布描述文件 web.xml。classes 目录存放各种 class 及 Servlet 类文件。lib
目录存放各种 JAR 包文件。除了上述几个目录之外，还可以根据自己的需要在 Web 应用的
根目录下放置若干个自定义的目录，如 CSS、Images、JS 等。

```
/：Web 应用根目录（HelloWeb），可以放 HTML、JSP 等静态或动态页面。
└WEB-INF：存放插件等文件，这里的文件在浏览器中不可访问。
    ├web.xml：部署说明信息(deployment descriptors)。
    ├classes：存放 servlet、bean、工具类以及运行时配置文件等。
    └lib：存放 Web 应用需要的各种 JAR 文件，如数据库驱动 JAR 文件。
```

6.5.2　Web 应用配置——web.xml

web.xml 是 Web 应用的描述文件，其中的元素和属性符合 Servlet 规范。在 Tomcat 中，
Web 应用的描述信息包括 Tomcat 系统安装路径(如 C:\Program Files\Apache Software
Foundation\Tomcat 10.1\conf)中的 web.xml 文件的默认配置以及具体的 Web 应用目录
WEB-INF/web.xml 下的定制配置。web.xml 的基本结构与说明如下：

web.xml

```xml
<?xml version = "1.0" encoding = "UTF-8"?>
<web-app xmlns="https://jakarta.ee/xml/ns/jakartaee"
   xmlns:xsi="http://www.w3.org/2001/XMLSchema-instance"
   xsi:schemaLocation="https://jakarta.ee/xml/ns/jakartaee
                       https://jakarta.ee/xml/ns/jakartaee/web-app_6_0.xsd"
   version="6.0">
    <display-name>HelloWeb</display-name>
    <description>第一个 Java Web 程序</description>
    <servlet>…</servlet>
    <servlet-mapping>…</servlet-mapping>
    <filter>…</filter>
    <filter-mapping>…</filter-mapping>
    <listener>…</listener>
    <jsp-config>…</jsp-config>
    <welcome-file-list>…</welcome-file-list>
    <error-page>…</error-page>
    <session-config>…</session-config>
</web-app>
```

在上述配置文件中，元素<web-app>、<jsp-config>、<welcome-file-list>与<session-config>
最多只能出现一次，其他元素可以出现一次或多次。这些配置信息并非必需，如果没有给
出特定的配置信息，那么 Tomcat 会使用服务器配置文件或使用默认设置。<web-app>中的
属性信息(包括 version 版本)需要根据 Tomcat 的版本进行配置。

<servlet>和<servlet-mapping>用于配置 Web 应用中的 Servlet。其中<servlet>的属性 servlet-name 指定 Servlet 的名称，该属性在 web.xml 文件中不能与其他 Servlet 重复；servlet-class 指定 Servlet 的类名；init-param 指定 Servlet 的初始化参数，在 Java 程序代码中可以通过 HttpServlet.getInitParameter 获取；load-on-startup 用于控制在 Web 应用启动时 Servlet 的加载顺序；<servlet-mapping>元素中 url-pattern 属性用于指定 Servlet 对应的 URL 地址，一个 servlet-mapping 可以同时配置多个 url-pattern。

<filter>和<filter-mapping>用于配置 Web 应用过滤器(Filter)，用来过滤资源请求及响应，常用于认证、日志、加密、数据转换等操作。其中：属性 filter-name 用于指定过滤器名称，在 web.xml 中不能重复；filter-class 指定过滤器的类名，该类必须实现 Filter 接口；async-supported 指定该过滤器是否支持异步；init-param 用于配置 Filter 的多个初始化参数；<filter-mapping>元素中 url-pattern 属性指定该过滤器需要拦截的 URL。

<listener>用于配置 Listener 来监听 Servlet 中的事件，如 context、request、session 对象的创建、修改、删除，并触发响应事件。Listener 是观察者模式的实现，在 Web 应用启动时，ServletContextListener 对象的执行顺序与 web.xml 中的配置顺序一致，在 Web 应用停止时执行顺序相反。

<jsp-config>包括<taglib>和<jsp-property-group>两个子元素。其中：<taglib>元素描述 JSP 定制标记库，<taglib-uri>子元素指定 Web 应用中的标记库的 URI，其值与 WEB-INF 目录相对应；<jsp-property-group>定义了一组 JSP 的特性，这些特性对应了 JSP 的 page directive 定义的特性，通过<jsp-property-group>可以方便地对多个具有相同属性的 JSP 统一定义。

<welcome-file-list>用于设定 Web 应用的默认文件列表，可以设置多个。当用户访问 Web 应用的默认网页时，服务器按顺序查找到第一个存在的文件执行并反馈。

<error-page>用于配置 Web 应用访问异常时定向到的页面，支持 HTTP 响应码和异常类两种形式，可形成个性化的 404 等错误提示页面。

<session-config>用于配置 Web 应用会话，包括超时时间、Cookie 配置以及会话追踪模式，它将覆盖 server.xml 和 context.xml 中的配置。其中，<session-timeout>子元素指定会话超时时间，单位为"分钟"。

web.xml 文件中各元素的配置方法将在后面的相关章节给出，并结合 Java 程序代码进一步讨论。

6.5.3 部署 Web 应用

在 Tomcat 中部署 Web 应用的方式主要有以下几种：

(1) 利用 Tomcat 的自动部署。这种方式最简单、最常用，只要将一个 Web 应用的目录或通过 IDE 打包后的 WAR 文件复制到 Tomcat 的 webapps 目录下(如 C:\Program Files\Apache Software Foundation\Tomcat 10.1\webapps)，系统就会将应用部署到 Tomcat 中。

在 IDEA 中通过前面的配置可以直接使用 Maven 将网站文件打包成 WAR 文件，方法与过程比较简单，这里就不再赘述。

在 Eclipse 中将一个"Dynamic Web Project"应用打包为 WAR 文件也比较简单：右键

单击项目名称，选择菜单 Export→WAR file，在弹出的对话框中选择文件名和目标路径即可形成 WAR 文件，如图 6-8 所示。

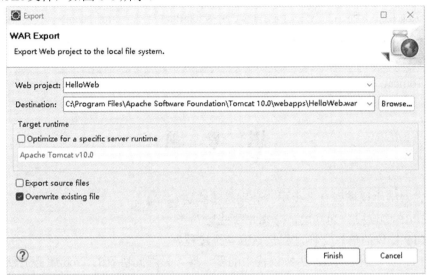

图 6-8　应用 Eclipse 打包 WAR 文件

(2) 利用控制台的部署。这种部署方式只要在部署 Web 应用的控制台(如图 6-9 所示)中输入 Context 路径或 WAR 文件，单击"部署"按钮，就可成功部署 Web 应用。

图 6-9　Tomcat Web 应用控制台

(3) 增加自定义的 Web 部署文件。这种方式不将 Web 应用复制到 Tomcat 安装路径下，而是需要在 conf 目录下新建 Catalina 目录和 localhost 子目录。最后在该目录下新建一个任意名字的 XML 文件作为部署 Web 应用的配置文件，该文件的主文件名将作为 Web 应用的虚拟路径。例如，在 conf/Catalian/localhost 下增加一个 wa.xml 文件，该文件的内容如下：

```
<Context path="/XXX" reloadable="true" docBase="D:\ AppName" workDir="D:\work"/>
```

重新启动 Tomcat，Web 应用将会部署完成。

(4) 修改 server.xml 文件部署 Web 应用。这种方式可在 server.xml 中的 Host 元素下添加一个 Context 元素，例如：

```
<Host name = "localhost" appBase = "webapps" unpackWARS = "true" autoDeploy = "true">
    <Context path = "/ AppName " docBase = "D:\work " reloadable = "true"/>
</Host>
```

重新启动 Tomcat，Web 应用将会部署完成。

思　考　题

1. OSI 网络协议模型有多少层，分别是哪些层？
2. TCP/IP 协议栈分为几层，分别是哪些层？
3. HTTP 协议的信息交换过程包括哪 4 个过程？
4. HTTP 协议属于 TCP/IP 协议栈中的哪一层，采用此协议的 Web 服务的默认端口是多少？
5. HTTP 与 HTTPS 有什么区别？
6. GET 和 POST 都可以向 Web 服务器发送数据、发出请求，这两种方法的主要不同是什么？
7. 什么是静态 HTML 页面，什么是动态 HTML 页面？哪些技术可以实现动态 HTML 页面？
8. 什么是 CGI，其工作流程是什么？
9. 常用的 Web 服务器有哪些？配置环境是什么？各自有哪些优缺点？
10. 运用前面学习的 HTML、CSS、JavaScript 编写网页，并作为一个 Web 应用在 Tomcat 中进行部署。

第 7 章　Servlet 技术基础

学习提示

Servlet 是 Java Web 的核心技术。一个 Servlet 就是一个 Java 类，可以理解为一个 CGI 程序。本章重点讲解 Servlet 如何获取和使用客户端请求，怎样响应并向浏览器返回相应的信息，以及 Servlet 的整个开发、配置方法。学习 Servlet 是掌握 JSP 的基础和前提，因为 JSP 在首次运行时都会被 Tomcat 容器自动转换为 Servlet。

本章通过项目实践中常用的用户登录和图形验证码的开发，让初学者完整地了解 Servlet 的开发过程和技巧。后续章节中还会使用 Servlet 接收和处理用户的请求，对数据库中的数据进行操作。

7.1　Servlet 的基本实现

Servlet 是由 Java 语言编写的小应用程序，位于服务器端，可以接收来自客户端的请求，并作出响应。Servlet 是支持服务器端动态网页开发的重要技术，是一种服务器端程序，它以独立的形式运行在服务器上，为客户端提供服务。Servlet 是实现动态网站的重要技术，它也是 Java Web 开发的重要组成部分。

7.1 演示

与 CGI 程序类似，Servlet 程序也是一种 Web 服务器端的应用程序，可以根据用户的需求动态生成 Web 页面。在运行时，Servlet 程序由 Servlet 容器进行加载，并在服务器端的 Java 虚拟机中运行。在大量用户访问的 Web 服务器上，Servlet 的优点表现在它的执行速度快于 CGI 程序。每个用户请求被激活成一个线程而非单独的进程，这意味着服务器端处理请求的系统开销将明显降低。这一点非常类似于 ISAPI 的运行机理。

Servlet 容器也叫做 Servlet 引擎，它是 Web 服务器或应用程序服务器的一部分，用于在发送的请求和响应之上提供网络服务。Servlet 程序没有 main 方法，不能独立运行，它必须被部署到 Servlet 容器中，由 Servlet 容器来实例化和调用方法。

Servlet 的运行依赖 HTTP 协议的支持。浏览器通过 HTTP 协议发送客户端的请求，Servlet 容器根据请求的路径指定相应的 Servlet 进行响应，动态地产生 Web 页面。

可以使用 Eclipse 或 IDEA 等 IDE 帮助快速生成基本的 Servlet 类。以 IDEA 为例，首先在项目源代码 main 目录下建立 java 子目录。鼠标右键单击 java 子目录，在菜单中选择 New→Servlet，输入新建的 Servlet 类名(比如 BasicServlet)即可生成 BasicServlet.java 的代码，如下：

```
import jakarta.servlet.*;
import jakarta.servlet.http.*;
import jakarta.servlet.annotation.*;
import java.io.IOException;
@WebServlet(name = "BasicServlet", value = "/BasicServlet")
public class BasicServlet extends HttpServlet {
    @Override
    protected void doGet(HttpServletRequest request, HttpServletResponse response) throws ServletException, IOException {     }
    @Override
    protected void doPost(HttpServletRequest request, HttpServletResponse response) throws ServletException, IOException {     }
}
```

从上述代码中可以看出，一个 Servlet 就是 HttpServlet 类的一个实例。HttpServlet 类定义了包括 doGet()和 doPost()在内的诸多方法，通过子类的继承和覆盖(Override)可以完成 Servlet 的具体功能。HttpServlet 是一个抽象类，要创建 Servlet，子类必须扩展 HttpServlet 类并覆盖 doGet、doPost、doDelete、doPut 中至少一个方法。HttpServlet 类的主要方法和作用如表 7-1 所示。

表 7-1   HttpServlet 类的主要方法和作用

HttpServlet 方法	作 用
HttpServlet()	HttpServlet 是一个抽象类，因此构造函数不做任何事情
doGet(request, response)	用于在服务器端处理 GET 请求。request 参数包含客户端对 Servlet 的请求，response 参数包含 servlet 发送给客户端的响应对象
doPost(request, response)	用于处理服务器端的 POST 请求，允许客户端一次向 Web 服务器发送无限长度的数据。参数与 doGet 相同
doPut(request, response)	用于处理 PUT 请求，允许客户端将信息存储在服务器上(比如将图像文件保存在服务器上)
doDelete(request, response)	用于处理 DELETE 请求，允许从服务器中删除指定的数据
doHead(request, response)	用于处理 HEAD 请求，响应仅包含头部信息，不包含消息体

doGet()和 doPost()是最常用的方法，在上述代码的基础上，将相关的代码填入 doGet() 方法，可以响应浏览器的访问，代码如下：

BasicServlet.java

```
import jakarta.servlet.*;
import jakarta.servlet.http.*;
import jakarta.servlet.annotation.*;
```

```java
import java.io.IOException;
import java.io.PrintWriter;
@WebServlet(name = "BasicServlet", value = "/BasicServlet")
public class BasicServlet extends HttpServlet {
    @Override
    protected void doGet(HttpServletRequest request, HttpServletResponse response) throws ServletException, IOException {
        response.setContentType("text/html");
        PrintWriter out = response.getWriter();
        out.println("<HTML>");
        out.println("<HEAD><TITLE>Servlet Test</TITLE></HEAD>");
        out.println("<BODY>");
        out.print("This Servlet Works!");
        out.println("</BODY>");
        out.println("</HTML>");
        out.flush();
        out.close();
    }
}
```

最简单的调用方法就是在浏览器中直接指定 Servlet 的地址，通过 GET 的方式获得 Servlet 的响应。运行结果如图 7-1 所示。

图 7-1　运行结果

如果在编译的过程中出现"程序包 jakarta.servlet 不存在"错误，那就说明项目的依赖库中缺少 jakarta.servlet 相关类库。在使用 Maven 的开发环境中，可以在 pom.xml 中增加相应内容。对于 Tomcat 10 及更高版本，依赖描述如下：

```xml
<project...>
    ...
    <dependency>
        <groupId>jakarta.servlet</groupId>
        <artifactId>jakarta.servlet-api</artifactId>
        <version>6.0.0</version>
        <scope>provided</scope>
    </dependency>
</project>
```

对于 Tomcat 9 及更低版本，依赖描述如下：

```
<project…>
…
    <dependency>
        <groupId>javax.servlet</groupId>
        <artifactId>javax.servlet-api</artifactId>
        <version>4.0.1</version>
        <scope>provided</scope>
    </dependency>
</project>
```

其中，<scope>provided</scope>指定 jakarta.servlet-api 库只作用在编译和测试时，同时没有传递性。Tomcat 中已经有 servlet-api 包，因此不需要作用在运行时。

关于 Servlet 类中所使用的 request、response 等对象的具体分析将在后续章节中详细展开。

7.2   Servlet 的部署方式

部署 Servlet 就是把编译生成的 .class 文件放置于 Tomcat 安装目录下的 "\webapps\WEB-INF\classes" 文件夹下，并在 Tomcat 中配置 Servlet 的访问路径。如果用 package 语句指明了 Servlet 类所在的包，就要在 classes 目录下按照包结构创建子文件夹。

在 Tomcat 中配置 Servlet 的访问路径是通过 web.xml 的配置信息实现的，典型的 web.xml 中配置 Servlet 的代码如下：

```
<?xml version="1.0" encoding="UTF-8"?>
…
    <servlet>
        <servlet-name>FirstServlet</servlet-name>
        <servlet-class>BasicServlet </servlet-class>
    </servlet>
    <servlet-mapping>
        <servlet-name>FirstServlet </servlet-name>
        <url-pattern>/BasicServlet </url-pattern>
    </servlet-mapping>
</web-app>
```

<servlet>中<servlet-name>标签用于给 Servlet 起一个名字，例如 FirstServlet，这是一个虚构的名字，只能在 web.xml 文档内部使用。

<servlet>中<servlet-class>标签用于指定 Servlet 对应的类名，例如 BasicServlet 类。

<servlet>中<url-pattern>标签的值 "/BasicServlet" 表示调用 FirstServlet 的 URL 路径。该路径是以 Web 应用的路径为根的相对路径。

通过配置 web.xml 文件在 Web 服务器中部署 Servlet 后，当客户端请求 URL 地址 "/BasicServlet"时，服务器就将其映射到"BasicServlet"类。

另一种更简洁的配置方法是在 Servlet 类定义中通过注解设置相应的信息，而不需要手动修改 web.xml 文件。之前的实例代码就使用了这种方式，具体代码如下：

```
@WebServlet(name = "BasicServlet", value = "/BasicServlet")
```

其中，name 指定了 Servlet 的名字，value 指定了调用 Servlet 的 URL 路径。

Java 注解(Annotation)是 JDK 1.5 版本引入的语法。Java 注解可以用于创建文档，跟踪代码中的依赖性，甚至执行基本编译时检查。注解以 "@注解名"方式出现在代码中，比如 @Override 和@WebServlet。除了@WebServlet，前文中使用@Override 的作用是对覆盖超类中的方法进行标记，如果被标记的方法并没有正确覆盖超类中的方法，则编译器会发出错误警告。在本书后续的内容中还会使用其他注解，更详细的原理说明和使用方法可以参考 Java 语法的相关教材或资源。

需要说明的是，部署在不同的 Web 服务器中可能使用不同的类库。Tomcat 10 和后续版本是基于 Jakarta EE 的，因此需要导入对应的 Jakarta 库中的"servlet-api.jar"，具体代码如前文所示。Tomcat 9 及早期版本使用 Java EE 库，需要导入的类出于 javax.servlet 等包中，而相应的代码也是不同的，如下：

```
import javax.servlet.ServletException;
import javax.servlet.annotation.WebServlet;
import javax.servlet.http.HttpServlet;
import javax.servlet.http.HttpServletRequest;
import javax.servlet.http.HttpServletResponse;
```

7.3　Servlet 生命周期

Servlet 容器(通常是 Web 服务器，如 Tomcat)会全盘控制 Servlet 的一生，它会创建请求和响应对象，为 Servlet 创建新线程或分配一个线程，同时调用 Servlet 的 service()方法，传递请求和响应对象的引用作为参数。容器还会对创建的 Servlet 实例进行适当的管理，服务器内存不够时，要撤销长时间未使用的 Servlet 实例。因此，每个 Servlet 都有一个生命期。容器创建一个实例时，生命期开始；容器把该实例从服务中删除并撤销时，生命期终止。表 7-2 给出了 Servlet 生命周期的各阶段及其调用的方法。

使用 Servlet 构造函数创建的实例只是一个普通的对象，还不能作为 Servlet 来响应客户端请求，需要进一步初始化，使其具备 Servlet 的特性。初始化工作由 Servlet 容器调用该 Servlet 对象的 init()方法完成。对于创建的每个 Servlet 实例对象，初始化方法 init()只调用一次。

每个客户端请求到来时，Servlet 容器会开启一个新线程，或者从线程池中分配一个线程，并调用 Servlet 的 service()方法。该方法根据请求的 HTTP 方式(比如 GET 或 POST 等)来调用相应的方法(比如 doGet 或 doPost 方法)。正如前文中的例子，doGet()或 doPost()方法可以被子类覆盖，完成特定的响应。

表 7-2　Servlet 生命周期

阶　段	方　法	描　述
实例化	构造方法	由 Servlet 容器根据需要实例化 Servlet 对象
初始化	init()	当 Web 应用程序启动时，Servlet 容器调用 Servlet 的 init()方法，以便初始化 Servlet
服务	service()	当客户端发送请求时，Servlet 容器调用 Servlet 的 service()方法，以便处理请求
销毁	destroy()	当 Web 应用程序停止时，Servlet 容器调用 Servlet 的 destroy()方法，以便销毁 Servlet

容器可以在服务阶段对该 Servlet 调用多次 service()方法，通过运行多个线程来处理对一个 Servlet 的多个请求。

如果一个服务器负载过重，则 Servlet 容器可能会销毁一些暂时不使用的 Servlet 实例以保证足够的资源来稳定地运行服务功能。在这些情况下，Servlet 容器资源管理逻辑都会选择删除最不可能用到的 Servlet 实例。在删除 Servlet 之前，Servlet 容器会调用该 Servlet 的 destroy()方法，然后进行垃圾收集。

综上，开发者除了可以覆盖 doGet 或 doPost 等方法，还可以在 Servlet 类中覆盖各阶段对应的方法，以便在相应的阶段完成特定的任务。

7.4　应用 Servlet 实现用户登录

为进一步说明 Servlet 的开发方式，以下将使用 Servlet 完成比较典型的用户登录功能。该实例的功能是：用户通过 HTML 页面提交登录信息给 Servlet(LoginServlet.java)，由 Servlet 对用户名和密码进行验证。当登录信息比对成功时，网页跳转到登录成功页面(welcome.html)，否则跳转到登录失败页面(loginfail.html)。

7.4 演示

编写 login.html 代码如下：

```html
login.html

<!DOCTYPE html>
<html>
<head>
    <meta charset="UTF-8">
    <title>用户登录</title>
</head>
<body>
<form method="post" action="LoginServlet" target="_blank">
```

```
                    <table>
                        <tr>
                            <td>用户名:</td>
                            <td><input type="text" name="loginName" size="20"></td>
                        </tr>
                        <tr>
                            <td>密码:</td>
                            <td><input type="password" name="passWord" size="20"></td>
                        </tr>
                        <tr>
                            <td></td>
                            <td><input type="submit" value="提交"><input type="reset" value="复位"></td>
                        </tr>
                    </table>
                </form>
            </body>
        </html>
```

上述代码中，表单的 action 属性指定了用户输入的数据将由服务器的 LoginServlet 地址来响应。也就是说，在 Servlet 类的定义中(或通过 web.xml 文件)需要配置这一地址及其对应的 Servlet 对象。对应的 Servlet 文件 LoginServlet.java 代码如下：

LoginServlet.java

```java
import java.io.IOException;
import jakarta.servlet.ServletException;
import jakarta.servlet.annotation.WebServlet;
import jakarta.servlet.http.HttpServlet;
import jakarta.servlet.http.HttpServletRequest;
import jakarta.servlet.http.HttpServletResponse;


@WebServlet("/LoginServlet")
public class LoginServlet extends HttpServlet {
    protected void doPost(HttpServletRequest request, HttpServletResponse response) throws
ServletException, IOException {
        String userName = request.getParameter("loginName");
        String passWord = request.getParameter("passWord");
        // 下面判断输入的用户名和密码是否正确，初始用户名、密码都设为 admin
        if (userName.equals("admin") && passWord.equals("admin")) {// 此处假设已有的用
户名和密码均为 "admin"
            response.sendRedirect("./welcome.html");
```

```
            } else {
                response.sendRedirect("./loginfail.html");
            }
        }
    }
```

登录成功页面(welcome.html)和登录失败页面(loginfail.html)较为简单，这里就不再列出。
程序的执行结果如图 7-2 所示。

图 7-2   登录程序执行结果

7.5   应用 Servlet 实现图形验证码

本节将在前面代码的基础上，通过解析网站登录时经常使用的验证码功能的设计与实现，让读者更深入地理解 Servlet 编程。

在很多网站的登录界面中都需要用户输入验证码。设置验证码的目的主要是为了防止黑客利用特定的软件不断尝试用户密码以进行暴力破解。

7.5 演示

验证码程序的工作机制是：在后端生成随机的字符串，并将字符串处理成图像，让用户按照图像所示的字符串进行输入。系统通过对比用户所输入的验证码来决定是否给予用户相应的操作权限。在这个过程中，生成图像的目的就是防止用户使用特制软件轻易地对验证码进行破解。在图像上进行一些模糊化处理，可以加大破解图像验证码的难度，提高验证码的可靠性。

设计验证码程序的难点主要是：如何对验证码进行图形化处理。从验证码的生成和使用方式来考虑，可以使用 Servlet 生成验证码图片，还可以使用 Servlet 程序完成验证码的验证。下面将实现带有验证码的用户登录的页面(loginValidate.html)，验证码图形生成的 Servlet(validateCodeServlet.java)，以及完成用户名、密码和验证码核对的 Servlet(Login ValidateServlet.java)。

带有验证码的用户登录的页面 loginValidate.html 的代码如下：

loginValidate.html

```html
<!DOCTYPE html>
<html>
<head>
    <meta charset="UTF-8">
    <title>带有验证码的用户登录</title>
</head>
<body>
<script type="text/javascript">
    function changeImg() {
        var img = document.getElementsByTagName("img")[0];
        img.src = "validateCodeServlet?random = " + Math.random();
    }
</script>
<form method="post" action="LoginValidateServlet" target="_blank">
    <table>
        <tr>
            <td>用户名:</td>
            <td><input type="text" name="loginName" size="20"></td>
        </tr>
        <tr>
            <td>密码:</td>
            <td><input type="password" name="passWord" size="20"></td>
        </tr>
        <tr>
            <td>验证码：</td>
            <td><input type="text" name="validate" size="4">
                <img src="validateCodeServlet" onclick="changeImg()"/>
                <a href="javascript:changeImg()">点击图片刷新</a><br/></td>
        </tr>
        <tr>
            <td></td>
            <td><input type="submit" value="提交"><input type="reset" value="复位"></td>
        </tr>
```

```
        </table>
    </form>
    </body>
    </html>
```

从上述代码中"<img src="validateCodeServlet" onclick="changeImg()"/>"可以看到，页面的图片来自于 validateCodeServlet，实际上就是名为 validateCodeServlet 的 Servlet 类通过编译后对应的 URL 映射地址。

验证码的刷新可以通过点击图片或超链接进行，此时浏览器会调用指定的 JS 函数 changeImage() 完成该功能。细心的读者也许会发现：在 loginValidate.html 页面的 changeImage() 函数中，获取新的图片时用到的超链接使用 GET 方法向 validateCodeServlet 传递了 random 这一参数，而这一参数并没有在 validateCodeServlet 类中用到。传递这样的参数是否"多此一举"？事实上，其目的就是避免更新验证码失败的情况。用户使用的浏览器设置可能会将之前访问过的 URL 资源留存在 cache 中，当下次访问相同的 URL 时就不需要向服务器申请新的资源，而是从 cache 中取出副本重复利用，目的在于提高浏览网页的效率，但这样就会导致无法更新验证码信息。因此在更新验证码时有必要构造不同的 URL，让用户浏览器与服务器能进行正常的交互。random 参数的内容"Math.random()"是一个随机产生的，范围为 0～1，小数点位数在 16～18 间的小数，由此拼接产生的 URL 相同的概率非常小，浏览器会将其视为不同的 URL 而重新向服务器发出访问请求，而服务器也会再次调用相应的 Servlet 生成新的验证码。

validateCodeServlet.java 的代码如下：

validateCodeServlet.java

```
import jakarta.servlet.ServletException;
import jakarta.servlet.ServletOutputStream;
import jakarta.servlet.http.HttpServlet;
import jakarta.servlet.http.HttpServletRequest;
import jakarta.servlet.http.HttpServletResponse;
import jakarta.servlet.annotation.WebServlet;
import java.awt.Color;
import java.awt.Font;
import java.awt.Graphics;
import java.awt.image.BufferedImage;
import java.io.IOException;
import java.util.Random;
import javax.imageio.ImageIO;

@WebServlet("/validateCodeServlet")
public class validateCodeServlet extends HttpServlet {
protected void doGet(HttpServletRequest request, HttpServletResponse response)
```

```
                            throws ServletException, IOException {
            response.setContentType("image/jpeg");
            ServletOutputStream out = response.getOutputStream();
            int width = 60, height = 30;
            BufferedImage image = new BufferedImage(width, height, BufferedImage.TYPE_INT_
RGB);

            Graphics g = image.getGraphics();
            Random random = new Random();
            g.setColor(new Color(200, 200, 200));
            g.fillRect(0, 0, width, height);
            g.setFont(new Font("Times New Roman", Font.PLAIN, 18));
            String sRand = "";
            for (int i = 0; i < 4; i++) {
                String rand = String.valueOf(random.nextInt(10));
                sRand += rand;
                g.setColor(new Color(20 + random.nextInt(110), 20 + random.nextInt(110),
                    20 + random.nextInt(110)));
                g.drawString(rand, 13 * i + 6, 20);
            }
            request.getSession().setAttribute("verificationCode", sRand);
            g.dispose();
            ImageIO.write(image, "JPEG", out);
            out.close();
        }
    }
```

LoginValicatateServlet 类是在前文中 LoginServlet 类的基础上改写的，增加了对验证码的对比。LoginValicatateServlet.Java 代码如下：

LoginValidateServlet.java

```
import jakarta.servlet.ServletException;
import jakarta.servlet.annotation.WebServlet;
import jakarta.servlet.http.HttpServlet;
import jakarta.servlet.http.HttpServletRequest;
import jakarta.servlet.http.HttpServletResponse;
import java.io.IOException;

@WebServlet("/LoginValidateServlet")
public class LoginValidateServlet extends HttpServlet {
    protected void doPost(HttpServletRequest request, HttpServletResponse response) throws
```

```
ServletException, IOException {
            String userName = request.getParameter("loginName");
            String passWord = request.getParameter("passWord");
            String validate = request.getParameter("validate");
            String verificationCode = request.getSession().getAttribute("verificationCode").toString();
            // 下面判断输入的用户名和密码是否正确，初始用户名、密码都设为 admin
            if (userName.equals("admin") && passWord.equals("admin")
                    && validate.equals(verificationCode)) {
                response.sendRedirect("./welcome.html");
            } else {
                response.sendRedirect("./loginfail.html");
            }
        }
    }
```

思 考 题

1. 什么是 Servlet，什么是 Servlet 容器？
2. Servlet 的部署方式有哪些，如何实现？
3. Servlet 的生命周期分哪几个阶段？
4. Servlet 执行时一般实现哪几个方法？
5. 如何配置 Servlet 初始化参数？
6. 根据示例，使用 Servlet 实现用户登录功能。

第 8 章　JSP 技术基础

学习提示

  Servlet 可以使用 out 对象的 println()方法输出 HTML 代码，但这种方式不仅烦琐、工作量大，而且容易出错，为此 Sun 公司在 Java 语言基础上开发出易于编写和维护的 JSP 用于简化 Web 开发工作。JSP 本质上就是 Servlet，JSP 代码最终必须编译成 Servlet 才能运行。JSP 的特点是在 HTML 页面中嵌入 Java 代码片段，或使用各种 JSP 标签，包括用户自定义的标签，从而可以动态地提供页面内容。

  在 Web 系统开发过程中，会有很多的代码段是可以重复使用的，例如对特定的业务规则、数据库的操作等。为了提高开发效率，可以使用 JavaBean 技术。JavaBean 是一种可复用组件，在 Web 开发中可以用来封装应用程序的业务逻辑，如查询、编辑、排序等。本章将讨论 JavaBean 的基本技术，为数据库操作等后续的学习提供基础。

  虽然只使用 JSP 技术也可以实现主要的 Web 开发需求，但自从 Java EE 标准出现以后，开发者逐渐认识到将 JSP 作为大型 Java Web 项目开发的核心技术是不合适的。因此，JSP 逐渐发展成表现层技术或模板引擎，不再承担复杂的业务逻辑组件及持久层组件的功能。但从学习的角度上看，从原理上掌握 JSP 也可以帮助初学者更好地理解 Thymeleaf、FreeMarker、Velocity 等其他模板引擎技术，为开发大型 Java Web 项目提供技术基础。

  本章主要讲解 JSP 的基本语法、指令标签、动作标签以及 JavaBean 等技术的实践应用方法。

8.1　JSP 技术概况

  JSP 是 Java Server Pages 的缩写，即 Java 服务器页面，它是 Sun 公司基于 Java 语言开发的一种动态网页技术。JSP 技术是建立在 Servlet 技术之上的，它也是一种服务器端的动态网页技术，它可以将网页中的 Java 代码和 HTML 代码混合在一起，使网页具有动态性。与 Servlet 技术一样，JSP 也可以借助 JavaBean 来处理业务逻辑，完成数据库操作等复杂的业务逻辑。

8.1 演示

  由于 JSP 本质上是 Servlet，因此 JSP 的执行是由 Servlet 容器(或称为 Servlet 引擎)完成的。在 JSP 技术推出后，管理和运行 JSP 的 Servlet 容器也可称为 JSP 容器或 JSP 引擎。

JSP 技术类似于微软公司的 ASP(Active Server Page)技术，可将小段的 Java 脚本代码 (Scriptlet)和 JSP 标签插入 HTML 文件中，形成在服务器端运行的 JSP 文件。下面的代码是一个最简单的 JSP 程序，名为 index.jsp。

index.jsp

```jsp
<%@ page language="java" contentType="text/html; charset=UTF-8" pageEncoding="UTF-8"%>
<!DOCTYPE html>
<html>
<head>
    <title>Hello JSP Page</title>
</head>
<body>
<H3>
    <%="Hello JSP!"%>
</H3>
</body>
</html>
```

代码的执行结果如图 8-1 所示。

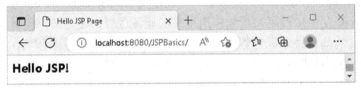

图 8-1　index.jsp 程序执行结果

JSP 与 Servlet 一样都是在服务器端执行的，执行的结果是以 HTML 文件的形式由 Web 服务器返回给浏览器端。通过浏览器"查看页面源代码"功能可以看到上述 JSP 文件的执行结果就是一个 HTML 文档，如图 8-2 所示。

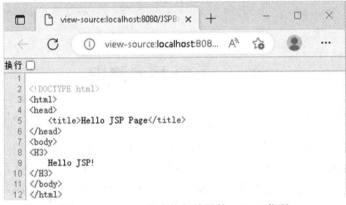

图 8-2　hello.jsp 程序执行结果的 HTML 代码

JSP 与 Java Servlet 不仅是功能相似，而且具有内在的、紧密的关系：在 JSP 页面被执行的过程中，JSP 页面会被先编译(可理解为翻译)为 Servlet 源代码，进而被 Java 编译器编译为可在 Java 虚拟机中执行的字节代码，并被 Java 虚拟机执行。这两个编译的操作仅在对

JSP 页面的第一次请求时自动发生，之后便不再重复，除非对 JSP 代码进行了修改。JSP 程序的编译和执行过程如图 8-3 所示。

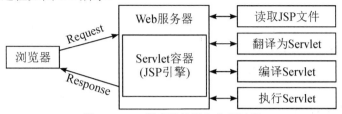

图 8-3　JSP 程序的编译和执行过程

JSP 具体的执行步骤如下：

步骤 1：浏览器向 Web 服务器发起指向 JSP 文件的 HTTP 请求。例如，用户输入登录信息并提交，浏览器从 Web 服务器请求 login.jsp 页面。

步骤 2：如果 Web 服务器中存在 JSP 的编译版本，则它将返回文件；否则，请求将被转发到 JSP 引擎。这是通过识别以.jsp 扩展名结尾的 URL 来完成的。

步骤 3：JSP 引擎加载 JSP 文件并将 JSP 转换为 Servlet(Java 代码)。这是通过将所有模板文本转换为 println()语句并将 JSP 元素转换为 Java 代码来完成的。

步骤 4：JSP 引擎将 Servlet 编译为可执行的.class 文件。它被转发到 Servlet 容器。这个过程称为编译或请求处理阶段。

步骤 5：.class 文件由 Servlet 引擎执行，输出 HTML 文件。Servlet 引擎将输出作为 HTTP 响应传递给 Web 服务器。

步骤 6：Web 服务器将 HTML 文件转发到客户端的浏览器。

借助 Java 和 Servlet 本身的优点，JSP 在下面几个方面具有技术优势：

(1) 简单易学：使用 JSP 可以快速编写动态网页，并且易于学习和使用。

(2) 易于维护：JSP 提供了一个简单的代码结构，可以更容易地理解和维护代码，提高了开发效率。

(3) 跨平台性：JSP 是一种 Java 技术，JSP 技术支持多种操作系统和硬件平台，可以在 Windows、Linux、UNIX 中直接部署，代码无须改动。

(4) 可伸缩性：JSP 可以运行在很小的系统中来支持小规模的 Web 服务，也可以运行到多台服务器中来支持集群和负载均衡机制。

(5) 开发工具的多样性：目前，已经有了许多优秀的开发工具支持 JSP 的开发，而且其中有很多是开源产品。广泛的技术支持为 JSP 的发展带来了巨大的动力。

(6) 服务器端的可扩展性：JSP 支持服务器端组件，可以使用成熟的 JavaBean 组件来实现复杂商务功能。开发者可以把复杂的功能拆分成可复用的组件以减少开发成本。

8.2　JSP 基本语法

依据 JSP 的语法规则，在 HTML 代码中嵌入 Java 程序的方式可以分为 4 类：Java 脚本 (Java Scriplet)、表达式(Expression)、声明(Declaration)和注释(Comment)，下面进行详细说明。

8.2.1　Java 脚本

8.2.1 演示

在<%和%>之间可以包含任何符合 Java 语言语法的程序片段。此标签中嵌入的代码段在服务器端被执行，真正实现动态网页的功能。一个 JSP 页面可以嵌入多个程序片，这些程序片被 JSP 引擎按顺序执行。

下面例子(ShowTime.jsp)中的程序片负责显示当前时间：

ShowTime.jsp

```
<%@ page language="java" import="java.util.*,java.text.*"
        contentType="text/html; charset=UTF-8" pageEncoding="UTF-8" %>
<!DOCTYPE html>
<html>
<head>    <title>显示时间</title>    </head>
<body>
<%
    Date date = new Date();
    SimpleDateFormat sdf1 = new SimpleDateFormat("yyyy-MM-dd HH:mm:ss");
    SimpleDateFormat sdf2 = new SimpleDateFormat("Gyyyy 年 MM 月 dd 日 HH 时 mm 分
ss 秒");
    String currentTime1 = sdf1.format(date);
    String currentTime2 = sdf2.format(date);
%>
<p>当前时间(格式 1)：<%=currentTime1 %></p>
<p>当前时间(格式 2)：<%=currentTime2 %></p>
</body>
</html>
```

上述代码的运行结果如图 8-4 所示。

图 8-4　JSP 显示当前时间

8.2.2　表达式

8.2.2 演示

JSP 中的表达式是可以在 JSP 页面中使用的短小的 Java 代码片段，用于计算和显示结果。它们以<%= 开头，以%>结尾，在 JSP 页面中显示它们的结果。例如：

```
<%= 10 + 10 %>
```

上面的表达式将在 HTML 文件中输出"20"。

下面的例子(expression_test.jsp)使用表达式输出计算结果。

```
expression_test.jsp
<%@ page language="java" contentType="text/html; charset=UTF-8"
         pageEncoding="UTF-8" %>
<html>
<head>
    <title>表达式示例</title>
</head>
<body>
    100 的平方根为<%=Math.sqrt(100)%><P>
    1+2=<%=1 + 2%>
</body>
</html>
```

expression_test.jsp 的运行结果如图 8-5 所示。

图 8-5　JSP 表达式用法举例

8.2.3　声明

JSP 声明是用于定义 JSP 页面的全局变量和方法的一种特殊指令。JSP 声明由<%!和%>标记,它们之间定义的内容的作用域为整个页面,即可以在整个 JSP 页面中使用。JSP 声明的语法如下:

8.2.3 演示

```
<%!
    全局变量和方法
%>
```

JSP 声明可以生成 Servlet 类的成员,即变量、方法和类都可以声明。<%!和%>标签之间的所有内容都会增加到 Servlet 类中,成为 Servlet 类的成员变量、成员方法或内部类。这意味着还可以使用该标签声明静态变量和方法,成为页面级别的静态成员,可被访问此网页的所有用户共享。

1. 变量声明

使用上述标签声明变量的 JSP 文件(def_var.jsp)源码如下:

```
def_var.jsp
<%@ page language="java"
         contentType="text/html; charset=UTF-8" pageEncoding="UTF-8" %>
```

```
<!DOCTYPE html>
<html>
<head>
    <title>变量声明示例</title>
</head>
<body>
<%! String name = "John";
    int age = 20;
    static int count = 0;    %>
<p>姓名: <%=name%></p>
<p>年龄: <%=age%></p>
<p>目前的用户数量: <%=count++%></p>
</body>
</html>
```

其运行结果如图 8-6 所示。

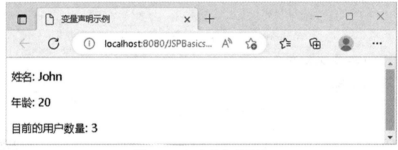

图 8-6　JSP 变量声明示例

2. 方法声明

在 <%! 和 %> 之间声明方法的 JSP 文件(def_met.jsp)源码如下：

def_met.jsp

```
<%@ page language="java"
         contentType="text/html; charset=UTF-8" pageEncoding="UTF-8" %>
<!DOCTYPE html>
<html>
<head>
    <title>方法声明示例</title>
</head>
<body>
<%!
    public int Add(int a, int b) {
        return a + b;
    }
```

```
%>
5+6=<%=Add(5, 6)%>
</body>
</html>
```

def_met.jsp 的运行结果如图 8-7 所示。

图 8-7　JSP 方法声明示例

在<%! 和 %> 之间声明的方法在整个 JSP 页面内有效，但在该方法内定义的变量只在该方法内有效。这些方法可以在 Java 程序片中被调用，当方法被调用时，方法内定义的变量被分配内存，调用完毕即可释放所占用的内存。

3. 类声明

在 <%! 和 %> 之间还可以声明类，该类作为 Servlet 类的内部类在 JSP 页面内有效。即 JSP 页面中的 Java 代码可以调用该类创建对象。举例如下：

def_class.jsp

```
<%@ page language="java"
           contentType="text/html; charset=UTF-8" pageEncoding="UTF-8" %>
<html>
<head>
    <title>声明类</title>
</head>
<body>
<%!
    public class Cat {
        private String name;
        public Cat(String name) {
            this.name = name;
        }
        public String meow() {
            return name + ": 喵喵!";
        }
    }
%>
<% Cat c = new Cat("毛孩子");%>
```

```
    <%=c.meow()%>
    </body>
    </html>
```

在上述例子中定义了一个 Cat 类，其中 name 是私有数据成员，meow 方法可输出小猫的叫声字符串。def_class.jsp 的运行结果如图 8-8 所示。

图 8-8   JSP 类声明示例

4. JSP 程序片(脚本)和 JSP 声明的区别

<%……%>构成的 JSP 程序片中只能定义变量，不能定义方法。JSP 声明语句可以定义变量和方法。其原因是：JSP 脚本会把包含的内容转译插入到 Servlet 的 service()方法中，也就是说<%……%>中定义的变量是局部变量；JSP 声明会把包含的内容作为成员变量或成员方法添加到 Servlet 类中(在其他方法之外)。由于 Java 不允许方法中嵌套方法，因此 JSP 程序片不能声明方法。

8.2.4   注释

JSP 中的注释可以使用<%-- 注释内容 --%>这种形式实现，比如：

```
    <%-- 这是一个 JSP 注释 --%>
```

JSP 引擎忽略 JSP 注释，即在编译 JSP 页面时会删除该注释，也就是说客户端无法看到相应的注释内容。

注释可以增强 JSP 文件的可读性。与 JSP 注释类似的还有 HTML 注释，即在<!--和-->之间加入的注释内容，比如：

```
    <!--注释内容 -->
```

JSP 引擎对 HTML 注释不做处理，而是直接交给客户端，因此通过浏览器可以查看到 HTML 注释。

8.3   JSP 指令

JSP 指令用来提供整个 JSP 页面的相关信息并指定 JSP 页面的相关属性。它们是通知 JSP 引擎的消息，不直接生成输出 HTML 文本。JSP 指令以<%@开头，以%>结尾，一般都位于 JSP 页面的最前面，由一系列属性和值构成。JSP 指令的语法格式如下：

```
    <%@ 指令名    属性名 = "属性值"%>
```

JSP 中可以使用以下指令：

(1) page 指令：用于指定页面的一些特定属性，如编码方式、是否缓存等；

(2) include 指令：用于在当前 JSP 页面中包含另一个 JSP 页面；

(3) taglib 指令：用于引入一个标签库，以便在 JSP 页面中使用标签；

(4) attribute 指令：用于在 JSP 页面中定义一个属性；

(5) variable 指令：用于在 JSP 页面中定义一个变量；

(6) declaration 指令：用于在 JSP 页面中定义一个方法或变量；

(7) expression 指令：用于在 JSP 页面中执行一个表达式；

(8) scriptlet 指令：用于在 JSP 页面中执行一段 Java 代码。

下面主要介绍最常用的 page 指令、include 指令和 taglib 指令。

8.3.1　page 指令

JSP page 指令是指定 JSP 页面如何编译和处理的指令，包括用于定义页　　8.3.1 演示
面的语言、内容类型、缓冲等属性，例如：

```
<%@ page language="java" contentType="text/html; charset=UTF-8" pageEncoding="UTF-8"%>
```

page 指令的常用属性如表 8-1 所示。

表 8-1　page 指令的常用属性

属性名称	属 性 作 用
language = "java"	设定 JSP 网页的脚本语言，目前只可以使用 Java 语言
contentType = "contentInfo"	设定 MIME 类型和 JSP 网页的编码方式
pageEncoding = " UTF-8"	设定生成网页的编码字符集
import = "packageList"	引入该网页中要使用的 Java 包
extends = "parentClass | interface"	设定 JSP 页面编译所产生的 Java 类所继承的父类，或所实现的接口
session = "true | false"	设定此 JSP 网页是否可以使用 session 对象，默认值为 true
errorPage = "relativeURL"	设定网页运行发生错误时，转向的 URL
isErrorPage = "true | false"	设定此 JSP 页面是否为处理异常错误的页面
buffer = "none | sizekb"	设定输出流是否使用缓冲区，默认值为 8KB
info = "string"	设置该 JSP 页面的说明信息，可以通过 Servlet.getServletInfo()方法获取该值。如果在 JSP 页面中，则可直接调用 getServletInfo()方法获取该值
autoFlush = "true | false"	设定输出流的缓冲区是否要自动清除，缓冲区满会产生异常，默认值为 true
isELIgnored = "true | false"	设定在此 JSP 网页中是执行还是忽略 EL 表达式

上述属性中除 import 可以指定多个属性值外，其他属性均只能指定一个值。

errorPage 属性的实质是 JSP 的异常处理机制，JSP 脚本不要求强制处理异常。如果 JSP 页面在运行中抛出未处理的异常，则系统将自动跳转到 errorPage 属性指定的页面；如果 errorPage 没有指定错误页面，则系统直接把异常信息呈现给客户端浏览器。下面的示例 (errorPage_test.jsp)中会产生"(5/0)被零除"的错误。页面设置了 page 指令的 errorPage 属性，指定了当前页面发生异常时的处理页面(error.jsp)，具体代码如下：

```
errorPage_test.jsp
<%@ page language="java" contentType="text/html; charset=UTF-8"
          pageEncoding="UTF-8" errorPage="error.jsp" %>
<!DOCTYPE html>
<html>
<head>
    <title>'errorPage_test.jsp'页面中有被零除</title>
</head>
<body>
<%=5 / 0%>
</body>
</html>
```

在上述代码中指定 errorPage_test.jsp 页面的错误处理页面是 error.jsp。error.jsp 页面中将 page 指令的 isErrorPage 属性设为"true"，具体代码如下：

```
error.jsp
<%@ page language="java" contentType="text/html; charset=UTF-8"
          pageEncoding="UTF-8" isErrorPage="true" %>
<html>
<head>
    <title>500 错误提示页面</title>
</head>
<body>
系统出现异常!
</body>
</html>
```

在浏览器中 errorPage_test.jsp 的运行结果如图 8-9 所示；如果去除 errorPage 属性，则其运行结果如图 8-10 所示。

图 8-9   设置 errorPage 属性的运行结果

图 8-10　没有设置 errorPage 属性的运行结果

8.3.2　include 指令

JSP include 指令用于将一个文件(为表述方便,以下称为"子页面")的内容静态插入到当前 JSP 页面(以下称为 "主页面")中。可插入的子页面文件类型包括 JSP 文件、HTML 文件、TXT 文件等,也必须是 Servlet 容器可访问和可使用的文件,即子页面文件必须和主页面文件在同一个服务器中。所谓静态插入是指主页面和子页面合并成一个新的 JSP 页面,然后 JSP 引擎再将这个新的 JSP 页面转译成 Java 类文件。因此,插入文件后,必须保证新合并的 JSP 页面符合 JSP 语法规则,即能够成为一个 JSP 页面文件。例如,最好不要在子页面文件中出现 <html>、<body>等 HTML 结构化标签。以下是 include 指令的语法:

8.3.2 演示

```
<%@ include file="relativeURL" %>
```

其中 relativeURL 是一个路径,指定要包含的子页面文件位置。它可以是一个相对于主页面的相对路径,也可以是一个绝对路径。

include 指令有几个重要的特性:

(1) include 指令可以在 JSP 页面的任何位置使用;

(2) include 指令可以多次使用,甚至可以对同一个子页面使用多次 include 指令;

(3) include 指令可减少网站中多个页面中相同内容的编写,使代码更加简洁。

下面的示例中主页面文件 static_include.jsp 采用 include 指令分别插入 header.html 和 footer.jsp 两个子页面文件,具体代码如下:

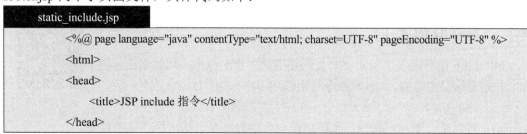

```
static_include.jsp

<%@ page language="java" contentType="text/html; charset=UTF-8" pageEncoding="UTF-8" %>
<html>
<head>
    <title>JSP include 指令</title>
</head>
```

```
<body>
以下引入了 header.html 文件<br/>
<%@ include file="header.html" %>
<h1>这是页面的正文</h1>
以下引入了 footer.jsp 文件
<%@ include file="footer.jsp" %>
</body>
</html>
```

static_include.jsp 的运行结果如图 8-11 所示。

图 8-11　include 指令运用示例

注意：使用 inlude 指令插入含有中文的静态子页面文件时，必须确保 JSP 主页面文件和子页面文件的编码方式一致。JSP 文件可以采用 page 指令的 pageEncoding 属性设置编码方式，但 html 文件在插入时可能会产生乱码。解决 html 文件插入时乱码的方法可以是直接在第一行添加如 JSP 一样的指令<%@ pageEncoding="UTF-8" contentType="text/html; UTF-8" %>，更为彻底的方法是修改 web.xml 文件，在其中指定所有 html 文件输出时都采用 UTF-8 的编码，配置内容如下：

```
<jsp-config>
<jsp-property-group>
    <url-pattern>*.html</url-pattern>
    <page-encoding>UTF-8</page-encoding>
</jsp-property-group>
</jsp-config>
```

8.3.3　taglib 指令

JSP taglib 指令用来声明此 JSP 文件使用的自定义标签，同时引用标签库，并指定标签的前缀。taglib 指令的语法如下：

8.3.3 演示

```
<%@ taglib uri="标签库的 URI" prefix="标签的前缀" %>
```

uri：可以是一个相对路径，也可以是一个绝对路径，指定标签库的位置。

prefix：是用于访问标签库中的标签，它是标签的前缀，如< prefix：标签 >。

JSP 标签库指令有助于在 JSP 页面中使用自定义标签，以便开发者更轻松地编写 JSP 页面。要创建自定义标签需要至少包括如下 3 类文件：Java 文件、TLD 文件和 JSP 文件。

(1) Java 文件——实现 Tag Handler 接口的 Java 类。

实现 Tag Handler 接口的 Java 类可以通过以下两种不同的方式：

其一，通过实现 Tag、SimpleTag 或 BodyTag　3 个接口之一，它们定义了标签的生命周期内调用的方法；

其二，通过继承 TagSupport、SimpleTagSupport 和 BodyTagSupport 类实现，这 3 个类分别实现了 Tag、SimpleTag 和 BodyTag 接口。

通常在实践中主要选择第二种方式，因为通过继承扩展这些类可以不必实现对应接口的所有方法，并且还提供了其他便利的功能。

TagSupport 与 BodyTagSupport 的区别主要是标签处理类是否需要与标签体交互，如果不需要交互的就用 TagSupport，否则需要使用 BodyTagSupport。使用 TagSupport 自定义标签类开发过程略微复杂一些，JSP 2 提供了 SimpleTagSupport 类简化了这个过程。下文将使用 SimpleTagSupport 类实现标签处理类。

为开发标签类需要增加相应的库，在使用 Maven 的开发环境中，可以在 pom.xml 中增加相应内容。对于 Tomcat 10 及更高版本，依赖描述如下：

```
<project......>
......
    <dependency>
        <groupId>jakarta.servlet.jsp</groupId>
        <artifactId>jakarta.servlet.jsp-api</artifactId>
        <version>3.1.1</version>
        <scope>provided</scope>
    </dependency>
</project>
```

对于 Tomcat 9 及更低版本，依赖描述如下：

```
<project......>
......
    <dependency>
        <groupId>javax.servlet.jsp</groupId>
        <artifactId>javax.servlet.jsp-api</artifactId>
        <version>2.3.3</version>
        <scope>provided</scope>
    </dependency>
</project>
```

其中，<scope>provided</scope>指定 jakarta.servlet.jsp-api 库只作用在编译和测试时，同时没有传递性。Tomcat 中已经有 jsp-api 包，因此不需要作用在运行时。

在 java\tags 目录下新建一个继承自 SimpleTagSupport 的 Java 类 RepeatClass，RepeatClass.java 代码如下：

```
RepeatClass.java

        package tags;
        import jakarta.servlet.jsp.JspException;
        import jakarta.servlet.jsp.JspWriter;
        import jakarta.servlet.jsp.tagext.SimpleTagSupport;
        public class RepeatClass extends SimpleTagSupport {
            private String info = "";
            private int n = 0;
            public String getInfo() {    return info;    }
            public void setInfo(String info) {    this.info = info;    }
            public int getN() {    return n;    }
            public void setN(int n) {    this.n = n;    }
            public void doTag() throws JspException {
                JspWriter out = getJspContext().getOut();
                try {
                    for (int i = 0; i < n; i++) {
                        out.write(this.info + "<br/>");
                    }
                } catch (Exception e) {
                    e.printStackTrace();
                }
            }
        }
```

以上这个标签处理类非常简单，它继承了 SimpleTagSupport 父类，并重写了 doTag()方法，而 doTag()方法则负责输出页面内容。方法中将 info 变量的内容重复输出 n 次。

由于该标签有 info 和 n 属性，因此需要提供对应的 setter 和 getter 方法。

(2) TLD 文件——标签库描述符的 XML 配置文件。

标签库定义(Tag Library Definition，TLD)文件的后缀是 tld。每个 TLD 文件对应一个标签库，一个标签库中可包含多个标签，TLD 文件也称为标签库定义文件。

标签库定义文件的根元素是 taglib，它可以包含多个 tag 子元素，每个 tag 子元素都定义一个标签。

在 WEB-INF 下新建一目录 tlds，在 tlds 下面新建一个 tld 文件，命名为 RepeatTag.tld，内容如下：

```
RepeatTag.tld

        <?xml version="1.0" encoding="UTF-8"?>
        <taglib version="2.0"
```

```
            xmlns="http://java.sun.com/xml/ns/javaee"
            xmlns:xsi="http://www.w3.org/2001/XMLSchema-instance"
            xsi:schemaLocation="http://java.sun.com/xml/ns/javaee
            http://java.sun.com/xml/ns/javaee/web-jsptaglibrary_2_0.xsd">
        <tlib-version>1.0</tlib-version>
        <short-name>RepeatTag</short-name>
        <uri>http://example.org/taglib</uri>
        <tag>
            <name>repeat</name>
            <tag-class>tags.RepeatClass</tag-class>
            <body-content>empty</body-content>
            <description>重复重要的事情标签</description>
            <attribute>
                <name>info</name>
                <required>true</required>
                <fragment>true</fragment>
            </attribute>
            <attribute>
                <name>n</name>
                <required>true</required>
                <fragment>true</fragment>
            </attribute>
        </tag>
    </taglib>
```

通过上述代码可以看到，taglib 下有多个子元素，它们的作用如表 8-2 所示。

表 8-2　taglib 下的子元素及其作用

子元素	作　　用
tlib-version	指定该标签库实现的版本，这是一个作为标识的内部版本号，对程序没有太大的作用
short-name	该标签库的默认短名，该名称通常也没有太大的用处
uri	这个属性非常重要，它指定该标签库的 URI，相当于指定该标签库的唯一标识。JSP 页面中使用标签库时就是根据该 URI 属性来定位标签库的
tag	taglib 元素下可以包含多个 tag 元素，每个 tag 元素定义一个标签，tag 元素下至少应包含 name、tag-class 和 body-content 子元素
name	该标签库的名称，这个属性很重要，JSP 页面中就是根据该名称来使用此标签的
tag-class	指定标签的处理类，毋庸置疑，这个属性非常重要，指定了标签由哪个 Java 类来处理

子元素	作　用
body-content	这个属性也很重要，它指定标签体内容 该元素的值可以是如下几个之一： • empty：只能作用于空标签 • tagdependent：标签处理类自己负责处理标签体 • scriptless：标签体可以是静态 HTML 元素、表达式语言，但不允许是 JSP 脚本 • JSP：(JSP 2 规范不再推荐)指定该标签可以使用 JSP 脚本
attribute	每个 attribute 子元素定义一个属性，attribue 子元素通常还需要指定如下几个子元素： • name：设置属性名，子元素的值是字符串内容 • required：设置该属性是否为不需要的属性，该子元素的值是 true 或 false • fragment：设置该属性是否支持 JSP 脚本、表达式等动态内容，子元素的值是 true 或 false

(3) JSP 文件——使用自定义标签的 JSP 文件。

在 JSP 页面中使用 taglib 的语法格式如下：

```
<%@ taglib uri="tagliburi" prefix="tagPrefix" %>
```

其中 uri 属性确定使用哪个标签库，对应 TLD 文件中的 uri；prefix 属性指定标签库前缀，即所有使用该前缀的标签将由此标签库处理。

使用标签库时，首先需要使用 taglib 指令导入标签库，就是将标签库和指定前缀关联起来。随后就可以使用如下语法调用该标签库中的特定标签：

```
<tagPrefix:tagName tagAttribute="tagValue" … >
    <tagBody/>
</tagPrefix:tagName>
```

如果该标签没有标签体，则可以使用如下语法格式：

```
<tagPrefix:tagName tagAttribute="tagValue" … />
```

上面使用标签的语法里都包含了设置属性值，比如前面定义的 RepeatClass 标签类有 info 和 n 属性。下面是使用标签的 taglib_test.jsp 代码：

```
taglib_test.jsp

<%@ page language="java" contentType="text/html; charset=utf-8" pageEncoding="utf-8" %>
<%@ taglib uri="http://example.org/taglib" prefix="tryTag" %>
<!DOCTYPE html>
<html>
<head>
    <meta charset="utf-8">
    <title>Tag 测试</title>
</head>
<body>
```

重要的事情说三遍:

<tryTag:repeat info="学习 Java Web 开发需要动手实践" n="3"></tryTag:repeat>

</body>

</html>

该页面的运行效果如图 8-12 所示。

图 8-12 taglib 指令示例

8.4 JSP 动作

JSP 动作是 JSP 中用来实现某种功能的标签,以提供与 JSP 标签库相关的额外功能,例如控制 JSP 表单数据的输入、输出和处理,调用 JavaBean 组件等。

JSP 动作可以分为以下几类:

(1) jsp:include 动作:使用此动作可以将其他文件或 JSP 页面包含到当前 JSP 页面中,以实现多个 JSP 页面的代码复用。

(2) jsp:forward 动作:使用此动作可以将当前请求转发到另一个 JSP 页面,以实现跳转的功能。

(3) jsp:param 动作:为其他标签提供附加信息,如传递参数。

(4) jsp:useBean 动作:使用此动作可以在 JSP 页面中定义和访问 JavaBean 组件,它可以实例化 JavaBean,设置和获取 JavaBean 的属性,以及调用 JavaBean 的方法。

(5) jsp:setProperty 动作:使用此动作可以设置 JavaBean 组件的属性,可以利用表单输入的数据来设置 bean 的属性。

(6) jsp:getProperty 动作:使用此动作可以获取 JavaBean 组件的属性,可以将 bean 的属性值输出到页面上。

另外,jsp:plugin 动作可以在页面中插入 Java Applet 小程序或 JavaBean,它们能够在客户端运行。但这类开发方式已经比较少见,这里就不再详述。

JSP 动作标签是在 JSP 页面运行时执行的服务器端任务(例如包含一个文件、页面跳转、传递参数等),而上一节讨论的 JSP 指令标签则是在 JSP 翻译成 Servlet 时起作用。因此可以简单地将 JSP 指令标签看成静态的,而将 JSP 动作标签看成动态的。

下面对前 3 个动作标签进行讲解,JavaBean 相关的动作将在后续章节中讨论。

8.4.1　include 动作

JSP include 动作可以用来在一个 JSP 文件(为表述方便，以下称为"主页面")中动态包含另一个 JSP 文件(以下称为 "子页面")，可以帮助减少 JSP 页面中相同的代码重复出现的频率，提高代码复用性。所谓动态包含，即主页面与子页面是彼此独立的，互不影响，仅仅在 JSP 引擎运行主页面时执行到<jsp:include>标签，JSP 引擎会插入子页面的执行结果内容。

8.4.1 演示

include 动作标签的语法格式如下：

<jsp:include page = "{静态 URL|<% =地址表达式%>}" flush = "true | false"}/>

page 属性表示子页面文件的存放位置，flush 属性用于指定输出缓存是否转移到子页面中。

include 动作对动态子页面文件(JSP)和静态子页面文件(HTML)的处理方式是不同的。

如果包含的是一个静态文件，那么被包含文件的内容将直接嵌入主页面文件中放置<jsp:include>动作的位置。而且当静态文件改变时，必须将主页面文件重新保存(重新翻译)和部署，才能通过浏览器看到文件的变化。

如果包含的是一个动态文件，则由 JSP 引擎负责执行子页面，并把执行后的结果传回主页面中。若子页面文件被修改，则重新运行主页面文件时就会同步发生变化。

下面的示例中主页面 include_action.jsp 使用 include 动作标签插入子页面 ShowTime.jsp，具体代码如下：

```
include_action.jsp

        <%@ page language="java" contentType="text/html; charset=UTF-8" pageEncoding="UTF-8" %>
        <html>
        <head>
            <title>JSP include 动作</title>
        </head>
        <body>
        <h3>下面的内容使用 include 动作标签包含 ShowTime.jsp 文件</h3>
        <jsp:include page="ShowTime.jsp"/>
        </body>
        </html>
```

该页面的执行效果如图 8-13 所示。

图 8-13　include 动作标签运行结果

包含动态文件时还可以向子页面传递参数，语法如下：

```
<jsp:include page = "{静态 URL|<% = 表达式%>" flush = "true | false"}>
    <jsp:param name = "参数名"value = "{参数值|<% = 表达式%>}"/>
</jsp:include>
```

以下例子中，主页面 include_param.jsp 文件包含了子页面 show_paramvalue.jsp 并向其
传递了参数，include_param.jsp 代码如下：

include_param.jsp

```
<%@ page language="java" contentType="text/html; charset=UTF-8"
    pageEncoding="UTF-8"%>
<!DOCTYPE html>
<html>
<head>
<meta charset="UTF-8">
<title>include 动作与 param 动作嵌套使用</title>
</head>
<body>
    使用 param 动作标签向 show_paramvalue.jsp 传递参数
    <br>
    <% request.setCharacterEncoding("utf-8");%>
    <jsp:include page="show_paramvalue.jsp">
        <jsp:param name="source" value="include 动作" />
        <jsp:param name="number" value="1000" />
    </jsp:include>
</body>
</html>
```

当参数值出现中文时(比如代码中的"include 动作")，可能会显示乱码。可以增加如下代
码避免此问题：

```
<% request.setCharacterEncoding("utf-8");%>
```

传递到子页面的参数的值可以通过 HttpServletRequest 类的 getParameter()方法获得。子
页面 show_paramvalue.jsp 的代码如下：

show_paramvalue.jsp

```
<%@ page language="java" contentType="text/html; charset=UTF-8"
    pageEncoding="UTF-8"%>
<!DOCTYPE html>
<html>
<head>
<meta charset="UTF-8">
<title>接收参数页面</title>
```

```
    </head>
    <body>
        由<%=request.getParameter("source")%>传递过来的参数值为：
        <%=request.getParameter("number")%>
    </body>
    </html>
```

include_param.jsp 页面的运行结果如图 8-14 所示。

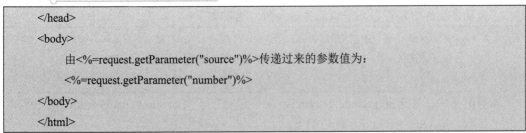

图 8-14　传递参数的 include 动作标签

indude 动作与前文讲解的 include 指令作用类似，容易混淆，将它们之间的差异总结如下：

(1) 属性不同。

include 指令通过 file 属性来指定子页面，该属性不支持任何表达式。如果在 file 属性值中应用了 JSP 表达式，则会抛出异常。

include 动作是通过 page 属性来指定子页面的，该属性支持 JSP 表达式。

(2) 处理方式不同。

使用 include 指令包含文件时，子页面文件的内容会原封不动地插入到主页面中使用该指令的位置，然后 JSP 编译器再对这个合成的文件进行翻译，所以最终编译后的文件只有一个。

使用 include 动作包含文件时，只有当该标记被执行时，主页面才会将请求转发到子页面，再将其执行结果输出，然后重新返回到主页面来继续执行后面的代码。因为服务器执行的是两个文件，所以 JSP 编译器将对这两个文件分别进行编译。

(3) 包含方式不同。

include 指令的包含过程为静态包含，因为在使用 include 指令包含文件时，服务器最终执行的是将两个文件合成后由 JSP 编译器编译成的一个 class 文件。若子页面的内容改变了，则主文件的代码就会发生改变，这时服务器需要重新编译主文件。

include 动作的包含过程为动态包含，通常用来包含那些经常需要改动的文件。因为服务器执行的是两个文件，子页面文件的改动不会影响主页面文件，所以服务器不会对主页面文件重新编译，而只需重新编译子页面文件即可。

(4) 对子页面文件的约定不同。

使用 include 指令包含文件时，因为 JSP 编译器是对主页面文件和子页面文件进行合成后再翻译，所以对子页面有限制。例如，子页面中不能使用<html>、<body>等标记；子页面还要避免在变量和方法的命名上与主页面重复。

8.4.2　forward 动作

JSP forward 动作是在服务器端发生的请求转发，它可以实现页面间的

8.4.2 演示

跳转，而且它不会在客户端浏览器中产生新的 URL，因此客户端不能查看请求转发的 URL 地址。

forward 动作通常用于实现多个页面之间的转换，也可以用来实现页面的重定向，例如将用户的请求重定向到登录页面。forward 动作标签的语法格式如下：

```
<jsp:forward page = "{静态 URL|<% = 表达式%>}" />
```

下面的例子 forward_test.jsp 中使用 forward 动作标签将页面跳转到 ShowTime.jsp 页面，具体代码如下：

forward_test.jsp

```
<%@ page language="java" contentType="text/html; charset=UTF-8"
        pageEncoding="UTF-8" %>
<!DOCTYPE html>
<html>
<head>
    <meta charset="UTF-8">
    <title>forward 动作标签示例</title>
</head>
<body>
<h2>下面使用 forward 动作标签将页面跳转到 ShowTime.jsp 页面.</h2>
<jsp:forward page="ShowTime.jsp"></jsp:forward>
</body>
</html>
```

forward 动作标签可以传递参数，语法格式如下：

```
<jsp:forward page = "{静态 URL|<% = 表达式%>}" >
<jsp:param name = "参数名"    value = "{参数值|<% = 表达式%>}"/>
</jsp:forward>
```

下面的例子 (forward_param.jsp) 使用 forward 动作标签将页面跳转到 show_paramvalue.jsp 页面，并传递参数，具体代码如下：

forward_param.jsp

```
<%@ page language="java" contentType="text/html; charset=UTF-8"
        pageEncoding="UTF-8" %>
<!DOCTYPE html>
<html>
<head>
    <meta charset="UTF-8">
    <title>forward 动作标签示例</title>
</head>
<body>
使用 forward 动作标签向 show_paramvalue.jsp 传递参数
```

```
<% request.setCharacterEncoding("utf-8");%>
<jsp:forward page="show_paramvalue.jsp">
    <jsp:param name="source" value="forward 动作"/>
    <jsp:param name="number" value="1000"/>
</jsp:forward>
</body>
</html>
```

该页面的运行结果如图 8-15 所示。从图中可以看到，虽然浏览器显示的内容是 show_paramvalue.jsp 的执行结果，但地址栏内仍然是 forward_param.jsp。后续章节将会学到用 response 内置对象的 sendRedirect(重定向)方法实现页面跳转，但使用这种方法客户端的地址栏会发生变化。

图 8-15　forward 动作标签的效果

8.4.3　param 动作

param 动作标签用于设置参数值，这个标签本身不能单独使用，它一般和 include、forward 等动作标签嵌套使用。

当与 include 动作嵌套使用时，param 动作设定的参数值将被传入子页面；当与 forward 动作嵌套使用时，param 动作设定的参数值将传入跳转的页面；当与 plugin 动作嵌套使用时，参数值则被传入 Applet 实例或 JavaBean 实例。

param 动作的语法格式如下：

```
<jsp:param name = " paramName" value = "paramValue"/>
```

Param 动作标签的具体使用如 8.4.2 小节中的示例代码 forward_param.jsp 所示。

8.5　JavaBean 技术

8.5.1　JavaBean 类的定义

JavaBean 是一种 Java 语言写成的可复用组件。它是由一个或多个 public 方法、属性和事件组成的组件，可以在各种应用程序中使用，以支持应用程序的可复用性。JavaBean 可以通过内省机制(Introspection)来访问和操纵其内部属性和方法。

8.5.1 演示

一般来说，JavaBean 要满足以下几个条件：

(1) 必须有一个无参的 public 构造方法，以便让容器在运行时生成实例化对象。如果没有编写任何构造方法，那么编译器将会自动给出一个默认的无参 public 构造方法。

(2) 可以包含属性，即通过 public 的 getter 和 setter 方法来访问 private 成员变量。

(3) 实现序列化接口(Serializable 或 Externalizable)，用于持久化存储，即将对象的状态持久地保存于文件或数据库中。

下面的例子中，JavaBean 类的定义被存储到 java 子目录下的 PersonBean.java 文件中，具体代码如下：

PersonBean.java

```java
package beans;
import java.io.Serializable;
public class PersonBean implements Serializable {
    private static final long serialVersionUID = 1L;
    private String name;
    private boolean married;
    public String getName() {    return name;    }
    public void setName(String name) {    this.name = name;    }
    public boolean isMarried() {    return married;    }
    public void setMarried(boolean married) {    this.married = married;    }
}
```

用于测试 PersonBean 类的代码 TestPersionBean.java 如下：

TestPersionBean.java

```java
package TestBeans;
public class TestPersionBean {
    public static void main(String[] args) {
        PersonBean person = new PersonBean();
        person.setName("Bob");
        person.setMarried(false);
        System.out.print(person.getName());
        System.out.println(person.isMarried() ? "[Married]" : "[Single]");
    }
}
```

8.5.2　useBean 动作

JSP useBean 动作是用于从 JSP 页面中创建或获取 JavaBean 实例对象的动作。它有多个参数：其中，id 表示实例的名称，class 表示 JavaBean 的类，scope 属性用于指定 JavaBean 实例的作用范围。useBean 的语法格式如下：

8.5.2 演示

```
<jsp:useBean id = "name" class = "classname" scope= "page | request | session | application"/>
```

采用 useBean 动作声明的 JavaBean 实例的有效范围依据 scope 属性的取值，有以下 4 种，默认为 page：

(1) page：该 JavaBean 实例只在当前页面有效，当用户离开该页面时，JSP 引擎取消分配给该用户的 JavaBean。

(2) request：该 JavaBean 实例的有效范围在 request 生命期内，可以使用 request 对象访问该 JavaBean，例如 request.getAttributes(benaName)。

(3) session：该 JavaBean 实例的有效范围在会话期间。在整个会话中，只创建和使用该实例。如果用户在某个页面中改变了 JavaBean 实例的某个属性值，则其他页面的该属性值也发生相同的变化。

(4) application：从创建 JavaBean 实例开始，所有的用户共享一个 JavaBean 实例，如果有某个用户更改了该 JavaBean 实例的某个属性值，那么所有用户的该属性值都发生相同的变化，这个 JavaBean 实例一直到服务器关闭时才被取消。

useBean 动作标签的具体执行过程是：首先在 scope 作用范围中查找指定名称的 JavaBean 实例。若找到，则创建一个指向该 JavaBean 实例对象的变量；若未找到，则在该 scope 中创建一个名为 name、类型为 classname 的 JavaBean。

当在 JSP 文件中采用 useBean 动作标签创建一个 JavaBean 实例后，使用 setProperty 动作标签设置 JavaBean 的属性值，具体语法格式如下：

```
<jsp:setProperty name="beanName" property= "*"    |
property="propertyName"    |
property="propertyName" param="parameterName"    |
property="propertyName" value="{ string | <%= expression %>}" />
```

其中：name = "beanname"是必选属性。其值为 JavaBean 的实例名，即实例的 id；property 可以通过 4 种不同的方法来指定属性的信息。

(1) property = "*"。这是一种设置 JavaBean 属性的快捷方式，在 JavaBean 中，属性的名称、类型必须和 request 对象中的参数名称相匹配。如果 request 对象的属性值中有空值，那么对应的 JavaBean 属性将不会设置任何值。同样，如果 JavaBean 中有一个属性没有与之对应的 request 参数值，那么这个属性同样不会设置任何值。使用 property = "*"，JavaBean 的属性不用按 HTML 表单中的顺序排序。

(2) property = "propertyName"。使用 request 中的一个参数值来指定 JavaBean 中的一个属性值。这里，property 指定为 JavaBean 的属性名，而且 JavaBean 属性和 request 参数的名称应相同。如果 request 对象的参数值中有空值，那么对应的 JavaBean 属性将不会被设定任何值。

(3) property = "propertyName" param = "parameterName"。当 JavaBean 属性的名称和 request 中参数的名称不同时可以使用这个方法。param 指定 request 中的参数名。如果 request 对象的参数值中有空值，那么对应的 JavaBean 属性将不会被设定任何值。

(4) property = "propertyName" value = "propertyValue"。value 是一个可选属性，它使用指定的值来设定 JavaBean 的属性。如果参数值为空，那么对应的属性值也不会被设定。不能在一个<jsp:setProperty>中同时使用 param 和 value。

当要获取 JavaBean 的属性值时，可以使用 getProperty 动作标签，具体语法格式如下：

<jsp:getProperty name = "beanName" property = "propertyName"/>

其中：name 是必选属性，其值为 JavaBean 的实例名；property 也是一个必选属性，其值为 JavaBean 的属性名。

下面编写 PersonBeanTest.jsp 文件，在 JSP 页面中声明了有效范围为 page 的 JavaBean 实例"person"，并通过表单由用户设置 person 的属性值，然后运用 getProperty 获取属性值，并在页面中进行显示。具体代码如下：

PersonBeanTest.jsp

```jsp
<%@ page language="java" contentType="text/html; charset=UTF-8"
        pageEncoding="UTF-8" %>
<% request.setCharacterEncoding("utf-8"); //对请求的中文乱码处理 %>
<!DOCTYPE html>
<!--下面代码在 JSP 中通过 useBean 动作标签引入一个 id 为 person，Java 类为 PersonBean
的 Bean 实例-->
<jsp:useBean id="person" class="beans.PersonBean" scope="page"/>
<!--下一行代码利用表单 beanTest 中用户输入的值为 person 设置属性值 -->
<jsp:setProperty name="person" property="*"/>
<html>
<head>
    <title>测试 JavaBean PersonBean</title>
</head>
<body>
姓名：<jsp:getProperty name="person" property="name"/><br>
<!--获取 person 的属性 name 的属性值 -->
婚否：<jsp:getProperty name="person" property="married"/><br>
<!--获取 person 的属性 married 的属性值 -->
<!-- 下面创建的表单 beanTest 让用户输入信息，为名为 person 的 JavaBean 提供属性值 -->
<form name="beanTest" method="post" action="PersonBeanTest.jsp">
    输入姓名：<input type="text" name="name" size="50"><br>
    选择婚否：<select name="married">
    <option value="false">Single</option>
    <option value="true">Married</option>
</select> <input type="submit" value="测试 Bean">
</form>
</body>
</html>
```

PersonBeanTest.jsp 的运行结果如图 8-16 所示，此时名为 person 的 JavaBean 的 name 属性值为空，married 属性值为默认值 false；当在表单中填入相关信息并单击"Test the Bean"按钮后，将显示如图 8-17 所示的 person 的相关属性值。

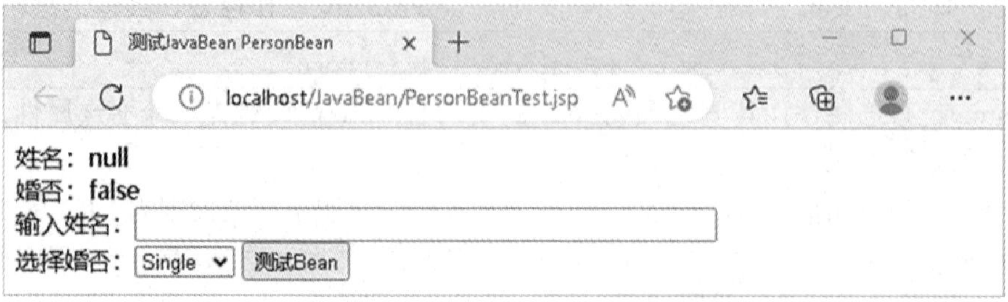

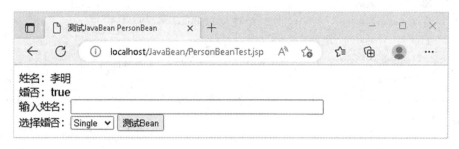

图 8-16 PersonBeanTest 的首次运行结果

姓名：李明
婚否：true
输入姓名：
选择婚否： Single ∨ 测试Bean

图 8-17 PersonBeanTest 设置属性值后的运行结果

思 考 题

1. 简述 JSP 的运行原理，比较 JSP 和 Servlet 各自的优缺点。

2. JSP 的生命周期包含哪儿个阶段？

3. JSP 的声明有什么作用？

4. JSP 的注释有哪些，这些注释有什么区别？

5. JSP 的 page 指令有什么作用？

6. JSP 的指令标签和动作标签的区别是什么？

7. 比较 include 指令和 include 动作在用法上的区别。

8. 什么是 JavaBean？JavaBean 的编码规则有哪些？

9. 在 JSP 中如何使用 JavaBean？为 JavaBean 设置属性值的方法有哪些？如何获取
JavaBean 的属性值？

第 9 章　JSP 隐式对象

学习提示

JavaBean 技术可以显式定义可复用的对象以使开发过程和代码更加清晰，而 JavaWeb 开发过程中还有很多共性的需求也需要使用可复用的对象来完成。JSP 提供了 9 个不需要显式定义的隐式对象，用于获取客户端的请求、向客户端发送响应以及记录与客户端的对话等，进一步简化了 Java Web 的开发过程。学习 JSP 隐式对象时需要充分了解它们本身的类型(Servlet 相关的类)以及它们的作用域。本章将详细介绍每个隐式对象的属性、方法和使用实例。

9.1　JSP 隐式对象概述

JSP 隐式对象(Implicit Objects)是 Servlet 容器为每个页面提供的一组 Java 对象，它们是在 JSP 页面执行过程中自动实例化并提供给 JSP 页面使用的。JSP 隐式对象也被称为隐藏对象、隐含对象、内置对象、内建对象等。

JSP 隐式对象是由 Servlet 容器直接生成和管理的，不同对象分别为 Servlet 相关类的实例，由 Servlet 容器对其进行了默认初始化，因此不需要在 JSP 页面中额外编写隐式对象的声明代码就可直接使用。

JSP 中有 9 个隐式对象，其对象名称、功能描述、对象类型和作用域如表 9-1 所示。

表 9-1　JSP 隐式对象列表

对象名称	功 能 描 述	对 象 类 型	作用域
out	输出对象，用于发送信息给客户端，如 HTML 页面、XML 文档等	jakarta.servlet.jsp.JspWriter	page
request	封装客户端的请求信息，用于接收客户端传递过来的所有参数	jakarta.servlet.ServletRequest	request
response	表示服务器对客户端的响应，用于向客户端发送 HTTP 响应	jakarta.servlet.ServletResponse	page
session	表示客户和服务器之间的一次会话，用于保存用户的会话信息	jakarta.servlet.http.HttpSession	session

续表

对象名称	功 能 描 述	对 象 类 型	作用域
application	表示服务器 Web 应用本身，用于访问 Web 应用的一些属性信息	jakarta.servlet.ServletContext	application
exception	用于处理 JSP 页面的异常信息	java.lang.Throwable	page
config	用于访问当前 JSP 所在的 Web 应用的配置	jakarta.servlet.ServletConfig	page
page	代表 JSP 页面本身，本质上就是当前 Servlet 实例的 this	jakarta.servlet.http.HttpServlet	page
pageContext	表示 JSP 页面的上下文，用于管理网页的属性	jakarta.servlet.jsp.PageContext	page

9.2　JSP 对象的作用域

在 Java 应用程序中，可以使用访问说明符 public、protected、default 和 private 定义数据可用性。类似地，JSP 技术为显式定义的对象(如 JavaBean 实例对象)或隐式对象的作用域提供了控制方式。对于显式对象，开发者可以通过设定作用域属性规定其在特定范围内被访问。而对于隐式对象，则由 Servlet 容器分别直接规定了它们的作用域。

JSP 提供了 4 种不同时长的作用域，即 page、request、session 和 application，它们之间的关系如图 9-1 所示。

图 9-1　4 种作用域的关系图

下面分别对其具体有效期进行说明。

(1) page：只在当前页面有效。page 作用域由 pageContext 对象管理，page 作用域中的对象存储在隐式对象 pageContext 中，page 作用域中的对象只能从创建它的 JSP 页面中访问。由于 Servlet 容器为每个 JSP 页面创建了一个页面上下文对象(pageContext 对象)，因此每个 JSP 页面都有一个独立的 page 作用域。当页面停止执行时，page 作用域结束。如果我们使用 pageContext 对象在 page 作用域中声明信息，那么该数据的作用域就是 JSP 页面。注意，当用户在执行 JSP 页面并刷新页面时，旧页面中所有 page 作用域中的对象都将被销毁，所有 page 作用域中的对象都将在新页面中生成新的实例。

(2) request：在一次请求周期内有效。所谓请求周期，就是指从 HTTP 请求发起到服务器处理结束返回响应的整个过程。request 作用域由 request 对象管理，每当 Servlet 容器创建 request 对象时，request 作用域就建立了，当 Servlet 容器删除 request 对象时，request 作用域就结束了。如果同一请求涉及多个 JSP 页面，比如使用 forward 动作跳转到其他 JSP 页面，则共享同一 request 对象的页面将属于同一 request 作用域。如果页面的跳转是由于用户在浏览器端点击超链接完成的，那么这种客户端跳转就会生成一个新的 request 对象，与之前的页面不属于同一个 request 作用域。

(3) session：在客户浏览器与服务器一次会话范围内有效。session 作用域由 session 对象管理，session 作用域中的对象存储在隐式对象 session 中。只要会话未过期，所有 JSP 页面都可以使用相同的 session 对象。每当会话过期或直接调用 session.invalidate()后，会话作用域结束，Servlet 容器会为下一个请求页面创建一个新会话。

(4) application：有效范围是整个应用，从 Web 应用启动，到 Web 应用结束。application 作用域由 application 对象维护。每当创建 ServletContext 对象实例(即隐式对象 application)时，application 作用域就开始了，当删除 ServletContext 对象实例时，application 作用域就结束了。通常，当 JSP 容器、Servlet 容器或 Web 服务器关闭时，application 作用域才结束。因此，application 作用域中创建的信息类似于 Java 静态变量，在当前 Web 应用程序的全部范围(跨页面、跨请求、跨用户)都可以访问。

9.3　out 对象

out 对象用于向客户端发送响应信息，它是 jakarta.servlet.jsp.JspWriter 的对象实例，扩展了 java.io.PrintWriter 类的方法。

9.3 演示

作为隐式对象，out 对象可以在 JSP 页面中直接使用，无须实例化。out 对象可以使用 println()或 print()方法将字符串输出到客户端。out 对象可以设置缓冲区大小、清空缓冲区、关闭输出流及刷新缓冲区。out 对象支持设置字符集，可以指定字符编码来支持多种语言的输出。out 对象可以指定输出流的输出位置，比如可以指定输出流输出到文件中。out 对象提供的方法如表 9-2 所示。

表 9-2　out 对象常用方法

方 法 名	说　　明
void print()	将指定内容输出到输出流
void println( )	将指定内容输出到输出流，末尾加上换行符
void newLine( )	输出换行字符
void flush( )	输出缓冲区数据
void close( )	关闭输出流

方 法 名	说 明
void clear( )	清除缓冲区中的数据，但不输出到客户端
void clearBuffer( )	清除缓冲区中的数据，输出到客户端
int getBufferSize( )	获得缓冲区大小
int getRemaining( )	获得缓冲区中没有被占用的空间
boolean isAutoFlush( )	是否自动输出

out 对象的用法示例(out_test.jsp)的代码如下：

```
out_test.jsp

<%@ page language="java" contentType="text/html; charset=UTF-8"
        pageEncoding="UTF-8" %>
<%@page buffer="2kb" %>
<!DOCTYPE html>
<html>
<head>
    <meta charset="UTF-8">
    <title>out 对象示例</title>
</head>
<body>
<h3>out 对象常用方法示例</h3>
<hr>
<%
    for (int i = 0; i < 3; i++)
        out.println(i + "{剩余" + out.getRemaining() + "字节}<br>");
%>
缓冲区大小：<%=out.getBufferSize() + "字节<br>"%>
剩余缓冲区大小：<%=out.getRemaining() + "字节<br>"%>
自动清空缓冲区:<%=out.isAutoFlush()%>
</body>
</html>
```

out_test.jsp 的运行结果如图 9-2 所示。

图 9-2　out 对象用法示例

9.4　request 对象

request 对象封装了客户端的请求，用于获取客户端的请求信息，包括请求头、请求参数、Cookie 等数据，提供了获取这些数据的方法。另外，还可以在 request 的生命周期内设置额外的属性。request 对象的常用方法如表 9-3 所示。

9.4 演示

表 9-3　request 对象的常用方法

方 法 名 称	说　　明
void setAttribute(String, Object)	设置属性的值
Object getAttribute(String)	获取属性的值，若该属性值不存在，则返回 Null
void removeAttribute(String)	删除指定的属性
Enumeration getAttributeNames( )	获取所有属性名称列表
Cookie[] getCookies( )	获取与请求相关的 Cookie 数组
String getCharacterEncoding( )	获取请求的字符编码方式
int getContentLength( )	返回请求正文的长度，若不确定，则返回 -1
String getHeader(String)	获取指定名字报头值
Enumeration getHeaders(String)	获取指定名字报头的所有报头信息
Enumeration getHeaderNames( )	获取所有报头名称的列表
String getMethod( )	获取客户端向服务器端传送数据的方法，如 GET 或 POST 等
String getParameter(String)	获取指定名称的参数值
Enumeration getParameterNames( )	获取所有参数名字列表
String[ ] getParameterValues(String)	获取指定名称的参数值数组
String getProtocol( )	获取客户端向服务器端传送数据的协议名称
String getQueryString( )	获取以 GET 方法向服务器传送的查询字符串
String getRequestURI( )	获取发出请求字符串的客户端地址
String getRemoteAddr( )	获取客户端的 IP 地址
String getRemoteHost( )	获取客户端的主机名字
HttpSession getSession( )	获取和请求相关的会话
String getRequestedSessionId( )	获取客户端的 Session ID
String getServerName( )	获取服务器的名字
String getServletPath( )	获取客户端请求文件的相对路径与文件名
int getServerPort( )	获取服务器的端口号
int getRemotePort( )	获取客户端的主机端口号
void setCharacterEncoding(String)	设定编码格式

request 对象的方法中使用频率最高的是 getParameter(String)方法，它用来获取用户通过表单提交到服务器的参数值。下面的例子中，用户通过 request_input.html 提交的参数值，由 request_test.jsp 获取并显示在客户端的浏览器上。

request_input.html 的具体代码如下：

request_input.html

```html
<!DOCTYPE html>
<html>
<head>
    <meta charset="UTF-8">
    <title>request 对象示例</title>
</head>
<body>
<h2>用户个人信息填写</h2>
<hr>
<form name="user-info" action="request_test.jsp" method="post">
    姓名:<input type="text" size="10" name="name">
    性别：男<input type="radio" value="男" name="gender" checked="checked">
    女<input type="radio" value="女" name="gender"><br/>
    年龄：<input type="text" size="5" name="age">
    个人爱好：<select name="hobbies">
        <option selected value="音乐">音乐</option>
        <option value="绘画">绘画</option>
        <option value="运动">体育</option>
        <option value="读书">读书</option>
    </select><br/>
    <input type="submit" value="提交" name="submit">
    <input type="reset" value="重置" name="reset">
</form>
</body>
</html>
```

根据表单"user-info"的 action 属性可知，页面将跳转到 request_test.jsp。request_test.jsp 的具体代码如下：

request_test.jsp

```jsp
<%@ page language="java" contentType="text/html; charset=UTF-8"
        pageEncoding="UTF-8" %>
<!DOCTYPE html>
<html>
<head>
```

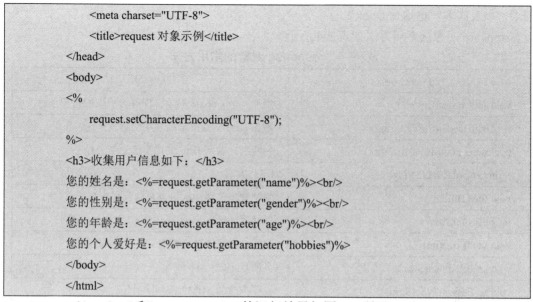

```
            <meta charset="UTF-8">
            <title>request 对象示例</title>
        </head>
        <body>
        <%
            request.setCharacterEncoding("UTF-8");
        %>
        <h3>收集用户信息如下：</h3>
        您的姓名是：<%=request.getParameter("name")%><br/>
        您的性别是：<%=request.getParameter("gender")%><br/>
        您的年龄是：<%=request.getParameter("age")%><br/>
        您的个人爱好是：<%=request.getParameter("hobbies")%>
        </body>
        </html>
```

request_input.html 和 request_test.jsp 的运行结果如图 9-3 所示。

图 9-3　request 对象示例的运行结果

在 request 对象的生命周期内，即一次请求中，可以通过 setAttribute 方法设置属性名和对应的属性值，用 getAttribute 方法可以读取属性值。这两个方法一般与 forward 和 include 动作结合使用。

9.5　response 对象

response 对象是一个与 servlet 响应相关的对象，它表示了 servlet 容器向客户端发送的响应。JSP 中的 response 对象实现了 ServletResponse 接口，它可以让 JSP 程序访问响应的内容类型、字符编码、状态码和头信息，以及发送响应到客户端的输出流。

9.5 演示-1

在 JSP 中很少直接用它来响应客户端的请求，通常采用 out 对象直接输出对客户的响应信息。但 out 对象只能输出字符内容，当需要输出非字符内容(如动态生成图片、PDF 文档)时，必须使用 response 作为响应输出。此外，response 对象还可以重定向请求，以及向客户端增加 Cookie。

response 对象的常用方法如表 9-4 所示。

表 9-4　response 对象的常用方法

方 法 名	说 明
void addCookie(Cookie)	添加一个 Cookie 对象，保存客户端的用户信息
void addHeader(String,String)	添加 Http 文件指定名字头信息
boolean containsHeader(String)	判断指定名字 Http 文件头信息是否存在
String encodeURL(String)	URL 重写
void flushBuffer( )	强制把当前缓冲区内容发送到客户端
int getBufferSize( )	返回缓冲区大小
void sendError(int)	向客户端发送错误信息
void sendRedirect(String)	页面重定向
void setContentType(String)	设置响应的 MIME 类型
void setHeader(String str1,String)	设置指定名字的 Http 文件头信息
void setCharacterEncoding(String)	设置编码格式，如 gb2312 或 UTF-8

当采用 response 对象向客户端输出非字符响应时，可以设置 contentType 的 MIME 类型。常用的 MIME 类型如下：

- text/html：HTML 超文本文件，后缀为 .html；
- text/plain：plain 文本文件，后缀为 .txt；
- application/msword：Word 文档文件，后缀为 .doc；
- application/x-msexcel：Excel 表格文件，后缀为 .xls；
- image/jpeg：jpeg 图像，后缀为 .jpg；
- image/gif：gif 图像，后缀为 .gif。

下面是一个 test.txt 文档的内容：

```
test.txt
英语      数学      语文      物理<BR>
34       79       51       99<BR>
40       89       92       99<BR>
64       99       30       99<BR>
74       56       80       99<BR>
87       97       88       99<BR>
74       65       56       99<BR>
67       75       67       99<BR>
89       77       88       99<BR>
```

使用 response 对象将 MIME 类型设置为“application/x-msexcel”。当浏览器接收到这类信息后，调用系统中的对应软件(Excel)打开这类信息。response_content.jsp 的代码如下：

response_content.jsp

```
<%@ page language="java" contentType="text/html; charset=UTF-8"
        pageEncoding="UTF-8" %>
<!DOCTYPE html>
<html>
<head>
    <meta charset="UTF-8">
    <title>setContentType 用法示例</title>
</head>
<body>
<%
    response.setContentType("application/x-msexcel;charset=UTF-8");
    response.setHeader("Content-Disposition", "inline; filename=excel.xls");
%>
<jsp:include page="test.txt"></jsp:include>
</body>
</html>
```

执行程序后，可以下载或采用 Excel 直接打开该文档，显示效果如图 9-4 所示。

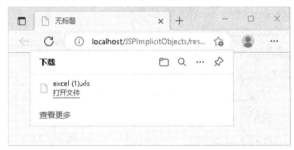

图 9-4　Excel 文件下载的提示

response 对象的另外一个重要功能是使用 sendRedirect 方法完成页面重定向，即生成一个新的请求。重定向的过程中，客户端的 URL 地址会发生变化，而且会丢失重定向之前的所有请求参数和 request 作用域的属性。因此，sendRedirect 方法与 forward 动作有很大的差异。可以更简单地理解为 forward 动作使得两个 JSP 页面(或 Servlet)在服务器端内部跳转，这一过程不通知客户端；sendRedirect 方法是通知客户端准备跳转的 URL 地址，然后由客户端发起请求完成新的页面显示，因此浏览器地址栏上可以看到 URL 的变化。因此，如果页面重定向发生在不同的 Web 服务器上，就只能使用 sendRedirect 方法，比如由电商支付页面跳转到银行网站的页面。具体的示例代码如下：

```
<%
    String url = "http://www.example.com";
    response.sendRedirect(url);
%>
```

使用 response 对象的 addCookie 方法可以向客户端增加 Cookie，但客户端浏览器必须支持 Cookie。在增加 Cookie 之前，必须先创建 Cookie 对象，具体步骤如下：

(1) 创建 Cookie 实例；

(2) 设置 Cookie 的有效期，单位为秒；

(3) 向客户端写 Cookie。

在下面的例子 response_addCookie.jsp 中，向客户端写入两个 Cookie，一个名为 username，另一个名为 age。具体代码如下：

response_addCookie.jsp

```jsp
<%@ page language="java" contentType="text/html; charset=UTF-8"
         pageEncoding="UTF-8" %>
<!DOCTYPE html>
<html>
<head>
    <meta charset="UTF-8">
    <title>增加 Cookie</title>
</head>
<body>
姓名：<%=request.getParameter("username")%><br>
年龄：<%=request.getParameter("age")%>
<%
    String username = request.getParameter("username");
    String age = request.getParameter("age");
    Cookie c1 = new Cookie("username", username);
    Cookie c2 = new Cookie("age", age);
    //设置 Cookie 对象 c1 和 c2 的有效期为 24×3600 秒，即 24 小时
    c1.setMaxAge(24 * 3600);
    c2.setMaxAge(24 * 3600);
    response.addCookie(c1);
    response.addCookie(c2);
%>
</body>
</html>
```

9.5 演示-2

为测试简单起见，可以直接在地址栏中输入：

http://localhost/JSPImplicitObjects/response_addCookie.jsp?username=张三&age=20

执行该页面后，Tomcat 服务器会向客户端写入两个 Cookie，它们的有效期为 24h。在有效期内，这两个 Cookie 会一直存在客户端的硬盘上。同时，代码运行后在浏览器上的显示如图 9-5 所示。

图 9-5 添加 Cookie 的执行结果

然后，通过调用 request 对象的 getCookies( )方法，能够以数组的方式获取客户端存储的所有 Cookie。get_Cookie.jsp 文件读取并显示 Cookies 的名字和值，具体代码如下：

get_Cookie.jsp

```jsp
<%@ page language="java" contentType="text/html; charset=UTF-8"
        pageEncoding="UTF-8" %>
<!DOCTYPE html>
<html>
<head>
    <meta charset="UTF-8">
    <title>获取 Cookie</title>
</head>
<body>
<%
    Cookie[] cookies = request.getCookies();
    for (Cookie c : cookies) {
        out.println(c.getName() + " " + c.getValue() + "<br>");
    }
%>
</body>
</html>
```

get_Cookie.jsp 的运行结果如图 9-6 所示。在图中第一行显示的是客户端和服务器之间建立的 session 的 ID，在下一节中将会对 session 对象进行详述。

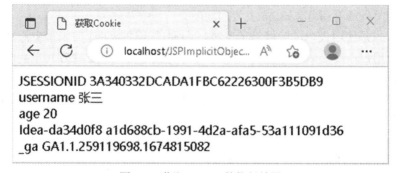

图 9-6 获取 Cookie 的执行结果

在一些浏览器环境中 Cookie 值不允许出现中文字符，如果出现这种问题，则可以借助于 java.net.URLEncoder 先对中文字符进行编码，将编码后的结果设为 Cookie 值。

9.6   session 对象

session 对象代表了一次会话，它的生命周期从用户开始访问网站到用户离开网站为止。session 对象可以帮助用户保存状态信息或者管理一个会话中的数据，如用户名、用户的偏好等。从一个客户打开浏览器并连接到服务器开始，到客户关闭浏览器离开这个服务器结束，被称为一个会话。当一个客户访问一个服务器时，可能会在这个服务器的几个页面之间反复连接，反复

9.6 演示

刷新一个页面，服务器应当通过某种办法知道这是同一个客户，这就需要用到 session 对象。

根据 Web 服务器的设置，通常 session 默认有效期是 30 分钟，若超过这个时间客户端没有再与服务器交互，则会产生 session 过期并销毁 session 对象。设置修改 session 有效期的方法包括：

(1) 在 Tomcat 中的 web.xml 中配置 session 的超时时间，单位为分钟，如下：

```
<session-config>
    <session-timeout>60</session-timeout>
</session-config>
```

(2) 通过 Java 代码设定，设置单位为秒，设置为 –1 则表示永不过期：

```
session.setMaxInactiveInterval（30*60）
```

session 对象采用 ID 号加以标识。session ID 号可以存放在 Cookie 中。但是要注意，浏览器是可以选择将 Cookie 进行人为禁止的，所以就必须要有其他的机制可以保证 cookie 禁止的状态下仍然可以发送 session ID 到服务器。实践中经常采用的方式是 URL 重写，例如：

```
http://……jsp? ……&jsessionid=PnrF7OK3vjC2HByFD75a
```

即在所有的请求地址后面需要添加这些 session ID 信息，但对于 HTML 静态页面则无法使用这种方式，另外还会引起 session 失效的问题。

另一种方式是使用表单的隐藏域的功能，即通过在动态生成的表单中添加一个隐藏字段，就可以让用户在提交表单时把 session ID 传回服务器。但这种方式也会涉及所有的动态页面，比较烦琐。

总之，如果无法使用 Cookie，则需要采用其他方式保存 session ID，以便完成 session 对象的任务。

由于 session 对象存在过期问题，因此存储在 session 中的属性名称、属性值会在一定时间后失去，因此，编程时尽量避免将大量有效信息存储在 session 中。

session 对象的常用方法如表 9-5 所示。

表 9-5　session 对象的常用方法

方 法 名	说　明
Object getAttribute(String)	获取指定名字的属性值，如果不存在，则返回 null
Enumberation getAttributeNames( )	获取 session 中全部属性名称的一个枚举
long getCreationTime( )	返回 session 的创建时间
String getId( )	获取 session 的 ID
long getLastAccessedTime( )	返回 session 用户最后发送请求的时间
long getMaxInactiveInterval( )	返回 session 处于不活动状态的最大时间间隔
void invalidate( )	销毁 session 对象，服务器端将释放该 session 对象占用的资源
boolean isNew( )	判断是否为新建的对象
void removeAttribute(String)	删除指定名字的属性
void setAttribute(String,Object)	设定指定名字的属性值

下面使用 session 对象实现了属性的保存和获取，session_test.jsp 代码如下：

session_test.jsp

```jsp
<%@ page contentType="text/html;charset=UTF-8" language="java" %>
<html>
<head>
    <title>使用 session 对象</title>
</head>
<body>
<%
    //获取 session 对象
    session = request.getSession();
    if (session.isNew()) {
        //如果是新的 session，则将数据存放在 session 中
        session.setAttribute("name", "张三");
        session.setAttribute("age", 20);
        session.setAttribute("gender", "男");
    }
%>
用户名是：<%=session.getAttribute("name") %><br/>
年龄是：<%=session.getAttribute("age") %><br/>
性别是：<%=session.getAttribute("gender") %>
</body>
</html>
```

使用 session 对象的运行结果如图 9-7 所示。

图 9-7　使用 session 对象的运行结果

9.7　application 对象

application 对象是一个可以让 JSP 页面访问应用程序全局资源的对象。服务器启动后就产生 application 对象，当客户在所访问网站的各个页面之间浏览时，这个 application 对象都是同一个，直到服务器关闭。但是与 session 不同的是，所有客户所访问的 application 对象都是同一个对象。application 对象中主要保存全局信息，例如当前的在线人数等。

9.7 演示

application 对象的常用方法如表 9-6 所示。

表 9-6　application 对象的常用方法

方 法 名 称	说　　明
Object getAttribute(String)	获取 application 对象中指定名字的属性值
Enumberation getAttributeNames( )	获取 application 对象中所有属性名字的一个枚举
int getMajorVersion( )	返回容器的主版本号
int getMinorVersion( )	返回容器的次版本号
String getServletInfo( )	返回 Servlet 编译器的当前版本信息
String getRealPath(String)	返回 str 所指 path 的本地物理路径
void setAttribute(String,Object)	设置 application 对象中指定名字的属性值
void removeAttribute(String)	移除 str 所指属性
void log(String)	将 str 的内容写入 log 文件

下面的示例 application_test.jsp 对站点在线人数进行了统计，根据 session 判断是否一个新的客户，并把在线人数的统计值以属性的形式存储在 application 对象中。这样所有访问该服务器的客户就可以共享该属性。application_test.jsp 代码如下：

```
application_test.jsp
<%@ page contentType="text/html;charset=UTF-8" language="java" %>
<html>
```

```
<head>
    <title>网站用户计数器</title>
</head>
<body>
<%
    if (session.isNew()) {//判断是否是新的用户(刷新时 session 不会变,所以不进行累加)
        Integer number = (Integer) application.getAttribute("count");
        if (number == null) {
            number = Integer.valueOf(1);
        } else {
            number = Integer.valueOf(number.intValue() + 1);
        }
        application.setAttribute("count", number);
    }
%>
您是第<%=(Integer) application.getAttribute("count") %>个访问该网站的用户
</body>
</html>
```

上述代码运行时刷新页面不会进行累加，当关闭浏览器重新运行时会产生新的会话，于是就会再次累加结果，如图 9-8 所示。

图 9-8　网站用户计数器的运行结果

9.8　page 对象

page 对象是当前 JSP 页面本身的一个实例，page 对象在当前 JSP 页面中可以用 this 关键字来替代。在 JSP 页面的 Java 程序片和 JSP 表达式中可以使用 page 对象。该对象不经常使用，其包含的方法如表 9-7 所示。

9.8 演示

表 9-7　page 对象的常用方法

方 法 名	描　　述
Class getClass()	获得对象运行时的类
int hashCode()	获得该对象的哈希码值
ServletConfig getServletConfig()	返回当前页面的一个 ServletConfig 对象

方　法　名	描　　述
ServletContext getServletContext()	返回当前页面的一个 ServletContext 对象
String getServletInfo()	获取当前 JSP 页面的 Info 属性
HttpSession getSession()	获取当前的 session 对象

注意：如果直接通过 page 对象来调用方法，就只能调用 Object 类中的那些方法。下面的示例 page_test.jsp 解释了 page 对象部分方法的应用，具体代码如下：

page_test.jsp

```
<%@ page language="java" contentType="text/html; charset=UTF-8"
        pageEncoding="UTF-8" %>
<!DOCTYPE html>
<html>
<head>
    <meta charset="UTF-8">
    <title>page 对象示例</title>
</head>
<body>
<h2>page 对象方法举例</h2>
<hr>
<%
    out.println("JSP 文件的类型是：" + "<br>" + page.getClass() + "<p>");
    out.println("page 对象的哈希码值是：" + "<br>" + this.hashCode() + "<p>");
    out.println("page 对象的 Servlet 信息是：" + "<br>" + this.getServletInfo() + "<p>");
%>
</body>
</html>
```

page_test.jsp 的运行结果如图 9-9 所示。

图 9-9　page_test.jsp 的运行结果

9.9 pageContext 对象

pageContext 对象封装 JSP 页面的内容和信息，包括 ServletContext、ServletConfig、HttpSession、HttpServletRequest 等对象实例。pageContext 对象的常用方法如表 9-8 所示。

9.9 演示

表 9-8　pageContext 对象的常用方法

方　法　名	说　　　明
void forward(String)	重定向到另一页面或 Servlet 组件
Object getAttribute(String,int)	获取某范围中指定名字的属性值
Object findAttribute(String)	按范围搜索指定名字的属性
void removeAttribute(String,int)	删除某范围中指定名字的属性
void setAttribute(String,Object,int)	设定某范围中指定名字的属性值
Exception getException( )	返回当前异常对象
ServletRequest getRequest( )	返回当前请求对象
ServletResponse getResponse( )	返回当前响应对象
ServletConfig getServletConfig( )	返回当前页面的 ServletConfig 对象
ServletContext getServletContext( )	返回所有页面共享的 ServletContext 对象
HttpSession getSession( )	返回当前页面的会话对象

下面的例子演示了 pageContext 对象的使用过程，pageContext_test.jsp 的具体代码如下：

pageContext_test.jsp

```jsp
<%@ page contentType="text/html;charset=UTF-8" language="java" %>
<html>
<head>
    <title>pageContext 示例</title>
</head>
<body>
使用 pageContext 对象读取 session，并向 session 绑定两个属性：
<br>
<%
    String username = "张三";
    String password = "12345";
    HttpSession mySession = pageContext.getSession();
    mySession.setAttribute("username", username);
```

```
        mySession.setAttribute("password", password);
        out.println("Session bind username:" + session.getAttribute("username") + "<br>");
        out.println("Session bind password:" + session.getAttribute("password") + "<br>");
%>
<hr>
用 pageContext 对象直接添加 application 范围内的属性，并读取该值：
<br>
<%
        pageContext.setAttribute("School", "大学南路实验小学", PageContext.APPLICATION_
SCOPE);
        out.println(pageContext.getAttribute("School",    PageContext.APPLICATION_SCOPE)    +
"<br>");
%>
也可以用 application 对象直接读取该属性值:
<%=application.getAttribute("School")%>
</body>
</html>
```

page Context_test.jsp 的运行结果如图 9-10 所示。

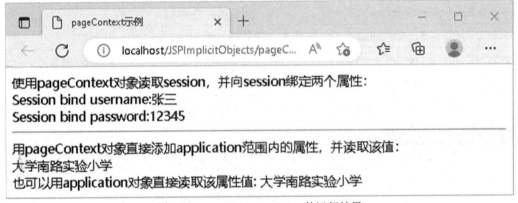

图 9-10   pageContext_test.jsp 的运行结果

9.10   config 对象

config 对象是 jakarta.servlet.ServletConfig 的一个实例，可以访问当前网站配置信息。如果在 web.xml 文件中针对某个 Servlet 文件或 JSP 文件设置了初始化参数，则可以通过 config 对象来获取这些初始化参数。该对象的常用方法如表 9-9 所示。

9.10 演示

表 9-9　config 对象的常用方法

方 法 名	描　述
String getInitParameter(String)	根据指定的初始化参数名称获取对应的参数值
Enumeration getInitParameterNames( )	获取所有的初始化参数名称
ServletContext getServletContext( )	返回一个 ServletContext 接口的对象
String getServletName( )	获取当前 Servlet 对象的名称

下面的示例说明了 config 对象如何获取 Servlet 的相关信息，config_test.jsp 代码如下：

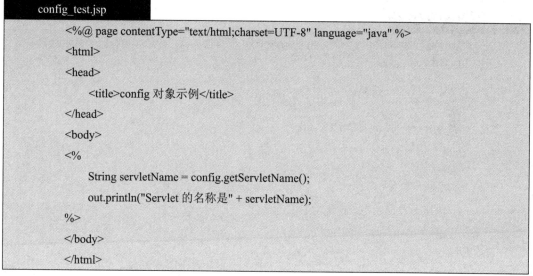

config_test.jsp

```
<%@ page contentType="text/html;charset=UTF-8" language="java" %>
<html>
<head>
    <title>config 对象示例</title>
</head>
<body>
<%
    String servletName = config.getServletName();
    out.println("Servlet 的名称是" + servletName);
%>
</body>
</html>
```

config_test.jsp 的运行结果如图 9-11 所示。

图 9-11　config_test.jsp 的运行结果

9.11　exception 对象

exception 是异常类对象，用来发现、捕获和处理异常。它是 JSP 文件运行异常时产生的对象，当 JSP 文件运行时如果有异常发生，则抛出异常，该异常只能被设置为<%@ page isErrorPage = "true" %>的 JSP 页面捕获。

JSP 异常是在 JSP 执行过程中发生的错误，它们可能是由于 JSP 页面的执行错误，或者由于页面中 JavaBean 的使用不当而引起的。JSP 异常是从

9.11 演示

Servlet API 中继承的 Throwable 子类。

exception 对象的常用方法如表 9-10 所示。

表 9-10　exception 对象的常用方法

方 法 名 称	说　　　明
String getMessage()	获取异常信息
void printStackTrace(PrintWriter)	输出异常的堆栈信息

下面两个页面 exception_test.jsp 和 error.jsp 解释了 exception 对象的具体使用方法。
except-ion_test.jsp 的代码如下：

exception_test.jsp

```jsp
<%@ page contentType="text/html;charset=UTF-8" language="java" errorPage="error.jsp" %>
<!DOCTYPE html>
<html>
<head>
    <title>exception 对象示例</title>
</head>
<body>
<%
    //制造一个数字格式异常
    int i = Integer.parseInt("test");
%>
</body>
</html>
```

error.jsp 的代码如下：

error.jsp

```jsp
<%@ page import="java.io.PrintWriter" %>
<%@ page contentType="text/html;charset=UTF-8" language="java" isErrorPage="true" %>
<!DOCTYPE html>
<html>
<head>
    <meta charset="UTF-8">
    <title>捕获 exception 对象</title>
</head>
<body>
捕捉到如下异常：<br/>
<%
    out.println(exception.getMessage() + "<br>");
    out.println("异常的堆栈信息为：<br>");
    exception.printStackTrace(new PrintWriter(out));
```

```
%>
</body>
</html>
```

当浏览器访问 exception_test.jsp 时，由于出现数字格式异常，错误信息会被 error.jsp 捕获，显示结果如图 9-12 所示。

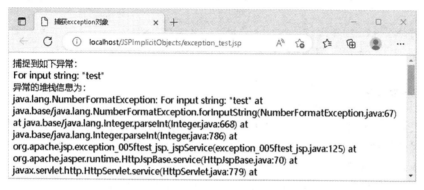

图 9-12　error.jsp 的运行结果

思　考　题

1. 什么是 JSP 隐式对象？列举常见的 JSP 隐式对象，并简述它们的作用。
2. 试从作用域和功能这两方面对 JSP 的隐式对象进行比较和分析。
3. 请求转发和重定向有哪些区别？
4. session 和 Cookie 有哪些区别？
5. 如果浏览器已关闭了 Cookies，那么在 JSP 中如何打开 session 来跟踪？
6. request 对象和 session 对象的区别是什么？在什么情况下使用它们？
7. JSP 中如何获取请求参数？如何在 JSP 中设置响应头信息？
8. request 对象中的 getParameter()方法和 getAttribute()方法有什么区别？
9. application 对象有什么特点？它和 session 对象有什么联系和区别？

第 10 章　EL 表达式与 JSTL 标签库

学习提示

　　使用表达式语言 EL 可以轻松地从 JSP 页面中访问 JavaBean 对象、隐式对象等，通过编写表达式轻松地获取或设置各种对象的属性值。EL 表达式语言还支持复杂的表达式，从而显著简化了 JSP 编程。

　　同样，JSP 标签库 JSTL 是用于控制 JSP 页面行为的一套标签库。使用 JSTL 技术也可以使 JSP 页面变得更易于维护和管理，加快页面开发速度，减少代码量并提高可重用性。

　　EL 与 JSTL 都使得 Java Web 开发技术进一步工程化，以适应企业级网站的构建需求。同时，这种工程化的思想也为前后端分离的开发模式奠定了基础。

10.1　表达式语言概况

10.1.1　EL 的基本语法

　　表达式语言(Expression Language，EL)是 JSP 2.0 规范中的一部分，用于在 JSP 页面中以更简单和更紧凑的方法来操作 JavaBean 或隐式对象等服务器端对象。EL 表达式可以用于访问 JavaBean、数组、集合和映射中的属性。EL 表达式支持变量，并允许开发人员使用用于操作的算术表达式和比较表达式，以及用于实现调用方法的特殊表达式。

10.1 演示

　　EL 表达式语法很简单，它以 "${" 开头，以 "}" 结束，中间为合法的表达式，具体的语法格式如下：

```
${expression}
```

其中 expression 参数用于指定要输出的内容，可以是字符串，也可以是由 EL 运算符组成的表达式。

　　在 EL 表达式中要输出一个字符串，可以将此字符串放在一对单引号或双引号内。例如：

```
${'这是使用 EL 单引号输出的字符串'}<br/>
```

```
${"这是使用 EL 双引号输出的字符串"}<br/>
```

EL 表达式支持算术运算、比较运算、逻辑运算等。其中，算术运算符的使用方式如表 10-1 所示。在使用 EL 进行除法运算时，如果 0 作为除数，则返回无穷大 Infinity，而不返回错误。比较运算符的使用方式如表 10-2 所示，逻辑运算符的使用方式如表 10-3 所示。

表 10-1　EL 算术运算符

EL 算术运算符	说明	例　子	结　果
+	加法	${8+5}	13
−	减法	${8−5}	3
*	乘法	${8*5}	40
/或 div	除法	${8/5} 或 ${8 div 5}	1.6
%或 mod	取模	${8%5} 或 ${8 mod 5}	3

表 10-2　EL 比较运算符

EL 比较运算符	说明	例　子	结　果
== 或 eq	等于	${5==5} 或 ${5 eq 5}	true
!= 或 ne	不等于	${5!=5} 或 ${5 ne 5}	false
< 或 lt	小于	${5<8} 或 ${5 lt 8}	true
> 或 gt	大于	${5>8} 或 ${5 gt 8}	false
<= 或 le	小于等于	${5<=8} 或 ${5 le 8}	true
>= 或 ge	大于等于	${5>=8} 或 ${5 ge 8}	false

表 10-3　EL 逻辑运算符

EL 逻辑运算符	说明	例　子	结　果
&& 或 and	与	${8>5 && 8<5 } 或 ${8>5 and 8<5}	false
|| 或 or	或	${8<5 || 8>5} 或 ${8<5 or 8>5}	true
! 或 not	非	${!(8>5)} 或 ${not (8>5)}	false

在 EL 表达式中也可以使用与 Java 语言完全一致的条件运算符：

```
${condition ? consequent : alternative}
```

其中，condition 表达式用于指定一个判定条件，该表达式的结果为 boolean 类型。如果该表达式的运算结果为 true，则返回 consequent 表达式的值；反之，则返回 alternative 表达式的值。

虽然 EL 已经是一项成熟、标准的技术，只要 Web 服务器支持 JSP 2.0 标准，就可以在 JSP 页面中直接使用 EL，但由于在 JSP 2.0 以前版本中没有 EL，因此为了和以前的规范兼容，有些开发环境自动生成的项目可能禁用了 EL。如果在使用 EL 时，其内容没有被正确解析，而是直接将 EL 内容原样显示到页面中(包括$和{})，则说明 EL 被禁用了。

在使用 IDEA 创建 Maven webapp 工程时，Maven 自动导入的 web.xml 文件的头如下：

```
<!DOCTYPE web-app PUBLIC
  "-//Sun Microsystems, Inc.//DTD Web Application 2.3//EN"
    "http://java.sun.com/dtd/web-app_2_3.dtd" >
<web-app>
```

```
    <display-name>……</display-name>
  </web-app>
```

这个 web-app_2_3 版本会默认设置为忽略 EL 表达式，故而会禁用 EL 表达式。解决的方法有以下两种：

方法之一是将文件头修改如下：

web.xml

```
<?xml version="1.0" encoding="UTF-8"?>
<web-app xmlns="https://jakarta.ee/xml/ns/jakartaee"
        xmlns:xsi="http://www.w3.org/2001/XMLSchema-instance"
        xsi:schemaLocation="https://jakarta.ee/xml/ns/jakartaee
           https://jakarta.ee/xml/ns/jakartaee/web-app_6_0.xsd"
        version="6.0">

</web-app>
```

其中，version="6.0"为 web-app 的版本(也就是 Servlet 规范版本)。2.5 版本以上即可支持 EL 表达式，3.1 版本以上可以支持 EL 3.0 规范，5.0 及以上版本则是基于 Jakarta EE，需要对应兼容的 Web 平台。而不同版本 Web 服务器对 web-app 版本的支持也是不同的。因此如果使用 Tomcat 8，则推荐使用 3.1 版本；如果使用 Tomcat 9，则推荐使用 4.0 版本；如果使用 Tomcat 10 以上，则推荐使用 6.0 版本。除了直接修改 web.xml 文件，还可以使用 IDEA 提供的工具协助生成相应的文件。如图 10-1 所示，在 Project Structure 的 Facets 中删除旧版本并选择添加新版本的 web.xml 文件，单击"Apply"按钮后即可。

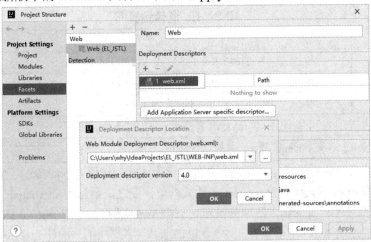

图 10-1　使用 IDEA 工具协助生成 web.xml 文件

方法之二是在 JSP 文件的开头添加如下 page 指令，但这只会允许本 JSP 页面使用 EL：

```
<%@ page isELIgnored="false" %>
```

如果要禁用单个 EL 表达式，则可以在 EL 表达式前加"\"，如\${1+2}，这一页面将输入\${1+2}。

ELTest.jsp 文件中为 EL 基本语法的实例代码，验证了 EL 表达式的使用，也通过转义符"\"禁用了部分 EL 表达式，其代码如下：

```
ELTest.jsp

<%@ page contentType="text/html;charset=UTF-8" language="java" %>
<html>
<head>
    <title>EL 测试</title>
</head>
<body>
<h3>输出字符串</h3>
${'这是使用 EL 单引号输出的字符串'}<br/>
${"这是使用 EL 双引号输出的字符串"}<br/>
<h3>EL 算术运算符</h3>
\${8+5}=${8+5}     \${8-5}=${8-5}    
\${8*5}=${8*5}     \${8/5}=${8/5}     \${8%5}=${8%5}
<h3>EL 比较运算符</h3>
\${5==5}=${5==5}     \${5!=5}=${5!=5}    
\${5<8}=${5<8}     \${5>8}=${5>8}    
\${5<=8}=${5<=8}     \${5>=8}=${5>=8}
<h3>EL 逻辑运算符</h3>
\${8>5 && 8<5}=${8>5 && 8<5}    
\${8<5 || 8>5}=${8<5 || 8>5}    
\${!(8>5)}=${!(8>5)}
<h3>EL 条件运算符</h3>
\${1>2 ? "1 大于 2" : "1 不大于 2"}=${1>2 ? "1 大于 2" : "1 不大于 2"}
</body>
</html>
```

ELTest.jsp 运行结果如图 10-2 所示。

图 10-2　ELTest.jsp 运行结果

同 Java 一样，EL 也有自己的保留关键字。在使用 EL 时，也要注意避开 EL 的保留字，以免程序编译时发生错误。EL 表达式的保留字如下所示：

lt	le	gt	ge	eq	ne	true	false
and	or	not	null	div	mod	empty	instanceof

10.1.2　获取对象属性的值

通过 EL 提供的"[ ]"和"."运算符可以访问对象数据。通常情况下，"[ ]"和"."运算符是等价的，可以相互代替。

EL 点号操作符"."表达式一般由两部分组成，如${person.name}，其中在点号操作符左边可以是一个 JavaBean 对象，也可以是 EL 隐式对象，点号右边可以是 JavaBean 属性，也可以是一个映射键。

为对比学习，这里继续使用之前编写的 PersonBean.java 文件定义 JavaBean。之前是通过 PersonBeanTest.jsp 文件来使用 JavaBean，其中获取对象属性取值的语句如下：

```
姓名：<jsp:getProperty name="person" property="name"/><br>
婚否：<jsp:getProperty name="person" property="married"/><br>
```

通过修改这两行代码就可以实现通过 EL 获取对象属性的值：

```
姓名：${person.name}<br>
婚否：${person.married}<br>
```

通过对比可以看出，在获取和使用对象属性值的方面，EL 表达式更为方便简洁。另外，通过"[ ]"操作符也可以完成相同的操作，代码如下：

```
姓名：${person["name"]}<br>
婚否：${person["married"]}<br>
```

与前面的例子相同，也需要在文件开头添加<%@ page isELIgnored="false" %>或修改 web.xml 以确保打开 EL 功能。

在 EL 中，判断对象是否为空，可以通过 empty 运算符实现，该运算符是一个前缀运算符（prefix），用来确定一个对象或变量是否为空(null)。empty 运算符的语法如下：

```
${empty expression}
```

其中，expression 用于指定要判断的变量或对象，比如：

```
${empty user1}    <!—如果 user1 为空，则返回值为 true   -->
${not empty user2}    <!-- 如果 user2 为空，则返回值为 false   -->
```

10.1.3　获取集合的值

"[ ]"和"."并不是所有情况都可以相互替代。例如，当对象的属性名中包括一些特殊的符号(-或.)时，就只能使用"[ ]"运算符来访问对象的属性。例如，${userInfo["user-id"]}是正确的，而 ${userInfo.user-id} 则是错误的。另外，EL 的"[ ]"运算符还有一个用途，就是用来获取数组或者集合中的数据。EL"[ ]"运算符可以获取 Array、List、Map 中的元素。MapELTest.jsp 文件展示了"[ ]"运算符获取 Map 信息的方式，代码如下：

MapELTest.jsp

```
<%@ page contentType="text/html;charset=UTF-8" language="java" %>
<%@ page import="java.util.Map" %>
<%@ page import="java.util.HashMap" %>
<!DOCTYPE html>
<html>
<head>
    <title>测试 EL Map 访问</title>
</head>
<body>
<%
    Map<String, Object> map = new HashMap<String, Object>();
    map.put("1-003", "张三");
    map.put("1-004", "李四");
    map.put("1-005", "王五");
    pageContext.setAttribute("mapData", map);
%>
${mapData["1-003"]} <br>
${mapData["1-004"]} <br>
${mapData["1-005"]} <br>
</body>
</html>
```

另外，EL 配合 JSTL 还可以完成更复杂的集合操作，如遍历、查找、排序等。

10.2　EL 隐式对象

10.2.1　EL 隐式对象简况

在 EL 表达式中可以使用 11 个 EL 隐式对象，而无须任何显式声明，从而为 JSP 编程提供了方便。这 11 个隐式对象可以分为 5 大类：JSP 隐式对象(pageContext)、作用域隐式对象、参数隐式对象、头部隐式对象和初始化参数隐式对象。

只有一个 EL 隐式对象是 JSP 隐式对象，这就是 pageContext 隐式对象，对应于 jakarta.servlet.jsp.PageContext 类型。实际上它与同名的 JSP 隐式对象就是同一个对象。其余的 EL 隐式对象都是 java.util.Map 类型(映射类型)，它们只是提供了更简洁的途径来访问 pageContext 隐式对象的某些性质。

EL 提供的 11 个隐式对象的简要说明如表 10-4 所示。

表 10-4　EL 中的 11 个隐式对象

隐式对象	类　型	说　明
pageContext	PageContextImpl	用于访问 JSP 隐式对象，包括 request、response、out、session、exception、page 等，但不能用于获取 application、config 对象
pageScope	Map<String,Object>	用于返回包括 page 范围内的属性值的集合
requestScope	Map<String,Object>	用于返回包括 request 范围内的属性值的集合
sessionScope	Map<String,Object>	用于返回包括 session 范围内的属性值的集合
applicationScope	Map<String,Object>	用于返回包括 application 范围内的属性值的集合
param	Map<String,Object>	用于获取请求参数的值，应用在只有一个参数的情况
paramValues	Map<String,Object>	用于当请求参数名对应多个值时获取参数的结果
header	Map<String,Object>	用于获取 HTTP 请求的一个具体的 header 的值
headerValues	Map<String,Object>	在同一个 header 拥有多个不同的值的情况，用于获取 HTTP 请求的一个具体的 header 的值
initParam	Map<String,Object>	用于获取在 web.xml 中配置的<context-param>上下文参数
cookie	Map<String,Object>	用于获取当前请求的 Cookie 信息

10.2.2　pageContext 隐式对象

pageContext 隐式对象可以访问服务器端数据，并将它们添加到 Web 页面上以显示给用户。pageContext 对象包括 request、response、out、session、exception、page 等一系列的属性，这些属性对应了 JSP 的隐式对象。另外，pageContext 对象还包含 servletContext 属性。因此，pageContext 隐式对象提供了在客户端和服务器端之间进行数据交换的简单的方法。

1. 访问 request 对象

若需通过 pageContext 获取 JSP 隐式对象中的 request 对象，则可以使用下面的语句：

```
${pageContext.request}
```

取到 request 对象后，就可以通过该对象获取与客户端相关的信息。例如，HTTP 报头信息、客户信息提交方式、客户端主机 IP 地址、端口号等。例如，通过访问 serverPort 获取收到请求的端口号。代码如下：

```
${pageContext.request.serverPort}
```

这句代码将返回端口号 8080 或 80 等。

需要注意的是，如果要获取 request 范围内的变量，则不可以通过 pageContext.request 的方式来访问，而是通过直接使用变量名称实现，代码如下：

```
<%
    request.setAttribute("studentName","张三");
%>
```

```
${studentName}
```

2. 访问 response 对象

若需通过 pageContext 获取 JSP 隐式对象中的 response 对象，则可以使用下面的语句：

```
${pageContext.response}
```

获取到 response 对象后，就可以通过该对象的属性获取与响应相关的信息，代码如下：

```
${pageContext.response.contentType}
```

这句代码将返回响应的内容类型，比如 text/html;charset=UTF-8。

3. 访问 out 对象

若需通过 pageContext 获取 JSP 隐式对象中的 out 对象，则可以使用下面的语句：

```
${pageContext.out}
```

获取到 out 对象后，就可以通过该对象的属性获取与输出相关的信息，代码如下：

```
${pageContext.out.bufferSize}
```

这句代码将返回输出缓冲区的大小，比如 8192。

4. 访问 session 对象

若需通过 pageContext 获取 JSP 隐式对象中的 session 对象，则可以使用下面的语句：

```
${pageContext.session}
```

获取到 session 对象后，就可以通过该对象的属性获取与 session 相关的信息，代码如下：

```
${pageContext.session.maxInactiveInterval}
```

这句代码将返回 session 的有效时间，比如 1800(秒)。

5. 访问 exception 对象

若需通过 pageContext 获取 JSP 隐式对象中的 exception 对象，则可以使用下面的语句：

```
${pageContext.exception}
```

获取到 exception 对象后，就可以通过该对象获取 JSP 页面的异常信息。在使用该对象时，也需要在可能出现错误的页面中指定错误处理页面，并且在错误处理页面中指定 page 指令的 isErrorPage 属性值为 true，代码如下：

```
${pageContext.exception.message}
```

这句代码将返回异常信息字符串。

6. 访问 page 对象

若需通过 pageContext 获取 JSP 隐式对象中的 page 对象，则可以使用下面的语句：

```
${pageContext.page}
```

获取到 page 对象后，就可以通过该对象获取当前页面的类。这句代码将返回当前页面的类，比如 org.apache.jsp.ELTest_jsp@1fc91ed5。

7. 访问 servletContext 对象

若需通过 pageContext 获取 JSP 隐式对象中的 servletContext 对象，则可以使用下面的语句：

```
${pageContext.servletContext}
```

获取到 servletContext 对象后，就可以通过该对象的属性获取 servlet 上下文信息，代码如下：

```
${pageContext.servletContext.contextPath}
```

这句代码将返回当前页面的上下文路径，比如/ELTest。

10.2.3　作用域隐式对象

如果不显式地说明要访问对象的作用域，则 JSP 容器将按照默认的顺序，即 page、request、session 及 application 来查找相应的对象。如果要显式地规定作用域的范围，则需要调用作用域隐式对象。在 EL 中共有 4 个作用域隐式对象，分别为 pageScope、requestScope、sessionScope 和 applicationScope。这些隐式对象都是 java.util.Map 类型(映射类型)，利用它们可以很容易地访问作用域属性。

1. 访问 pageScope 对象

pageScope 对象可以用于访问当前 JSP 页面中的变量和属性，例如：

```
<% pageContext.setAttribute("studentName","张三"); %>
${pageScope.studentName}
```

2. requestScope 隐式对象

requestScope 对象可以把当前请求的所有参数和属性以键值对的形式存储在 Map 中，例如：

```
<% request.setAttribute("studentName","张三"); %>
${requestScope.studentName}
```

3. sessionScope 隐式对象

sessionScope 对象用于存储和检索在会话范围内的对象，例如：

```
<% session.setAttribute("studentName","张三"); %>
${sessionScope.studentName}
```

4. applicationScope 隐式对象

applicationScope 对象表示的是一个应用程序范围的对象，它可以在整个应用程序中共享，例如：

```
<% application.setAttribute("studentName","张三");%>
${applicationScope.studentName}
```

10.2.4　环境信息隐式对象

EL 中提供了 6 个访问环境信息的隐式对象，包括 param、paramValues、header、headerValues、initParam 和 cookie 对象。

1. param 和 paramValues 隐式对象

param 和 paramValues 是参数访问隐式对象，可以用来访问客户端表单提交的参数。其中，param 用于访问单值参数，paramValues 用于访问包含多个值的参数。

param 对象可以通过${param.paramName}的表达式形式指定 paramName 参数，返回结果为字符串。例如，在客户端的<form>表单中放置一个名称为 name 的文本框：

```
<input type="text" name="studentName"/>
```

当表单提交后，获取 studentName 文本框的值。

```
${param.studentName}
```

paramValues 对象表示一组参数值，可以是任何类型的 Java 对象，包括字符串、数字、布尔值、对象、数组等。例如，在客户端的<form>表单中放置一个名称为 interests 的复选框组。

```
<input type = "checkbox" name = "cities" value="北京"    />北京
<input type = "checkbox" name = "cities" value="上海"    />上海
<input type = "checkbox" name = "cities" value="西安"    />西安
```

当表单提交后，获取 cities 复选框组的值。

```
${paramValues.cities[0]}
${paramValues.cities[1]}
${paramValues.cities[2]}
```

注意：在应用 param 和 paramValues 隐式对象时，如果指定的参数不存在，则返回空字符串，而不是返回 null。

2. header 和 headerValues 隐式对象

header 和 headerValues 对象提供了可以访问客户端发送的 HTTP 请求头的能力。header 对象包含 HTTP 请求头名称和 HTTP 请求头的值。例如，以下代码获取了 header 的 connection 属性以显示是否需要持久连接：

```
${header.connection}
```

输出结果：keep-alive。如果要获取 header 的 user-agent 属性，则必须使用 "[ ]" 运算符：

```
${header["user-agent"]}
```

输出结果：Mozilla/5.0 (Windows NT 10.0; Win64; x64) AppleWebKit/537.36 (KHTML, like Gecko) Chrome/110.0.0.0 Safari/537.36 Edg/110.0.1587.50。

headerValues 对象也是映射类型，但它可以保存可能出现多次的 HTTP 请求头的值。如果同一个 header 拥有多个不同的值，就必须使用 headerValues 隐式对象。

3. initParam 隐式对象

initParam 对象用于获取 Web 应用初始化参数的值，初始化参数的值一般都在 web.xml 中设置。可以通过给定的参数名称和参数值进行初始化。一旦初始化，该参数的值就不能被更改，但可以通过使用 initParam 对象来查询参数值。例如，在 web.xml 文件中设置一个初始化参数 studentName：

```
<context-param>
        <param-name>studentName</param-name>
        <param-value>张三</param-value>
</context-param>
```

使用 initParam 隐式对象获取初始化参数 studentName 的值：

```
${initParam.studentName}
```

输出结果：张三。

4．cookie 隐式对象

cookie 隐式对象可以访问 cookie 中的数据和 cookie 的有效期，代码如下：

```
${cookie.studentName}
${cookie.maxAge}
```

10.3　JSTL 标签库

10.3.1　JSTL 概况

JSP 标准标签库(JSP Standarded Tag Library，JSTL)是一个 JSP 标签集合，它封装了 JSP 应用的通用核心功能。JSTL 支持通用的、结构化的任务，比如迭代、条件判断、XML 文档操作、国际化、数据库访问等。开发人员可以利用这些标签取代 JSP 页面上烦琐的 Java 代码，从而提高程序的可读性，降低程序的维护难度。

10.3 演示

如果使用 Maven 创建项目，则需要在 pom.xml 文件中增加相应依赖以获得 JSTL 功能。对于 Tomcat 10 及更高版本，依赖描述如下：

```
<dependency>
    <groupId>jakarta.servlet.jsp.jstl</groupId>
    <artifactId>jakarta.servlet.jsp.jstl-api</artifactId>
    <version>3.0.0</version>
</dependency>
<dependency>
    <groupId>org.glassfish.web</groupId>
    <artifactId>jakarta.servlet.jsp.jstl</artifactId>
    <version>3.0.1</version>
</dependency>
```

对于 Tomcat 9 及更低版本，依赖描述如下：

```
<dependency>
    <groupId>javax.servlet.jsp.jstl</groupId>
    <artifactId>jstl</artifactId>
    <version>1.2</version>
</dependency>
```

```
<dependency>
    <groupId>javax.servlet.jsp.jstl</groupId>
    <artifactId>jstl-api</artifactId>
    <version>1.2</version>
</dependency>
```

根据 JSTL 标签所提供的功能，可以将其分为 5 个类别，包括核心标签库、格式标签库、XML 标签库、SQL 标签库和函数标签库。实践中核心标签库、格式标签库和函数标签库使用较多，因此下文主要讨论这几个库的具体用法。

10.3.2 核心标签库——Core

JSTL 核心标签库(Core)包含用于执行基本操作的标记，如变量声明、循环迭代、条件判断、打印输出、异常处理等。在 JSP 页面使用 Core 标签前要使用 taglib 指令指定引用的标签库，并给出前缀(Core 标签库通常设置为"c")，如下：

```
<%@ taglib prefix="c" uri="http://java.sun.com/jsp/jstl/core" %>
```

下面介绍核心标签库中常用标签的具体使用方法。

1. <c:set>标签

<c:set>标签用于在 JSP 中声明作用域变量，可以分别在 var 和 value 属性中声明变量的名称及其值。示例如下：

```
<c:set value="JSTL 核心标签示例" var="abc"/>
```

2. <c:remove>标签

<c:remove>标签删除作用域变量，相当于为变量赋值 null。示例如下：

```
<c:remove var="abc"/>
```

3. <c:out>标签

<c:out>用于显示变量或隐式对象中包含的值，它有 3 个属性：value、default 和 escapeXML，其中 value 属性即为要输出的内容。示例如下：

```
<c:out value="${abc}"/>
```

4. <c:if>标签

<c:if>是一个条件标签，仅在其测试属性求值为 true 时显示或执行内部代码。示例在 <c:catch>标签中介绍。

5. <c:catch>标签

<c:catch>标签捕获其外壳内引发的任何异常。如果抛出异常，则其值存储在该标记的 var 属性中。

```
<c:catch var ="exceptionThrown">
    <% int x = Integer.valueOf("a");%>
</c:catch>
```

为了检查是否抛出异常，这里使用<c:if>标签，示例如下：

```
<c:if test = "${exceptionThrown != null}">
    <p>The exception is : ${exceptionThrown} <br />
        There is an exception: ${exceptionThrown.message}
    </p>
</c:if>
```

6. <c:choose>、<c:when>和<c:otherwise>标签

<c:choose>是一个父标签，用于执行类似 Java 中的 switch case 语句。它有两个子标签<c:when>和<c:otherwise>。<c:when>获取一个测试属性，该属性保存要计算的表达式。<c:otherwise>一般是最后一个分支，在没有任何<c:when>语句符合条件时执行。示例如下：

```
<c:choose>
    <c:when test="${param.score >= 90}">
        优秀
    </c:when>
    <c:when test="${param.score >= 80 && param.score <90}">
        良好
    </c:when>
    <c:when test="${param.score >= 60 && param.score <80}">
        一般
    </c:when>
    <c:otherwise>
        不及格
    </c:otherwise>
</c:choose>
```

7. <c:import>标签

<c:import>标签处理从 URL 路径获取的信息。示例如下：

```
<c:import var = "data" url = "http://www.example.com"/>
```

8. <c:forEach>标签

<c:forEach>标签类似于 Java 的 for、while 或 do while 语法。items 属性保存要迭代的数组或集合，begin 和 end 属性分别保存开始索引和结束索引，而 step 属性用于控制每次迭代的索引增量。示例如下：

```
<c:forEach var="i" items="1,3,5,7,2,4,6,8">
    <c:out value="集合信息：${i}"/><br/>
</c:forEach>
```

9. <c:forTokens>标签

<c:forTokens>标签用于将字符串拆分为集合并对其进行迭代。类似于<c:forEach>标签，它有一个 items 属性，另一个 delims 属性是字符串的分隔符。示例如下：

```
<c:forTokens items="张三:李四:王五:赵六" delims=":" var="name">
    <c:out value="名字: ${name}"/><br/>
</c:forTokens>
```

10. <c:url>和<c:param>标签

<c:url>标签可以生成带参数的 URL 地址字符串，格式化的 URL 存储在 var 属性中。<c:url>的<c:param>子标签用于指定 URL 参数。示例如下：

```
<c:url value = "/JSTLTest.jsp" var = "myURL">
    <c:param name = "score" value = "88"/>
</c:url>
<a href="${myURL}">点击这个链接</a>
```

11. <c:redirect>标签

<c:redirect>标签执行 URL 重写，并将用户重定向到其 URL 属性中指定的页面。示例如下：

```
<c:redirect url="/ELTest.jsp"/>
```

10.3.3　格式化标签库——Formatting

JSTL 格式化标签库(Formatting)提供了方便的方式来格式化文本、数字、日期、时间和其他变量，以便用指定的格式在网页中显示。在 JSP 页面使用 Formatting 标签前要使用 taglib 指令指定引用的标签库，并给出前缀(Formatting 标签库通常设置为"fmt")，如下：

```
<%@ taglib prefix="fmt" uri="http://java.sun.com/jsp/jstl/fmt" %>
```

下面介绍格式化标签库中常用标签的具体使用方法。

1. <fmt:formatDate>标签

<fmt:formatDate>标签用来格式化日期或时间，value 属性指定要格式化的日期，type 属性取值为 date、time 或 both。pattern 属性可以指定所需的格式化模式。timeZone 指定了时区，这一功能也可使用<fmt:timeZone>和<fmt:setTimeZone>标签批量实现。示例如下：

```
<c:set var="now" value="<%=new java.util.Date()%>"/>
日期格式化 (1): <fmt:formatDate type="time" value="${now}"/>
日期格式化 (2): <fmt:formatDate type="date" value="${now}"/>
日期格式化 (3): <fmt:formatDate type="both" value="${now}"/>
日期格式化 (4): <fmt:formatDate pattern="yyyy-MM-dd" value="${now}"/>
日期格式化 (5): <fmt:formatDate type="both" value="${now}" timeZone="Asia/Jakarta"/>
```

2. <fmt:parseDate>标签

<fmt:parseDate>标签解析日期，类似于<fmt:formatDate>标签。但不同之处在于，使用<fmt:parseDate>标签可以指定解析器以 pattern 的模式读取 value 中的数据进行解析，并将结果记录到 var 的变量中。示例如下：

```
<fmt:parseDate value="18-10-2024" var="parsedEmpDate" pattern="dd-MM-yyyy"/>
```

```
解析后的日期为: <c:out value="${parsedEmpDate}"/><br/>
```

3. <fmt:setLocale>标签

<fmt:setLocale>标签用于设置此标签之后的语言区域，这一设置会影响货币等数据的显示方式。示例如下：

```
<fmt:setLocale value="en_US"/>
<fmt:setLocale value="fr_FR"/>
```

4. <fmt:formatNumber>标签

<fmt:formatNumber>标签处理以特定模式或精度呈现的数字。type 属性取值可以是 number、currency 或 percentage 之一，分别对应数字、货币或百分比。maxIntegerDigits 属性和 minIntegerDigits 属性指定整数的长度，超过 maxIntegerDigits 所指定的最大值的数字将会被截断。minFractionalDigits 和 maxFractionalDigits 属性指定小数点后的位数。groupingIsUsed 属性指定是否在每 3 个数字中插入一个逗号。pattern 属性设置在对数字编码时包含指定的字符。示例如下：

```
<c:set var="salary" value="123456.789"/>
格式 1: <fmt:formatNumber type="number" pattern="###.###E0" value="${salary}"/>
格式 2:<fmt:formatNumber type="number" maxIntegerDigits="3" value="${salary}"/>
格式 3:<fmt:formatNumber type="number" maxFractionDigits="2" value="${salary}"/>
格式 4:<fmt:formatNumber type="number" groupingUsed="false" value="${salary}"/>
格式 5:<fmt:formatNumber type="percent" minFractionDigits="10" value="${salary}"/>
格式 6:<fmt:formatNumber value="${salary}" type="currency"/>
<fmt:setLocale value="en_US"/>
格式 7:<fmt:formatNumber value="${salary}" type="currency"/>
```

5. <fmt:parseNumber>标签

<fmt:parseNumber>标签类似于<fmt:formatNumber>标签。但不同之处在于，使用<fmt: parseNumber>标签可以指定解析器以 pattern 的模式读取 value 中的数据进行解析，并将结果记录到 var 的变量中。integerOnly 属性指定是否只解析其中的整型部分(即取整)。示例如下：

```
<fmt:parseNumber var="i" type="number" value="${salary}"/>
数字解析 1: <c:out value="${i}"/><br/>
<fmt:parseNumber var="i" integerOnly="true" type="number" value="${salary}"/>
数字解析 2: <c:out value="${i}"/><br/>
```

6. <requestEncoding>标签

<requestEncoding>标签用来指定返回给 Web 应用程序的表单编码类型，在处理中文乱码的问题时非常有用，功能类似于<% request.setCharacterEncoding("utf-8");%>的设置方式。示例如下：

```
<fmt:requestEncoding value="UTF-8" />
```

7. <fmt:bundle>和<fmt:message>标签

<fmt:bundle>标记是<fmt:message>标记的父标记，<fmt:bundle>标签可以指定资源，和<fmt:message>标签配合可以对软件进行国际化开发。

10.3.4　函数标签库——Functions

JSTL 函数(或称方法)是 JSP 中数据操作的实用工具，其中多数函数是用于字符串操作。在 JSP 页面使用 Functions 标签前要使用 taglib 指令指定引用的标签库，并给出前缀(Functions 标签库通常设置为 "fn")，如下：

```
<%@ taglib prefix="fn" uri="http://java.sun.com/jsp/jstl/functions" %>
```

下面介绍函数标签库中常用标签的具体使用方法。

1. length 函数

length 函数返回给定集合中的元素数或给定字符串中的字符数。示例如下：

```
字符串中的字符数：${fn:length("ABCDEF")}<br/>
```

2. contains 和 containsIgnoreCase 函数

contains 函数对 String 求值，以检查它是否包含给定的子字符串。contains 函数有两个 String 参数，第一个是源字符串，第二个是子字符串，返回值为布尔型。与 contains 不同的是，containsIgnoreCase 函数在比对时不区分大小写。示例如下：

```
<c:set var="str" value="ABCDEF"/>
<c:if test="${fn:contains(str, 'ABC')}">
    在${str}中找到 ABC 子串，区分大小写<br/>
</c:if>
<c:if test="${fn:containsIgnoreCase(str, 'abc')}">
    在${str}中找到 abc 子串，不区分大小写<br/>
</c:if>
```

3. startsWith 函数

startsWith 函数可以检查其前缀是否与另一个子字符串匹配。函数的第一个参数是要测试的字符串，而第二个参数是前缀。示例如下：

```
<c:if test="${fn:startsWith('ABCDEF', 'ABC')}">
    字符串 ABCDEF 是以 ABC 开头的。<br/>
</c:if>
```

4. endsWith 函数

endsWith 函数可以检查其后缀是否与另一个子字符串匹配。函数的第一个参数是要测试的字符串，而第二个参数是后缀。示例如下：

```
<c:if test="${fn:endsWith('ABCDEF', 'DEF')}">
    字符串 ABCDEF 是以 DEF 结尾的。<br/>
</c:if>
```

5. escapeXml 函数

escapeXml 函数用于直接输出 XML 字符串，可以用于在网页中输出 HTML 的标签字符串(而不是被解析为标签)。示例如下：

```
${fn:escapeXml("<h1>ABC</h1>")}<br/>
```

6. indexOf 函数

indexOf 函数返回给定子字符串第一次出现的位置索引。函数的第一个参数是要测试的字符串，而第二个参数是子字符串。示例如下：

```
子串位置：${fn:indexOf('ABCDEF', 'DEF')}<br/>
```

7. split 与 join 函数

split 函数使用指定的分隔符将字符串拆分为字符串数组。join 函数将数组的所有元素连接到一个字符串中，各字符串中间放置连接符。示例如下：

```
<c:set var="string1" value="www.abc.com"/>
<c:set var="string2" value="${fn:split(string1, '.')}" />
<c:set var="string3" value="${fn:join(string2, '-')}" />
字符串转换为：${string3}<br/>
```

8. replace 函数

replace 函数可以用一个字符串替换另一个字符串中的所有匹配的子字符串，函数的 3 个参数分别是源字符串、要在源中匹配的子字符串和用来替换的字符串。示例如下：

```
字符串转换为：${fn:replace('ABCDEF', 'ABC', '一二三')}<br/>
```

9. substring 函数

substring 函数可以获取子字符串，即根据起止索引值从源字符串中截取出子字符串。示例如下：

```
子字符串为：${fn:substring('ABCDEF', 2, 4)}<br/>
```

10. substringAfter 与 substringBefore 函数

substringAfter 函数是在源字符串中查找指定的子字符串，并返回子字符串之后的部分。相反，substringBefore 函数是返回之前的部分。示例如下：

```
CD 之后的字符串：${fn:substringAfter('ABCDEF', 'CD')}<br/>
CD 之前的字符串：${fn:substringBefore('ABCDEF', 'CD')}<br/>
```

11. toLowerCase 与 toUpperCase 函数

toLowerCase 函数将字符串中的所有字符转换为小写，toUpperCase 函数将字符串中的所有字符转换为大写。示例如下：

```
转为小写：${fn:toLowerCase('ABCdef')}<br/>
转为大写：${fn:toUpperCase('ABCdef')}<br/>
```

12. trim 函数

trim 函数的作用是删除字符串前后的空格。示例如下：

去掉前后的空格：${fn:trim('　　ABCDEF　　')}

10.4　EL 与 JSTL 综合应用实例

本节讨论的实例虽然简单，但为了逐渐适应软件工程的需要，该实例将从需求分析、设计、编码、测试等环节展开描述。由于这个实例功能较为简单，各环节也都进行了相应的简化，因此希望读者能以小见大、举一反三。

10.4.1　需求描述

如表 10-5 所示，有多个产品的信息需要显示。每个产品都包括唯一的编号、名称和单价信息。虽然目前的需求比较单一，但未来，产品的数据可能来自数据库，产品的信息也可能会扩展到更多维度，因此在设计时应当考虑扩展的需求。

表 10-5　数据内容表

编　号	名　称	单　价
001	苹果	¥2.80
002	西瓜	¥1.10
003	葡萄	¥4.50
004	菠萝	¥5.30

10.4.2　设计思路

从面向对象软件工程的角度，本小节所讨论的实例系统应该包含 3 个类，其一为产品类，其二为产品集合类，其三为负责显示的界面类。不同的类负责不同层面的工作，这样便于未来的功能扩展以应对进一步的需求。

产品类命名为 SKU。SKU 即存货单位(Stock Keeping Unit)，是库存进出计量的基本单元。SKU 是物流管理的一个常用的方法，简单地说，一款产品就是系统中的一个 SKU，均对应有唯一的 SKU 号。而即使是同一种产品的不同型号(如不同颜色)，也会对应不同的 SKU，因此 SKU 也被称作最小存货单位。

产品集合类命名为 SKUListBean，主要的功能是构建 SKU 的集合，并通过 Bean 的方式为 JSP 展示提供数据。

负责显示的界面类为 JSP 文件，用表格的方式显示产品集合类中的所有产品。

用 UML 类图描述 3 个类之间的关系，如图 10-3 所示。

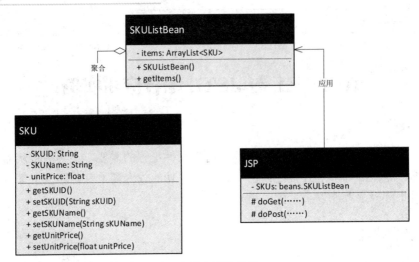

图 10-3　3 个类之间的关系

10.4.3　类编码

SKU 类为一般的 Java 类(并非 JavaBean)，其中数据成员都是 private，同时通过 set 和 get 方法构建对应的 public 属性，代码如下：

10.4.3 演示

SKU.java

```java
package beans;
public class SKU {
    private String SKUID;          // 保存商品 ID
    private String SKUName;        // 保存商品名称
    private float unitPrice;       // 保存商品单价
    public SKU(String SKUID, String SKUName, float unitPrice) {
        this.SKUID = SKUID;
        this.SKUName = SKUName;
        this.unitPrice = unitPrice;
    }
    public String getSKUID() {  return SKUID;  }
    public void setSKUID(String sKUID) {  SKUID = sKUID;  }
    public String getSKUName() {    return SKUName;   }
    public void setSKUName(String sKUName) {     SKUName = sKUName;   }
    public float getUnitPrice() {      return unitPrice; }
    public void setUnitPrice(float unitPrice) {     this.unitPrice = unitPrice;   }
}
```

SKUListBean 类是典型的 JavaBean，其目的是形成 SKU 集合并为 JSP 提供数据。ArrayList<SKU>类型采用了泛型方式，表示由 SKU 类型构成的数组列表，形成的数据成员 items 是代码的核心。SKUListBean.java 代码如下：

SKUListBean.java

```java
package beans;
import java.io.Serializable;
import java.util.ArrayList;

public class SKUListBean implements Serializable {
    private static final long serialVersionUID = 1L;
    private ArrayList<SKU> items = null;
    public ArrayList<SKU> getItems() {
        return items;
    }
    public SKUListBean() {
        items = new ArrayList<SKU>();
        items.add(new SKU("001", "苹果", 2.8f)); // 保存商品到 goodslist 集合对象中
        items.add(new SKU("002", "西瓜", 1.1f)); // 保存商品到 goodslist 集合对象中
        items.add(new SKU("003", "葡萄", 4.5f)); // 保存商品到 goodslist 集合对象中
        items.add(new SKU("004", "菠萝", 5.3f)); // 保存商品到 goodslist 集合对象中
    }
}
```

10.4.4　单元测试

单元测试是一种专注于软件系统的单个组件或对象的软件测试，用于验证软件的每个单元是否按预期工作并满足要求。单元测试通常由开发人员执行，在代码作为一个整体进行集成和测试之前，在开发过程的早期执行。单元测试旨在验证尽可能小的代码单元，如函数或方法，并将其与系统的其他部分隔离进行测试。这使开发人员能够在开发过程的早期快速识别和修复问题，从而提高软件的整体质量，并减少后期测试所需的时间。

对于一个组件或对象的测试可以使用另一个专门开发的类来完成，当然此类中需要包含 main 方法，实现方式可以参考前文中用于测试 PersonBean 类的代码 TestPersionBean.java。采用这种方式的缺点主要是不能把测试代码从正式代码中分离出来，也无法方便地显示出测试结果和期望结果的差别。而使用专门的单元测试工具则具有一系列优点，包括：测试代码与正式代码有效的分离有助于软件项目的管理；可以方便地确保单个方法正常运行和修改后的进一步测试；测试代码本身就可以作为示例代码，帮助测试人员进行调试工作；单元测试工具可以自动化运行所有测试并反馈测试报告。

JUnit 是一个 Java 语言单元测试的常用工具，是编写可重复测试的简单实用框架，是用于单元测试框架的 xUnit 体系结构的一个实例，包括 IDEA、Eclipse 等许多 Java 的开发环境都已经集成了 JUnit 作为单元测试的工具。

如要使用 JUnit 作为测试工具，首先需要确保 pom.xml 中包含对应的依赖声明，代码如下：

```xml
<dependency>
    <groupId>org.junit.jupiter</groupId>
    <artifactId>junit-jupiter</artifactId>
    <version>RELEASE</version>
    <scope>test</scope>
</dependency>
```

相关代码也可以通过 IDEA 中提供的功能自动添加。

以 SKU 类的单元测试为例，在 SKU 类的代码窗口中按快捷键 Alt + Insert，选择 Test，选择测试类的配置参数，如图 10-4 所示。

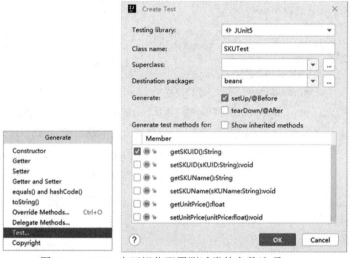

图 10-4   IDEA 中可视化配置测试类的参数选项

可视化生成的测试类 SKUTest 保存在 test\java\beans 目录中。测试代码中具有@Test 注解的方法即为待测试的方法(如 getSKUID)，使用@BeforeEach 注解的方法将在@Test 方法执行前自动执行(如 setUp)。程序员可以在已形成的代码框架中添加测试的逻辑，包括初始化相关的对象，通过断言来检查输出结果是否正确等。SKUTest.java 代码如下：

SKUTest.java

```java
package beans;
import org.junit.jupiter.api.BeforeEach;
import org.junit.jupiter.api.Test;
import static org.junit.jupiter.api.Assertions.assertEquals;
class SKUTest {
    private SKU item;
    @BeforeEach
    void setUp() {    item = new SKU("001", "苹果", 2.8f);    }
    @Test
    void getSKUID() {    assertEquals("001", item.getSKUID());    }
}
```

上述代码中使用了一个断言 assertEquals，它是 JUnit 提供的辅助方法，用于帮助确定被测代码是否工作正常。如果代码如期工作，则断言什么都不反馈(没有消息就是好消息)；如果代码不能如期工作，则会提示错误。例如，将上述断言中的"001"改为"002"，则显示如图 10-5 所示的内容。

```
⊗ Tests failed: 1 of 1 test – 23 ms

"C:\Program Files\Java\jdk-17.0.5\bin\java.exe" ...

org.opentest4j.AssertionFailedError:
Expected :002
Actual   :001
<Click to see difference>


⊞ <6 internal lines>
⊞    at beans.SKUTest.getSKUID(SKUTest.java:18) <31 internal lines>
⊞    at java.base/java.util.ArrayList.forEach(ArrayList.java:1511) <9 internal lines>
⊞    at java.base/java.util.ArrayList.forEach(ArrayList.java:1511) <28 internal lines>


Process finished with exit code -1
```

图 10-5　单元测试中显示断言出错

SKUListBean 类的单元测试代码 SKUListBeanTest.java 如下：

SKUListBeanTest.java

```java
package beans;
import org.junit.jupiter.api.BeforeEach;
import org.junit.jupiter.api.Test;
import java.util.ArrayList;
class SKUListBeanTest {
    private SKUListBean list;
    @BeforeEach
    void setUp() {    list = new SKUListBean();    }
    @Test
    void showList() {
        ArrayList<SKU> skulist = list.getItems();
        for (SKU single : skulist) {
            System.out.print(single.getSKUID() + "\t");
            System.out.print(single.getSKUName() + "\t");
            System.out.println(single.getUnitPrice());
        }
    }
}
```

SKUListBean 类的单元测试结果如图 10-6 所示。

```
✔ Tests passed: 1 of 1 test – 19 ms

"C:\Program Files\Java\jdk-17.0.5\bin\java.exe" ...
001 苹果 2.8
002 西瓜 1.1
003 葡萄 4.5
004 菠萝 5.3

Process finished with exit code 0
```

图 10-6   SKUListBean 类的单元测试结果

10.4.5 集成验证

为说明 EL 与 JSTL 的功能，我们可以设计使用和不使用 EL 与 JSTL 的两种 JSP 代码，以便对比它们的不同。首先是不使用 JSTL 与 EL 的版本 SKUListTest.jsp，其中使用 SKUs.getItems()获取所有 SKU 集合，然后使用 for 语句循环显示多个 SKU 的信息，每个信息都使用 get 方法获得，代码如下：

10.4.5 演示

SKUListTest.jsp

```jsp
<%@ page contentType="text/html;charset=UTF-8" language="java" %>
<%@ page import="beans.*" %>
<jsp:useBean id="SKUs" class="beans.SKUListBean" scope="page"/>

<!DOCTYPE html>
<html>
<head>
    <title>测试 SKUList</title>
</head>
<body>
<h3>商品列表</h3>
<table border="1">
    <tr>
        <td>编号</td>
        <td>名称</td>
        <td>单价</td>
    </tr>
    <%
        for (SKU row : SKUs.getItems()) {
    %>
    <tr>
        <td><%=row.getSKUID()%>
        </td>
```

```
            <td><%=row.getSKUName()%>
            </td>
            <td><%=row.getUnitPrice()%>
            </td>
        </tr>
        <%
            }
        %>
    </table>
    </body>
    </html>
```

其次是使用 JSTL 与 EL 的版本 SKUListTestJSTL.jsp，其中使用${SKUs.items}获取所有 SKU 集合，然后使用 c:forEach 循环显示多个 SKU 的信息，每个信息都是使用属性的方式获得，代码如下：

SKUListTestJSTL.jsp

```
<%@ page contentType="text/html;charset=UTF-8" language="java" %>
<jsp:useBean id="SKUs" class="beans.SKUListBean" scope="session"/>
<%@ taglib prefix="c" uri="http://java.sun.com/jsp/jstl/core" %>
<%@ taglib prefix="fmt" uri="http://java.sun.com/jsp/jstl/fmt" %>
<!DOCTYPE html>
<html>
<head>
    <title>测试 JSTL SKUList</title>
</head>
<body>
<h3>商品列表</h3>
<table border="1">
    <tr>
        <td>编号</td>
        <td>名称</td>
        <td>单价</td>
    </tr>
    <c:forEach var="row" items="${SKUs.items}">
        <tr>
            <td>${row.SKUID}</td>
            <td>${row.SKUName}</td>
            <td><fmt:formatNumber value="${row.unitPrice}" type="currency"/></td>
```

```
                </tr>
            </c:forEach>
        </table>
    </body>
</html>
```

可以看出，使用 EL 与 JSTL 技术的代码更为简洁清晰，在代码量较大时优势会更加明显。不论使用还是不使用 EL 与 JSTL 技术，两种 JSP 代码的运行结果都是一样的，如图 10-7 所示。

图 10-7　数据展示效果

思 考 题

1. EL 表达式中如何获取对象属性的值？
2. EL 表达式中如何获取集合的值？
3. EL 表达式中有哪些隐式对象，分别有什么作用？
4. EL 表达式中，param 和 requestScope 有什么区别？
5. EL 表达式中可以使用哪些关键字和特殊字符？它们有什么作用？
6. JSTL 核心标签库中有哪些常用的标签？它们的作用是什么？
7. JSTL 格式化标签库中有哪些常用的标签？它们的作用是什么？
8. JSTL 函数标签库中有哪些常用的标签？它们的作用是什么？
9. 什么是单元测试？使用 JUnit 编写一个单元测试的例子。
10. 使用 EL 与 JSTL 实现产品信息的列表展示。

第 11 章　Java Web 数据库操作

学习提示

数据库实现对数据的存储、管理和检索，企业级的 Web 应用系统离不开数据库系统的支持。对数据库最基础也是最主要的操作就是 CRUD(Create、Read、Update 和 Delete)，即数据的创建、读取、更新和删除，简称为"增删改查"。对数据库的 CRUD 操作是 Java Web 学习过程中的必经之路。

在 Java Web 编程中，实现 CRUD 操作有多种方法，可以使用最基础的 JDBC，也可以使用 Hibernate 和 MyBatis 等框架来实现 Java 对象和数据库之间的映射。这些框架普遍使用 XML 等描述性语言来实现 CRUD 操作，可以在 Java 应用程序中访问和操作数据库。从实践的角度来看，使用 Hibernate、MyBatis 等技术更加方便快捷，而从学习的角度看，掌握基本的 JDBC 技术是学习其他技术的重要基础。本章将采用 JDBC 实现对数据库的查询、添加、删除、更新等操作，并结合之前学习的 JSP、Servlet、EL、JSTL 等技术展示具体的开发过程，也为进一步学习 MyBatis 打好基础。

11.1　MySQL 数据库

11.1.1　MySQL 概况

在 Java Web 系统开发中，经常需要将用户信息、交易信息等数据进行长期保存和随时访问，这就需要有数据库的支持。常用的数据库产品有 Oracle、PostgreSQL、MySQL、MariaDB、SQL Server 以及性能优秀的国产数据库产品 TiDB、OceanBase、GaussDB、达梦数据库等。本书以 MySQL 为例介绍 Web 数据库程序开发技术。

MySQL 是一种常用的开源数据库，可以支持大规模并发、高速响应的 Web 应用程序。"MySQL"中的"SQL"是指"结构化查询语言"，SQL 是用于访问关系数据库的最常见的标准化语言。开发者可以将 SQL 语句嵌入到用 Java 等编程语言的代码中来访问 MySQL 数据库服务器，并对数据进行增、删、改、查等操作。

作为典型的关系数据库，MySQL 具有数据表、视图、行、列等对象的逻辑数据模型，为开发者提供了灵活的数据访问方式。开发者可以设置规则来管理不同数据字段之间的关系，如一对一、一对多、唯一、必需、可选等。通过强制执行这些规则，MySQL 服务器确保数据的完整性和一致性，并负责避免出现数据不一致、重复、孤立、过期、丢失等情况。因此，有了 MySQL 的支持，应用程序的开发者可以将精力投入业务逻辑和界面功能的实现工作中。

11.1.2　MySQL 的可视化安装

基于学习而非商用，开发者可以从官网下载 MySQL 社区版，它遵循 GPL 开源许可协议，由大量活跃的开源开发人员社区提供技术支持。

1.1.2 演示

下载时需要选择对应的操作系统，比如 Windows，进一步选择 Windows(x86, 64-bit)ZIP Archive(即 ZIP 压缩文件)或者 MSI Installer 安装程序，点击 Download 即可下载。MSI Installer 安装程序较之 ZIP 压缩文件更加容易安装和配置，但 ZIP 压缩文件的安装方式对于熟练的数据库管理人员则更加快捷。

选择下载 MSI Installer 安装程序的界面如图 11-1 所示。

General Availability (GA) Releases　　Archives

MySQL Installer 8.0.32

Select Operating System:

Microsoft Windows	✔		Looking for previous GA versions?

Windows (x86, 32-bit), MSI Installer	8.0.32	2.4M	Download
(mysql-installer-web-community-8.0.32.0.msi)		MD5: 0f882590f8338ade614e9de5eb00ea0b | Signature	
Windows (x86, 32-bit), MSI Installer	8.0.32	437.3M	Download
(mysql-installer-community-8.0.32.0.msi)		MD5: a29b5817cba2c7be0e0b97e897e2591f | Signature	

ⓘ We suggest that you use the MD5 checksums and GnuPG signatures to verify the integrity of the packages you download.

图 11-1　下载 MySQL MSI Installer 安装程序

MySQL 的安装过程中可以选择开发者默认(Developer Default)选项，但这种方式会安装许多本书示例中不用的模块，比如 C++语言、Python 语言等接口。因此，可以选择自选方式(Custom)选项安装必要的模块，包括服务器、JDBC 接口、例子数据库等，如图 11-2 所示。

安装过程中可以设定程序和数据库文件安装的路径，如图 11-3 所示。

作为数据库服务器，需要通过网络协议及相应的端口提供服务。MySQL 默认使用 TCP/IP 协议的 3306 端口，建议直接使用这一默认值，并确保 Windows 防火墙对此端口开放访问权限，如图 11-4 所示。

随后，可以设置数据库根用户(Root)的密码和 Windows 服务的名称，如图 11-5 所示。

通过测试验证服务器已经正常启动和访问，说明安装已经成功，如图 11-6 所示。

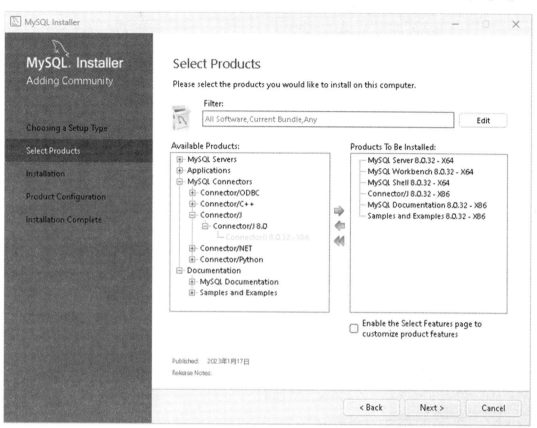

图 11-2　安装必要的 MySQL 模块

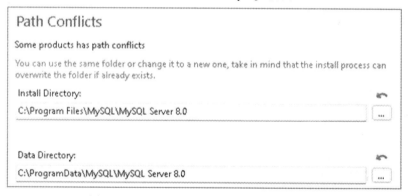

图 11-3　选择 MySQL 程序和数据库安装路径

Type and Networking

Connectivity

Use the following controls to select how you would like to connect to this server.

☑ TCP/IP　　　　　　Port: 3306　　　　X Protocol Port: 33060

　☑ Open Windows Firewall ports for network access

图 11-4　设置网络协议及相应的端口

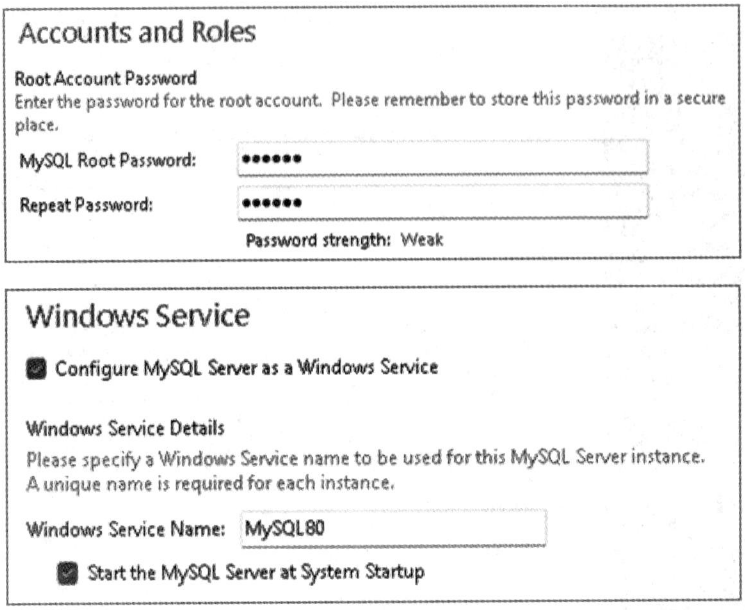

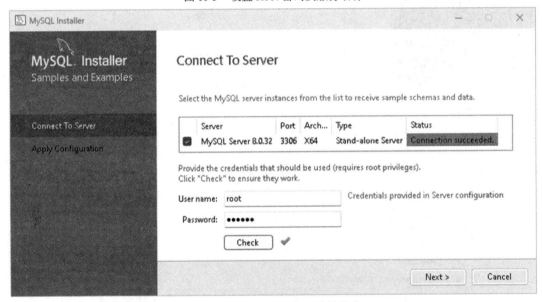

图 11-5　设置 Root 密码及服务名称

图 11-6　测试验证服务器连接状态

11.1.3　MySQL 的参数化配置

　　虽然通过可视化的 MSI Installer 安装过程非常简单，但开发者经常需要重复安装或在不同的环境中进行相同的配置，因此，学习使用 MySQL 压缩文件安装并采用 my.ini 文件自动化配置就非常有必要了。

　　基于压缩文件的 MySQL 安装过程比较简单，首先需将 MySQL 压缩文件解压到指定的目录中即可，如解压到 C:\Program Files\MySQL 这一路径下。接下来就是配置过程，步骤如下：

(1) 创建配置文件。

在 MySQL 的根目录中新建名为 my.ini 的配置文件，用来配置 MySQL 的端口、数据库文件目录、最大连接数、默认字符集等。该文件为纯文本文件，用记事本等工具都可编辑，包含注释的代码如下：

```
my.ini
```

```ini
[mysqld]
# 设置 3306 端口
port=3306
# 设置 mysql 的安装目录
basedir=C:\\Program Files\\MySQL
# 设置 mysql 数据库的数据的存放目录
datadir=C:\\Program Files\\MySQL\\data
# 允许最大连接数
max_connections=200
#允许连接失败的次数。防止有人从该主机试图攻击数据库系统
max_connect_errors=10
# 服务端使用的字符集默认为 utf8mb4
character-set-server=utf8mb4
# 创建新表时将使用的默认存储引擎
default-storage-engine=INNODB
# 默认使用"mysql_native_password"插件认证
authentication_policy=mysql_native_password
[mysql]
# 设置 MySQL 客户端默认字符集
default-character-set=utf8mb4
[client]
# 设置 MySQL 客户端连接服务端时默认使用的端口
port=3306
default-character-set=utf8mb4
```

(2) 数据库初始化。

首先，用管理员身份打开命令行程序(cmd)；然后，切换到之前解压 MySQL 的根目录中；最后，输入命令 mysqld --initialize –console 开始初始化数据库。初始化完成之后会给出初始密码，需要记住并在后续的步骤中修改为用户自己设置的密码。

到此，MySQL 的安装和配置就可得到与 MSI Installer 可视化安装相似的结果。

11.1.4 MySQL 示例数据库

为了便于学习，MySQL 官方提供了多个用于测试的示例数据库，其中 Sakila 数据库在可视化安装过程中就可以选择同步安装。Sakila 数据库最初由 MySQL AB 文档团队的前成

员 Mike Hillyer 开发，该数据库针对 DVD 影片出租商店业务进行建模，其中包含影片、演员、商店、出租等数据，还包括视图、存储过程、触发器等特性。规范的数据库结构设计和丰富的社区资源使得该数据库成为广泛使用的示例数据库。

特别需要说明的是，如果选择压缩文件和 my.ini 文件进行 MySQL 的安装和配置，则需要继续手动下载和安装 Sakila 示例数据库。从官网下载示例数据库的文件后，解压到指定目录下，比如 "c:\db-example"。执行命令行程序，将当前目录转到示例数据库目录下，运行 "mysql -uroot -p123456"(123456 为之前设置的 root 用户密码)命令进入 MySQL，通过 "source" 执行相应的 SQL 文件即可。更详细的过程可参考官网说明。

Sakila 示例数据库中有十多个表，作为学习的素材，本书只使用 film 表及与之关联的表来讨论相关的编程方式。图 11-7 中给出了 film 表和其他表的连接关系。

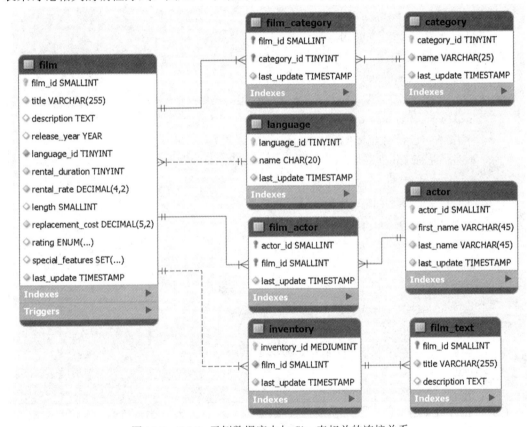

图 11-7　Sakila 示例数据库中与 film 表相关的连接关系

通过 film 的创建代码(Create Table)可以看出表中每个字段的类型、缺省值以及是否可为空等信息。

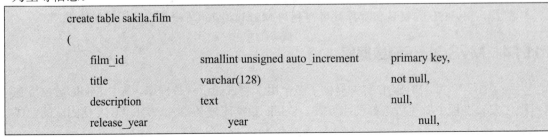

```
create table sakila.film
(
    film_id        smallint unsigned auto_increment    primary key,
    title          varchar(128)                        not null,
    description    text                                null,
    release_year   year                                null,
```

```
language_id              tinyint unsigned                          not null,
original_language_id     tinyint unsigned                          null,
rental_duration          tinyint unsigned      default '3'         not null,
rental_rate              decimal(4, 2)         default 4.99        not null,
length                   smallint unsigned                         null,
replacement_cost         decimal(5, 2)         default 19.99       not null,
rating                   enum ('G', 'PG', 'PG-13', 'R', 'NC-17')   default 'G'   null,
special_features         set ('Trailers', 'Commentaries', 'Deleted Scenes', 'Behind the Scenes') null,
last_update              timestamp      default CURRENT_TIMESTAMP     not null
                         on update CURRENT_TIMESTAMP,
    constraint fk_film_language
        foreign key (language_id) references sakila.language (language_id)
            on update cascade,
    constraint fk_film_language_original
        foreign key (original_language_id) references sakila.language (language_id)
            on update cascade
);
```

11.1.5   通过 IDEA 连接数据库

为了便于开发，IDEA 等集成开发工具提供了连接和访问数据库的方法。
连接 Sakila 数据库的步骤如下：

首先，添加数据源。打开侧边的 Database 工具栏，选择 Data Source→
MySQL 菜单项，如图 11-8 所示。

11.1.5 演示

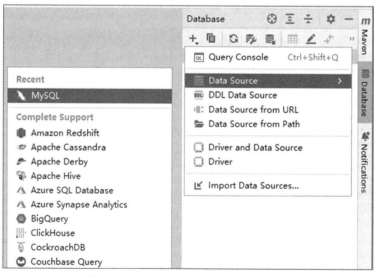

图 11-8   在 IDEA 中添加 MySQL 数据源

接着，将数据库连接所需的信息输入对话框中，包括主机名、端口(通常为默认值)、用户名、密码和数据库名。单击 Test Connection 可以测试连接是否成功，如图 11-9 所示。

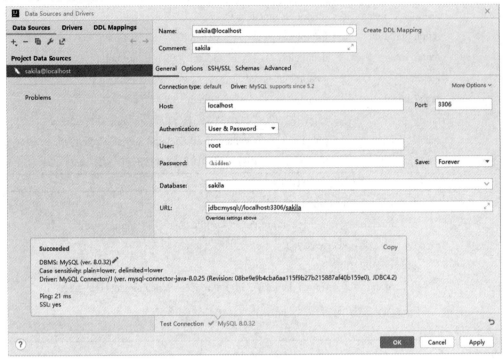

图 11-9　设置数据库连接参数

　　最后，可在连接成功的数据库中选择表或视图等对象，双击某一对象即可访问数据库并反馈结果。比如双击打开 film 表，可以获得如图 11-10 所示的数据展示效果。在该界面中还可以对数据进行基本的增删改或字符串匹配查询，数据的修改需要通过提交(Submit)功能同步到数据库中。

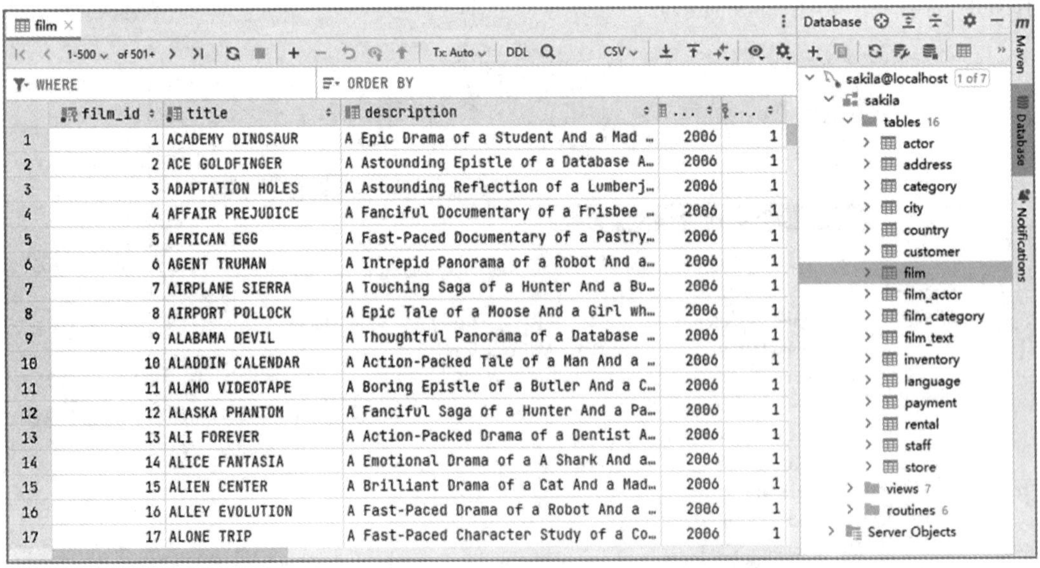

图 11-10　IDEA 中的数据展示效果

11.2　JDBC 技术

11.2.1　JDBC 的结构与功能

Java 数据库连接(Java Data Base Connectivity，JDBC)是 Java 编程中用于执行 SQL 语句的 API(应用程序接口)，可用于连接到关系型数据库、执行 SQL 语句、处理结果集等。通过 JDBC，Java 应用程序可以访问任何符合 JDBC 规范的数据库，如 Oracle、MySQL、SQL Server 等，而无须编写专门的代码来访问特定的数据库。

11.2 演示

JDBC 的架构核心主要由 3 部分组成：JDBC API、JDBC 驱动程序管理器和 JDBC 驱动程序(Driver)。其中：JDBC API 是一组用于访问数据库的类和接口，它是使用 Java 编程语言访问数据库的标准接口；JDBC 驱动程序管理器可在应用程序中加载特定数据库的驱动程序，以建立与数据库的连接和处理用户请求；JDBC 驱动程序是用来实现 JDBC API 的，它是用于与特定数据库交互的程序。JDBC 的结构如图 11-11 所示。

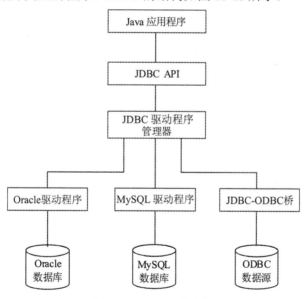

图 11-11　JDBC 的结构

JDBC 支持数据库事务处理，可以保证数据库操作的原子性、一致性、隔离性和持久性。它还支持数据库独立性，即可以通过相同的代码连接到不同的数据库，为开发人员提供多种关系型数据库的统一访问方式。

与 JDBC 类似的技术是微软公司提供的开放式数据库连接(Open Database Connectivity, ODBC)。ODBC 接口是一种 C 编程语言接口，它使应用程序能够访问各种数据库。ODBC 是一个低级别、高性能的接口，专门为关系数据存储设计。ODBC 接口允许最大程度的互操作性，应用程序可以通过单个接口访问不同的数据库。应用程序也通过驱动程序与特定数据库之间进行通信。某种程度上，JDBC 的设计灵感来源于 ODBC。

11.2.2　JDBC 驱动分类

JDBC 驱动是连接数据库的基础，它可以在客户端和数据库之间传递 SQL 语句并执行结果信息。对于常用的数据库产品，开发者可以从数据库官网获取用于 DBMS 的 JDBC 驱动程序。JDBC 驱动程序可以分为 4 类：桥接驱动、本地 API 驱动、中间件驱动和纯 Java 驱动程序。

(1) 桥接驱动：将 JDBC API 实现为到另一个数据访问 API 的映射，比如 JDBC-ODBC 桥。这种类型的驱动程序通常依赖于本地库，可移植性较差。JDBC-ODBC 桥是类型 1 驱动程序的一个示例。

与直接连接特定数据库(比如 MySQL)的 JDBC 驱动程序不同，JDBC-ODBC 桥接驱动程序是将 JDBC 方法调用转换为 ODBC 函数调用，以支持访问那些没有 JDBC 驱动程序而有 ODBC 驱动程序的数据库。这种间接的连接方式帮助 JDBC 在推出初期，借助 ODBC 的通用性扩大了数据库的适应性。

(2) 本地 API 驱动：部分用 Java 编程语言编写，部分用本机代码编写的驱动程序。这些驱动程序使用特定于它们所连接的数据源的本机客户端软件。本地代码的使用可能会影响其可移植性。Oracle 的 OCI(Oracle 调用接口)客户端驱动程序就属于这类驱动程序。

(3) 中间件驱动：这是一类使用纯 Java 客户端并使用独立于数据库的协议与中间件服务器通信的驱动程序。中间件服务器负责将客户端的请求传送到不同的数据源。

(4) 纯 Java 驱动程序：这一类是专门针对 JDBC 开发的用于实现特定数据源的网络协议，客户端通过这类 JDBC 驱动可以直接连接到数据源。MySQL Connector/J 就属于这一类驱动程序。

11.2.3　连接数据库

在访问数据库时，首先要加载数据库的驱动程序，不过只需在第一次访问数据库时加载一次；然后在每次访问数据库时创建一个 Connection 实例；紧接着执行操作数据库的 SQL 语句，并处理返回结果；最后在完成此次操作时销毁前面创建的 Connection 实例，释放与数据库的连接。

加载数据库的驱动程序到 JVM 中的方法为调用 java.lang.Class 类的静态方法 forName (String className)；成功加载后，会将加载的驱动类注册给 DriverManager 类；如果加载失败，将抛出 ClassNotFoundException 异常，即未找到指定的驱动类，可以使用异常处理代码捕捉可能抛出的异常。针对 MySQL 数据库的连接代码片段如下：

```
try {
    Class.forName("com.mysql.cj.jdbc.Driver");
} catch (ClassNotFoundException e) {
    e.printStackTrace();
}
```

在开发实践中，以上代码会遇到一些问题。上述代码中"com.mysql.cj.jdbc.Driver"驱动程序是针对 MySQL 6 及更高版本的，如果连接的数据库是 MySQL 5，则需要使用名为"com.mysql.jdbc.Driver"的驱动程序。通常，在 JDBC 4.0 之后 DriverManager 类可以自动加载相应的驱动程序而不再需要写出 Class.forName()语句，但在使用 Maven 构建基于 Tomcat 的项目中需要使用 Class.forName()语句注册驱动，除非将驱动程序的 jar 文件导入到 Tomcat lib 中。

DriverManager 类是 JDBC 的管理者，负责建立和管理数据库连接。通过 DriverManager 类的静态方法 getConnection(String url, String user, String password)可以获得 Connection 对象，方法中的 3 个参数依次为数据库的路径、用户名和密码。与数据库建立连接的典型代码片段如下：

```
final String DRIVER = "com.mysql.cj.jdbc.Driver";
final String URL = "jdbc:mysql://localhost:3306/sakila?serverTimezone=UTC";
final String USER = "root";
final String PASSWORD = "123456";
Connection con = null;
try {
    Class.forName(DRIVER);
    con = DriverManager.getConnection(URL, USER, PASSWORD);
    System.out.println("数据库连接成功.");
} catch (Exception  e) {
    e.printStackTrace();
    System.out.println("数据库连接失败");
}
```

11.2.4　执行 SQL 语句

建立数据库连接的目的是与数据库进行通信，实现方法为执行增、删、改、查等 SQL 语句，但是通过 Connection 实例并不能执行 SQL 语句，还需要通过 Connection 实例创建 Statement 实例。Statement 实例又分为以下 3 种类型：

(1) Statement 类。该类型的实例提供了直接在数据库中执行 SQL 语句的方法。对于只执行一次的查询及数据定义语句，如 CREATE、DROP 等数据定义语言(DDL)操作，Statement 对象就足够了。实例代码片段如下：

```
Statement stmt = con.createStatement();
String sql1 = "drop table fooTable";
boolean b = stmt.execute(sql1);
String sql2 = "delete from fooTable where id=10";
int i = stmt.executeUpdate(sql2);
```

其中，execute(sql)方法在实行了相应的 SQL 语句后反馈执行的 boolean 型结果，即是否执行成功；executeUpdate(sql)则在执行数据的增删改操作后反馈有多少行数据被改变。

（2）PreparedStatement 类。该类型的实例用于需要执行多次，每次仅仅是参数不同的 SQL 语句。PreparedStatement 具有预编译功能，对批量数据操作的执行效率高。此外，预编译还可以有效防止 SQL 注入攻击，从而确保系统的安全性。实例代码片段如下：

```
String sql = "insert into fooTable (a, b, c) values(?,?,?)";
PreparedStatement ps = con.prepareStatement(sql);
ps.setString(1, "xyz");
ps.setInt(2, 100);
ps.setDouble(3, 2.34);
int flag = ps.executeUpdate();
if (flag > 0) {
    System.out.println("添加成功！");
}
```

其中，SQL 代码中的"？"代表具体要输入的参数，可以通过 setString、setInt、setDouble 等方法为这些参数赋值。PreparedStatement 类的 SQL 语句执行过程与 Statement 类基本相同。

（3）CallableStatement。该类型的实例被用来访问数据库中的存储过程。它提供了一些方法来指定 SQL 语句所有使用的输入输出参数。实例代码片段如下：

```
String sql = "{call getTestData(?, ?)}";
CallableStatement cs = con.prepareCall(sql);
cs.setInt(1, 100);
cs.registerOutParameter(2, Types.VARCHAR);
cs.executeUpdate();
String test = cs.getString(2);
System.out.println("传出的参数值为" + test);
```

其中，getTestData(?, ?)是在数据库中定义的存储过程。第一个参数为传入参数，通过 setInt(1, 100)方法设置其参数值为 100；第二个参数为传出参数，通过 registerOutParameter(2, Types.VARCHAR)设置其参数类型为字符串。SQL 语句执行后，通过 getString(2)方法获得第二个参数的返回值。

上面给出的 3 种不同类型中 Statement 类是最基础的；PreparedStatement 类继承 Statement 类，并做了相应的扩展；而 CallableStatement 类继承了 PreparedStatement 类，又做了相应的扩展。相关类型之间的关系如图 11-12 所示。

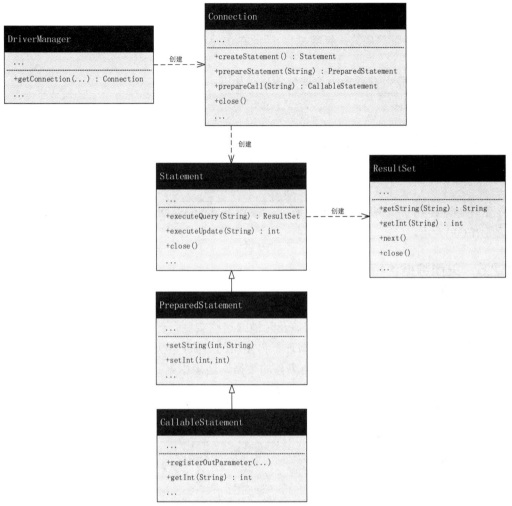

图 11-12　JDBC 中主要类型的 UML 类图

11.2.5　获得查询结果集

如前文所述，通过 Statement 及其子类的 executeQuery()或 executeUpdate()方法可以执行 SQL 语句，同时将返回执行结果。如果执行的是 executeUpdate()方法，将返回一个 int 型数值，代表影响数据库记录的条数，即插入、修改或删除记录的条数；如果执行的是 executeQuery()方法，将返回一个 ResultSet 类型的结果集，其中不仅包含所有满足查询条件的数据记录，还包含相应数据结构的相关信息，如列的数量，每一列的名称、类型等。

获取用于存放查询结果的 ResultSet 对象代码如下：

```
String sql = "SELECT * FROM fooTable";
PreparedStatement ps = con.prepareStatement(sql);
ResultSet rs = ps.executeQuery();
```

查询 SQL 语句执行之后需要访问 ResultSet 对象以获得所需的反馈数据。ResultSet 包含任意数量的命名列，可以按名字或序号访问这些列；结果集中可以包含多行数据，使用 next 方法可以按顺序自上而下逐一访问。注意：在 ResultSet 对象构建后，它指向第一行之前的位置(即 BOF，而不是第一行数据)，因此在访问第一行数据时也需要先执行一次 next 方法。

从 ResultSet 对象中查看输出数据集的代码如下：

```
while (rs.next()) {
    System.out.println(rs.getInt("a"));
    System.out.println(rs.getString("b"));
    System.out.println(rs.getDouble("c"));
}
```

上述循环语句将查询结果集逐行遍历，直到 rs.next()返回 false，即指针移动到最后一行之后(EOF)为止。

11.2.6 关闭数据连接

在建立 Connection、Statement 和 ResultSet 实例时，均需占用一定的数据库和 JDBC 资源，所以每次访问数据库结束后，应该及时销毁这些实例，释放它们占用的所有资源。虽然 JVM 的垃圾回收机制(GC)会定时清理不再使用的对象，但是对多线程、大并发量运行的 Web 系统，GC 一旦不能及时清理，当废弃的数据库连接积累到一定数量时，将严重影响服务器的运行速度，甚至导致 Web 系统瘫痪。

关闭连接释放资源的具体方法是通过执行各个实例的 close()方法实现的。建议按照如下的顺序执行 close()方法：

```
resultSet.close();
statement.close();
connection.close();
```

11.2.7 数据库连接池

数据库连接池(Database Connection Pooling)是 Web 应用程序中不可或缺的一个组件，它负责分配、管理和释放与数据库的连接。传统的方式是每次访问数据库时打开一个新的连接，使用完毕后再关闭连接。但是，这种方式效率低下，因为连接数据库是一件耗时的操作，并且每次连接都需要进行身份验证和授权等操作，这会降低应用程序的性能。此外，如果同时有多个用户请求数据库，那么服务器就需要同时打开多个连接，这会增加服务器的资源使用量。因此，引入了数据库连接池这种技术。

连接池是一组已建立的连接的集合，这些连接通常在应用程序启动时就预先创建好，以便于更快地响应客户端请求。当应用程序需要访问数据库时，它从连接池中获取一个可用的连接，使用完毕之后再将连接归还给连接池。这种方式可以大大提高应用程序的响应速度，减少服务器的资源占用。

在实践中常用数据库连接池包括：

(1) C3P0。C3P0 是一个开源的 JDBC 连接池实现，它提供了大量的配置选项。C3P0 提供了连接池管理、自动化重连机制、JNDI 数据源、事务管理等完整的功能，因此在 Hibernate 和 Spring 等其他开源项目中被广泛应用。C3P0 的连接可重复使用，从而减少了数据库连接数，提升了应用程序性能。

(2) DBCP。DBCP 是 Apache Commons Project 的开源 JDBC 连接池项目。DBCP 提供了连接池管理、JNDI 数据源、事务管理等完整的功能，而且还支持透明的 Connection Pooling 并支持 Byte Streams 的处理。

(3) HikariCP。HikariCP 是一个性能较好的开源数据库连接池，它具有快速启动、低延迟、高并发等特点。HikariCP 提供了丰富的参数设置，如最大连接、最小连接、最大空闲时间等，可以便于用户根据自己的需要进行调整。

(4) Tomcat JDBC Pool。Tomcat JDBC Pool 是面向 Apache Tomcat 服务的一个 JDBC 连接池实现，它支持 JDBC 4 和 JDBC 5 规范，它是一个开源项目，提供了高性能的连接池，支持 JMX 监视、JNDI 命名等功能。

(5) Druid。Druid 是阿里巴巴开源的 JDBC 连接池实现，它通过方便的配置，提供了连接池管理、监控数据源、JMX 监控等完整的功能，同时 Druid 还提供了可插拔的过滤器，可以在连接获取和归还时进行自定义的操作，如监控 SQL 执行时间、慢查询记录、SQL 转义等。

在实际开发中，选择数据库连接池需要考虑多种因素，包括所支持的标准、性能指标、配置的方便性等。

在使用数据库连接池时需要关注如下环节：

(1) 连接池大小的设置。连接池的大小是指可以容纳多少个数据库连接。一般来说，连接池的大小应该与应用程序的并发请求量相匹配。如果连接池过小，就会有连接请求等待可用连接，从而降低了性能。如果连接池过大，则会浪费资源。

(2) 连接的获取和释放。连接的获取和释放是连接池的核心功能。当应用程序需要访问数据库时，它会向连接池请求一个连接。如果连接池中存在空闲连接，那么就直接返回其中一个；否则连接池会创建一个新的连接。当应用程序使用完连接后，必须将其归还给连接池。这样可以确保连接被正确地关闭，不会造成资源泄漏。

(3) 连接状态的维护。连接池需要监控连接的使用情况，并且在连接超时或出现错误时对其进行回收。如果连接长时间没有使用，或者连接使用过程中出现了异常，那么连接池会将其回收，以便重新利用。这样可以避免因为连接超时或异常而导致的服务器负担过大。

(4) 建立连接的性能优化。在连接池中，数据库连接已经预先建立好了，所以连接的建立操作不需要每次都进行身份验证和授权等操作。这样可以减少连接的建立时间，提高应用程序的性能。

总之，数据库连接池是一种实现与数据库连接复用的技术，这种技术具有显著的优点，包括：使用连接池可以减少连接的建立时间，避免了因为每次连接都需要进行身份验证和授权等操作而造成的性能损失，且可以更快地响应客户端请求；通过复用连接，应用程序可以减少服务器需要打开的连接数，从而减少服务器负担；通过连接池可以对连接进行统一管理，包括连接的数量、状态等信息，这样可以方便监控数据库连接的使用情况，及时调整优化系统的软硬件配置。

11.3 基于 Model 1 的实例

11.3.1 Model 1 体系结构

应用上文讨论的 JDBC 基本功能，我们可以针对 Sakila 数据库中的 film 表编写 JSP 页面，将表中的部分数据展示出来。

在使用 JSP 进行 Web 应用开发的发展过程中，先后出现了 Model 1 和 Model 2 体系结构。Model 1 模型的特点就是几乎所有的逻辑与显示工作都由 JSP 页面完成，只用少量的 JavaBean 来完成对数据库的操作。Model 1 各模块的交互过程如图 11-13 所示。

11.3 演示

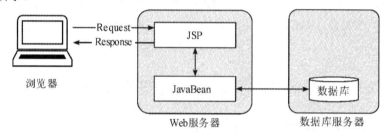

图 11-13 Modle 1 体系结构中各模块交互过程

可以看出，Model 1 中各模块的交互过程如下：

(1) 浏览器发送对 JSP 页面的请求；

(2) JSP 访问 JavaBean 并调用业务逻辑；

(3) JavaBean 连接到数据库并获取/保存数据；

(4) 由 JSP 生成的响应被发送到浏览器。

11.3.2 数据库工具类——DBUtil

为方便不同页面对数据库的访问，可以将生成 Connection 对象并获取数据库连接的需求实现为 DBUtil 类，通过 getConnection 方法返回可用的 Connection 对象。DBUtil.java 代码如下：

```
DBUtil.java

package util;
import java.sql.*;
public class DBUtil {
    private static final String DRIVER = "com.mysql.cj.jdbc.Driver";
    private static final String URL = "jdbc:mysql://localhost:3306/sakila?serverTimezone=UTC";
    private static final String USER = "root";
```

```
                private static final String PASSWORD = "123456";
                public static Connection getConnection() {
                    Connection con = null;
                    try {
                        Class.forName(DRIVER);
                        con = DriverManager.getConnection(URL, USER, PASSWORD);
                        System.out.println("数据库连接成功.");

                    } catch (Exception e) {
                        e.printStackTrace();
                        System.out.println("数据库连接失败");
                    }
                    return con;
                }
                public static void closeConnection(Connection con, PreparedStatement ps, ResultSet rs)
                        throws SQLException {
                    if (rs != null) {   rs.close();   }
                    if (ps != null) {   ps.close();   }
                    if (con != null) {   con.close();   }
                }
        }
```

11.3.3　POJO 类——Film

为了更好地映射数据库 film 表中的数据，接下来构建名为 Film 的简单 Java 对象(Plain Ordinary Java Object，POJO)。POJO 是一类普通的 Java 类，不继承或者实现具体的类或者接口，拥有若干可读写的私有属性，并且属性具有 getter 以及 setter 方法，供外部对象或者应用进行访问。Film.java 代码如下：

Film.java

```
        package entity;
        import java.sql.*;
        public class Film {
            private int filmId;
            private String title;
            private int languageId;
            private int rentalDuration;
            private double rentalRate;
            private double replacementCost;
            private Timestamp lastUpdate;
```

```java
    public int getFilmId() {    return filmId;    }
    public void setFilmId(int filmId) {    this.filmId = filmId;    }
    public String getTitle() {    return title;    }
    public void setTitle(String title) {    this.title = title;    }
    public int getLanguageId() {    return languageId;    }
    public void setLanguageId(int languageId) {    this.languageId = languageId;    }
    public int getRentalDuration() {    return rentalDuration;    }
    public void setRentalDuration(int rentalDuration) {    this.rentalDuration = rentalDuration; }
    public double getRentalRate() {    return rentalRate;    }
    public void setRentalRate(double rentalRate) {    this.rentalRate = rentalRate;    }
    public double getReplacementCost() {    return replacementCost;    }
    public void setReplacementCost(double replacementCost) {this.replacementCost = replacementCost;}
    public Timestamp getLastUpdate() {    return lastUpdate;    }
    public void setLastUpdate(Timestamp lastUpdate) {    this.lastUpdate = lastUpdate;    }
}
```

11.3.4　JavaBean——FilmBean

负责访问数据的 JavaBean 是 FilmBean 类，其中定义了一个只读的属性 filmList 用来获取数据库中 film 表的前 10 行数据。filmList 属性是 List<Film>类型，即由一系列 Film 对象构成的列表。FilmBean.java 代码如下：

FilmBean.java

```java
package bean;
import java.sql.*;
import java.util.ArrayList;
import java.util.List;
import java.io.Serializable;
import util.DBUtil;
import entity.Film;
public class FilmBean implements Serializable {
    private static final long serialVersionUID = 1L;
    private List<Film> filmList;

    public List<Film> getFilmList() {
        filmList = new ArrayList<Film>();
        Connection con = null;
        PreparedStatement ps = null;
        ResultSet rs = null;
        String sql = "SELECT film_id, title, language_id, rental_duration, rental_rate,
```

```
replacement_cost, last_update FROM film order by film_id limit 0,10";
                try {
                        con = DBUtil.getConnection();
                        ps = con.prepareStatement(sql);
                        rs = ps.executeQuery();
                        while (rs.next()) {
                                Film film = new Film();
                                film.setFilmId(rs.getInt("film_id"));
                                film.setTitle(rs.getString("title"));
                                film.setLanguageId(rs.getInt("language_id"));
                                film.setRentalDuration(rs.getInt("rental_duration"));
                                film.setRentalRate(rs.getDouble("rental_rate"));
                                film.setReplacementCost(rs.getDouble("replacement_cost"));
                                film.setLastUpdate(rs.getTimestamp("last_update"));
                                filmList.add(film);
                        }
                } catch (SQLException e) {
                        e.printStackTrace();
                } finally {
                        try {
                                DBUtil.closeConnection(con, ps, null);
                        } catch (SQLException e) {
                                e.printStackTrace();
                        }
                }
                return filmList;
        }
}
```

11.3.5　JSP 页面——ListFilmBean

JSP 页面负责以表格的方式显示 JavaBean 中的数据，其中使用了 EL、JSTL 及 JavaBean 技术。当用户访问 JSP 页面时，首先构建了 bean.Film 类型的 JavaBean 对象 films，并设置其范围为 page。使用 EL 访问 films 对象 filmList 属性的方式为${films.filmList}，进一步遍历其中的 Film 元素，并显示在单元格中。ListFilmBean.jsp 代码如下：

ListFilmBean.jsp

```
<%@ page language="java" contentType="text/html; charset=UTF-8" pageEncoding="UTF-8" %>
<%@ taglib prefix="c" uri="http://java.sun.com/jsp/jstl/core" %>
<jsp:useBean id="films" class="bean.FilmBean" scope="page"/>
```

```html
<html>
<head>
    <title>展示数据</title>
</head>
<body>
<h1>展示数据</h1>
<table border="1" style="width:100%">
    <thead>
    <tr>
        <th>编号</th>
        <th>标题</th>
        <th>语言 ID</th>
        <th>租期</th>
        <th>租金</th>
        <th>成本</th>
        <th>更新时间</th>
    </tr>
    </thead>
    <tbody>
    <c:forEach var="row" items="${films.filmList}">
        <tr>
            <td>${row.filmId}</td>
            <td>${row.title}</td>
            <td>${row.languageId}</td>
            <td>${row.rentalDuration}</td>
            <td>${row.rentalRate}</td>
            <td>${row.replacementCost}</td>
            <td>${row.lastUpdate}</td>
        </tr>
    </c:forEach>
    </tbody>
</table>
</body>
</html>
```

JSP 页面的运行结果如图 11-14 所示。

图 11-14　JSP 页面的运行结果

需要说明的是，上述代码虽然完成了相应的功能，但却有着明显的缺点：虽然 Model 1 体系结构的实现较为简单，但各模块之间的耦合度高，管理难度高。Model 1 体系结构可以用于开发小型应用程序，但不适合大型应用程序的开发和管理。因此，需要从前后端分工、逻辑封装、代码复用等工程角度重新设计程序的结构，这部分将在下文重点展开讨论。

11.4　三层架构与 MVC 设计模式

11.4.1　三层架构

在软件工程中，经常以"低耦合，高内聚"作为面向对象软件设计的目标。低耦合即为降低各个模块之间的逻辑联系，各模块逻辑分工明确，模块之间以适当的接口进行数据交互，接口也尽可能地少而简单；高内聚即为单一模块内的逻辑明确，由相关性很强的代码所组成，每一模块只负责单一的任务。以该目标设计的软件逻辑明确，代码可读性强。

三层架构(Three-tier architecture)是一种成熟的、基于分层的应用程序体系结构。三层架构的优势是，由于每个层都在自己的软硬件环境上运行，因此每个层都可以由独立的开发团队同时开发，并且可以根据需要进行更新或扩展而不会影响其他层，即可以实现层间的解耦合。

三层架构包括：表示层(Presentation Tier)、应用层(Application Tier)和数据层(Data Tier)。用户的需求通过表示层传递给应用层，再由应用层做相应的业务处理后反馈给表示层。如果该业务需要对数据库进行增、删、改、查等操作，则由应用层调用数据层来完成。三层架构的信息传递关系如图 11-15 所示。

图 11-15　三层架构的信息传递关系

各层的功能如下：

(1) 表示层是应用程序的用户界面，它的主要目的是向用户显示信息并从用户那里收集信息。这一层可以是 Web 浏览器上运行的页面，也可以是桌面应用程序的图形用户界面(GUI)。

(2) 应用层也称为服务层、业务逻辑层或中间层，它是应用程序的核心。在该层中，使用业务逻辑对象处理在表示层中收集的信息，并与数据层进行通信，请求对数据进行添加、删除或修改等操作。

(3) 数据层也称为持久化层、数据访问层，它负责存储和管理应用程序的数据，并负责将这些数据保存到数据库管理系统中，即持久化到数据库中。这里的数据库可以是关系数据库，也可以是非关系数据库(NoSQL)。

11.4.2　MVC 设计模式

三层架构是 C/S 或 B/S 软件开发的基本思路，在 Web 系统的具体实现过程中逐步形成了更为具体的 MVC 设计模式。

MVC 设计模式，即模型/视图/控制器(Model / View / Controller)结构，是一种重要的面向对象设计模式，它可以有效地使系统中的数据输入、处理和输出功能在模块设计的基础上建立规范的接口。MVC 设计模式吸收了三层架构的思路，结合 Web 系统的特点，在作为表现层的视图和作为业务层的模型中间加入了控制器，如图 11-16 所示。

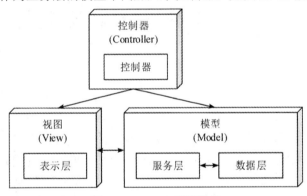

图 11-16　MVC 设计模式

使用 MVC 结构的益处是可以完全降低表示层和服务层之间的相互影响。表示层和服务层的代码分离可使相同的数据(或对象)以多种形式表现，比如一个数据集可以表示为一张表格，也可以表示为柱状图等，这种选择取决于控制器的操作。MVC 在项目中提供对象和层之间的相对独立，将使系统的维护变得更简单，同时可以提升代码的重用性。它强制性地将应用程序的输入、处理和输出分开，3 个核心部件各自处理自己的任务，具体分工如下：

(1) 视图：视图代表用户交互界面。一个应用可以有很多不同的视图。视图负责采集模型数据，即解释模型以某种格式显示给用户。同时传递用户请求和输入数据给控制器和模型，完成用户交互。当视图相关的模型数据变化时，视图将进行更新。

(2) 模型：模型就是业务流程或状态的处理以及业务规则的制定。业务流程的处理过程对其他层来说是黑箱操作。模型封装应用程序状态，并接受视图的状态查询，返回最终的处理结果。同时,模型根据控制器指令修改状态。模型代码只需写一次就可以被多个视图重用,所以增强了代码重用性,为后期维护提供方便。

(3) 控制器:控制器可以理解为视图和模型的纽带。它先接收请求,将模型与视图匹配在一起,共同完成用户的请求。控制器就是一个分发器,决定选择何种模型、视图。控制器本身并不做任何的数据处理,只将信息传递给模型,而不由视图直接和模型关联处理,有效地将业务逻辑和表现层分离。

11.4.3 Model 2 体系结构

MVC 是一种结构良好、逻辑分明、便于拓展和管理的软件设计思想,MVC 结构已经广泛应用于各类软件工程,包括基于 JSP 和其他基于 Java 的 Web 应用开发。

从 MVC 结构的角度来看,前文讨论的 Model 1 体系结构中的视图与控制器的实现混杂在一起,分工不明确,实现模型功能的 JavaBean 功能有限,且与数据库和 JSP 的耦合度高。

随着网站开发技术的成熟,Sun 公司提出了 Model 2 体系结构,它引入了 MVC 结构的特点,明晰了各个模块之间的职责和功能。在 Model 2 中,业务逻辑主要由 Servlet 文件构成,实现了控制器的功能,JSP 则主要用于视图的展现,JavaBean 则封装了对数据库的操作,实现了模型的功能。相对于 Model 1,Model 2 虽然看起来比较复杂,但却更加适合大型 Web 应用程序的开发。Model 2 各模块的交互过程如图 11-17 所示。

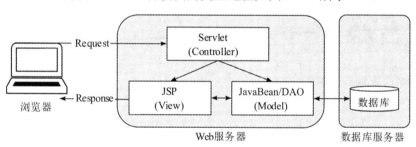

图 11-17 Model 2 各模块交互过程

基于 Model 2 结构的 Web 系统中各个模块的组成和说明如下:

(1) 模型(Model):模型通过 JavaBean 和数据访问对象(Data Access Object,DAO)封装数据库操作的功能,调用者只需使用模型提供的接口而无须了解数据库和数据访问等方面的实现细节,从而达到其他模块与数据库解耦的目的。模型的部分还可以由 MyBatis 等 ORM 方式来实现。

(2) 视图(View):视图主要由 JSP 页面部分构成,由控制器操纵,对用户的请求做出处理,并生成 HTML 页面作为响应信息的载体反馈给用户。视图的部分还可以由 Thymeleaf、Vue.js 等方式来实现。

(3) 控制器(Controller):控制器主要由 Servlet 构成,接收用户请求,选择相应的视图做出响应。控制器的部分还可以由 SpringMVC 方式来实现。

使用 Model 2 这种 MVC 设计模式对网站系统进行分层,使得系统结构清晰,逻辑明确。虽然 MVC 设计加大了前期的开发难度,但却大大减少了后期维护的工作量。

11.5 数 据 查 询

11.5.1 DAO

实践中，MVC 设计模式中负责与数据库连接和访问数据的功能可以由数据访问对象(Data Access Object，DAO)来完成。DAO 通常是一个 Java 类，它把访问数据库的代码封装起来以实现模型中的数据层功能。

11.5 演示

针对数据库 film 表进行查询的方法为 findAll()，这是一个静态 (static) 方法，即不需要实例化 DAO 即可调用该方法并返回 List<Film>类型的对象。相应的 FilmDAO.java 代码片段如下：

FilmDAO.java

```java
package dao;
import java.sql.*;
import java.util.ArrayList;
import java.util.List;
import util.DBUtil;
import entity.Film;

public class FilmDAO {
    public static List<Film> findAll() {
        List<Film> filmList = new ArrayList<Film>();
        Connection con = null;
        PreparedStatement ps = null;
        ResultSet rs = null;
        try {
            con = DBUtil.getConnection();
            String sql = "SELECT film_id, title, language_id, rental_duration, rental_rate,
replacement_cost, last_update FROM film order by film_id desc limit 0,10";
            ps = con.prepareStatement(sql);
            rs = ps.executeQuery();
            while (rs.next()) {
                Film film = new Film();
                film.setFilmId(rs.getInt("film_id"));
                film.setTitle(rs.getString("title"));
                film.setLanguageId(rs.getInt("language_id"));
```

```
                film.setRentalDuration(rs.getInt("rental_duration"));
                film.setRentalRate(rs.getDouble("rental_rate"));
                film.setReplacementCost(rs.getDouble("replacement_cost"));
                film.setLastUpdate(rs.getTimestamp("last_update"));
                filmList.add(film);
            }
        } catch (SQLException e) {
            e.printStackTrace();
        } finally {
            try {
                DBUtil.closeConnection(con, ps, null);
            } catch (SQLException e) {
                e.printStackTrace();
            }
        }
        return filmList;
    }
    ……
}
```

可以看出，DAO 专注于数据的增、删、改、查，不涉及业务逻辑，访问不同数据表的 DAO 类在结构和代码上比较相似，因此可以使用更加自动化或低代码的方式来实现，比如可以使用 MyBatis 技术完成此功能。

11.5.2　Controller

控制器是 MVC 的枢纽与核心，来自浏览器的请求都通过控制器处理，由 Controller 决定如何调用 Model 和 View。针对 film 数据的操作请求和响应都封装到 FilmController 类中，它是一个典型的 Servlet，使用@WebServlet 注释表明所负责的请求路径 "/film/list"。当用户访问这一路径或者后端将请求转发到这一路径时，doGet 方法中的代码就被执行以进行响应。

响应 film 数据列表查询的过程是：首先通过 FilmDAO.findAll()获得 List<Film>对象并赋值给 filmList，其中包含了从数据库查询得到数据集合；然后将 filmList 设置为 request 的属性，以便此次请求的其他模块(如 View)可以获得数据集合；最后使用 getRequestDispatcher 方法将请求转发给 JSP 文件(ListFilm.jsp)以显示该数据集合。FilmController.java 代码中关于数据查询的部分如下：

FilmController.java

```
package controller;
import jakarta.servlet.*;
import jakarta.servlet.http.*;
```

```
import jakarta.servlet.annotation.*;
import java.io.IOException;
import java.io.UnsupportedEncodingException;
import java.util.List;
import entity.Film;
import dao.FilmDAO;

@WebServlet(name="FilmController", urlPatterns={"/film/list",…})
public class FilmController extends HttpServlet {
    @Override
    protected void doGet(HttpServletRequest request, HttpServletResponse response) throws
ServletException, IOException {
        List<Film> filmList;
        String servletPath = request.getServletPath();
        switch (servletPath) {
            case "/film/list" -> {
                filmList = FilmDAO.findAll();
                request.setAttribute("filmList", filmList);
                request.getRequestDispatcher("ListFilm.jsp").forward(request, response);
            }…
        }
    }…
}
```

11.5.3   View

　　JSP 可以在 MVC 模式中担任视图(View)角色，JSP 可以调用保存在 request 中的数据并据此生成 HTML 页面。JSP 文件是由前文编写的控制器调用的，程序执行过程类似于之前 Model 1 实例中的 JSP 文件。其中，使用 EL 方式${filmList}获得 request 中的 filmList 属性，并使用 JSTL 循环显示所获得的数据，使用 Bootstrap 对 HTML 元素进行了渲染。ListFilm.jsp 文件的主要代码如下：

ListFilm.jsp

```
<%@ page language="java" contentType="text/html; charset=UTF-8" pageEncoding="UTF-
8" %>
<%@ taglib prefix="c" uri="http://java.sun.com/jsp/jstl/core" %>
<html>
<head>
<title>展示数据</title>
…引用 Bootstrap
```

```
</head>
<body>
<div class="container-fluid p-5 my-5 border">
    <h1>展示数据</h1>
    <table class="table table-hover">
        <thead class="table-secondary">
        <tr>
            <th>编号</th>
            <th>标题</th>
            <th>语言 ID</th>
            <th>租期</th>
            <th>租金</th>
            <th>成本</th>
            <th>更新时间</th>
            <th>操作</th>
        </tr>
        </thead>
        <tbody>
        <c:forEach var="row" items="${filmList}">
            <tr>
                <td>${row.filmId}</td>
                <td>${row.title}</td>
                <td>${row.languageId}</td>
                <td>${row.rentalDuration}</td>
                <td>${row.rentalRate}</td>
                <td>${row.replacementCost}</td>
                <td>${row.lastUpdate}</td>
                <td>
                    <a class="btn btn-secondary" href="delete?id=${row.filmId}">删除</a>
                    <a class="btn btn-secondary" href="load?id=${row.filmId}">更新</a>
                </td>
            </tr>
        </c:forEach>
        </tbody>
    </table>
    <p>
        <a class="btn btn-primary btn-lg" href="AddFilm.html" role="button">添加数据</a>
    </p>
```

```
        </div>
    </body>
</html>
```

代码除了可以展示数据列表，还提供了对数据进行增删改的超链接。访问超链接
"http://localhost/DBBasics/film/list"的运行效果如图 11-18 所示。

图 11-18　数据查询代码运行效果

11.6　数 据 添 加

11.6.1　View

11.6 演示

数据添加需要获取用户的输入，而这一过程可以通过基本的 HTML 文
件来完成。AddFilm.html 文件的主要代码如下：

```
AddFilm.html
    <!DOCTYPE html>
    <html>
    <head>
        <meta charset="UTF-8">
    …引用 Bootstrap
        <title>添加数据</title>
    </head>
    <body>
```

```html
<div class="container p-5 my-5 bg-light border">
    <h1>添加数据</h1>
    <form method="post" action="add">
        <input type="hidden" name="filmId" value="0"/>
        <div class="form-group col-sm-4">
            <label for="title">标题(title)</label>
            <input type="text" name="title" id="title" class="form-control"
                                        placeholder="比如：春暖花开"/>
        </div>
        <div class="form-group col-sm-4">
            <label for="languageId">语言 ID(languageId)</label>
            <input type="text"
                    id="languageId" name="languageId" class="form-control" placeholder="
比如：1"/>
        </div>
        <div class="form-group col-sm-4">
            <label for="rentalDuration">租期(rentalDuration)</label>
            <input type="text" id="rentalDuration" name="rentalDuration"
                    class="form-control" placeholder="比如：6"/>
        </div>
        <div class="form-group col-sm-4">
            <label for="rentalRate">租金(rentalRate)</label>
            <input type="text" id="rentalRate" name="rentalRate"
                    class="form-control" placeholder="比如：2.5"/>
        </div>
        <div class="form-group col-sm-4">
            <label for="replacementCost">成本(replacementCost)</label>
            <input type="text" id="replacementCost" name="replacementCost"
                    class="form-control" placeholder="比如：100"/>
        </div>
        <button type="submit" class="btn btn-primary">提交</button>
    </form>
</div>
</body>
</html>
```

代码提供了对数据进行输入的功能，<form method="post" action="add">可以将数据以 POST 的方式提交到指定路径，交由 Controller 来响应。数据添加功能的运行效果如图 11-19 所示。

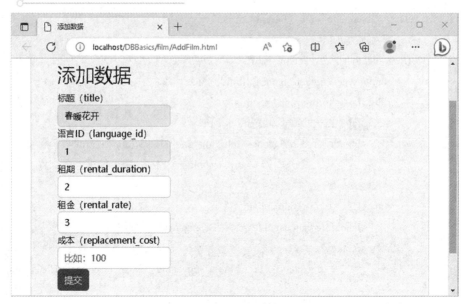

图 11-19　数据添加功能的运行效果

11.6.2　DAO

在 DAO 类中，针对数据库 film 表数据添加的静态方法为 addFilm(Film film)，它将传入的 Film 对象信息通过 SQL 的 INSERT 语句插入到数据库中。相应的 FilmDAO.java 代码片段如下：

```
FilmDAO.java

package dao;
...
public class FilmDAO {
    public static void addFilm(Film film) {
        Connection con = null;
        PreparedStatement ps = null;
        String sql = "insert into film
                (title, language_id, rental_duration, rental_rate, replacement_cost)
                values(?,?,?,?,?)";
        try {
            con = DBUtil.getConnection();
            ps = con.prepareStatement(sql);
            ps.setString(1, film.getTitle());
            ps.setInt(2, film.getLanguageId());
            ps.setInt(3, film.getRentalDuration());
            ps.setDouble(4, film.getRentalRate());
            ps.setDouble(5, film.getReplacementCost());
            int flag = ps.executeUpdate();
```

```
                if (flag > 0) {
                    System.out.println("添加成功！");
                }
            } catch (SQLException e) {
                e.printStackTrace();
            } finally {
                try {
                    DBUtil.closeConnection(con, ps, null);
                } catch (SQLException e) {
                    e.printStackTrace();
                }
            }
        }
        ...
    }
```

11.6.3　Controller

用户的输入信息以 POST 方式发送到 Web 服务器，由 Controller 调用 doPost 方法中的相应代码。

响应 film 数据添加的过程是：首先通过自定义的 createFilmFromRequest(request)方法以用户输入的数据来构建 Film 实例对象 film；然后通过 FilmDAO.addFilm(film)执行数据库操作；最后使用 response 的重定向方法 sendRedirect("list")再次由前端向服务器请求"/film/list"数据查询操作以显示新的数据集合。FilmController.java 代码中关于数据添加的部分如下：

FilmController.java

```
package controller;
...
@WebServlet(name="FilmController", urlPatterns={"/film/add",...})
public class FilmController extends HttpServlet {
    private    Film    createFilmFromRequest(HttpServletRequest    request)    throws
UnsupportedEncodingException {
        request.setCharacterEncoding("utf-8");
        Film film = new Film();
        film.setFilmId(Integer.parseInt(request.getParameter("filmId"))); //兼容 Add 和 Update
        film.setTitle(request.getParameter("title"));
        film.setLanguageId(Integer.parseInt(request.getParameter("languageId")));
        film.setRentalDuration(Integer.parseInt(request.getParameter("rentalDuration")));
        film.setRentalRate(Double.parseDouble(request.getParameter("rentalRate")));
```

```
                    film.setReplacementCost(Double.parseDouble(request.getParameter("replacementCost"
                )));
                return film;
            }
            @Override
            protected void doPost(HttpServletRequest request, HttpServletResponse response) throws
IOException {
                Film film;
                String servletPath = request.getServletPath();
                switch (servletPath) {
                    case "/film/add" -> {
                        film = createFilmFromRequest(request);
                        FilmDAO.addFilm(film);
                        response.sendRedirect("list");
                    }…
                }
            }…
        }
```

11.7　数　据　删　除

11.7.1　DAO

11.7 演示

在 DAO 类中，针对数据库 film 表数据删除的静态方法为 deleteFilm(int id)，它根据传入的 ID 信息通过 SQL 的 DELETE 语句在数据库中删除数据。相应的 FilmDAO.java 代码片段如下：

FilmDAO.java

```
package dao;
...
public class FilmDAO {
    public static void deleteFilm(int id) {
        Connection con = null;
        PreparedStatement ps = null;
        String sql = "delete from film where film_id=?";
        try {
            con = DBUtil.getConnection();
```

```
                    ps = con.prepareStatement(sql);
                    ps.setInt(1, id);
                    int flag = ps.executeUpdate();
                    if (flag > 0) {
                        System.out.println("删除成功！");
                    }
                } catch (SQLException e) {
                    e.printStackTrace();
                } finally {
                    try {
                        DBUtil.closeConnection(con, ps, null);
                    } catch (SQLException e) {
                        e.printStackTrace();
                    }
                }
            }
            ...
        }
```

11.7.2 Controller

用户指定删除的数据 ID 以 GET 方式发送到 Web 服务器，由 Controller 调用 doGet 方法中相应的代码。

响应 film 数据删除的过程是：首先获得"id"参数值并转换为整型；然后通过 FilmDAO.deleteFilm(id)执行数据库操作；最后使用 response 的重定向方法 sendRedirect("list") 再次由前端向服务器请求"/film/list"数据查询操作以显示新的数据集合。FilmController.java 代码中关于数据添加的部分如下：

```
FilmController.java

        package controller;
        ...
        @WebServlet(name="FilmController", urlPatterns={"/film/delete",...})
        public class FilmController extends HttpServlet {
            @Override
            protected void doGet(HttpServletRequest request, HttpServletResponse response) throws
ServletException, IOException {
                int id;
                String servletPath = request.getServletPath();
                switch (servletPath) {
```

```
        case "/film/delete" -> {
            id = Integer.parseInt(request.getParameter("id"));
            FilmDAO.deleteFilm(id);
            response.sendRedirect("list");
        }...
    }
}...
}
```

11.8 数 据 更 新

11.8.1 DAO

11.8 演示

在 DAO 类中，针对数据库 film 表进行修改的方法为 loadFilm(int id)和 updateFilm(Film film)。loadFilm 方法用来根据 ID 获取要修改的 film 信息，以便在界面中先显示出原来的信息供用户修改；updateFilm 方法则是在用户修改提交之后对数据库的修改操作。相应的 FilmDAO.java 代码片段如下：

FilmDAO.java

```java
package dao;
...
public class FilmDAO {
    public static Film loadFilm(int id) {
        Film film = null;
        Connection con = null;
        PreparedStatement ps = null;
        ResultSet rs = null;
        try {
            con = DBUtil.getConnection();
            String sql = "SELECT film_id, title, language_id, rental_duration, rental_rate,
replacement_cost, last_update FROM film where film_id =?";
            ps = con.prepareStatement(sql);
            ps.setInt(1, id);
            rs = ps.executeQuery();
            while (rs.next()) {
                film = new Film();
                film.setFilmId(rs.getInt("film_id"));
```

```java
                    film.setTitle(rs.getString("title"));
                    film.setLanguageId(rs.getInt("language_id"));
                    film.setRentalDuration(rs.getInt("rental_duration"));
                    film.setRentalRate(rs.getDouble("rental_rate"));
                    film.setReplacementCost(rs.getDouble("replacement_cost"));
                    film.setLastUpdate(rs.getTimestamp("last_update"));
                }
            } catch (SQLException e) {
                e.printStackTrace();
            } finally {
                try {
                    DBUtil.closeConnection(con, ps, null);
                } catch (SQLException e) {
                    e.printStackTrace();
                }
            }
            return film;
        }
        public static void updateFilm(Film film) {
            Connection con=null;
            PreparedStatement ps=null;
            String sql="update film set title=?,language_id=?,rental_duration=?,
rental_rate=?,replacement_cost=? where film_id=?";
            try {
                con= DBUtil.getConnection();
                ps=con.prepareStatement(sql);
                ps.setString(1, film.getTitle());
                ps.setInt(2, film.getLanguageId());
                ps.setInt(3, film.getRentalDuration());
                ps.setDouble(4, film.getRentalRate());
                ps.setDouble(5, film.getReplacementCost());
                ps.setInt(6, film.getFilmId());
                int flag=ps.executeUpdate();
                if(flag>0) {
                    System.out.println("更新成功！");
                }
            }catch(SQLException e) {
                e.printStackTrace();
```

```
        }finally {
            try {
                DBUtil.closeConnection(con, ps, null);
            }catch(SQLException e) {
                e.printStackTrace();
            }
        }
    }
    ...
}
```

11.8.2   Controller

用户指定更新的数据 ID 以 GET 方式发送到 Web 服务器，由 Controller 调用 doGet 方法中相应的代码。响应的过程是：首先获得"id"参数值并转换为整型；然后通过FilmDAO.loadFilm (id)执行数据库操作；最后使用 response 的 getRequestDispatcher 方法将请求转发给"Update Film.jsp"以显示原有的数据。

用户在"UpdateFilm.jsp"中修改数据并点击提交后，信息以 POST 方式发送到 Web 服务器，由 Controller 调用 doPost 方法中相应的代码。响应的过程是：首先通过自定义的createFilmFromRequest(request)方法以用户输入的数据来构建 Film 实例对象 film；然后通过FilmDAO.updateFilm(film) 执 行 数 据 库 操 作 ； 最 后 使 用 response 的 重 定 向 方 法sendRedirect("list")再次由前端向服务器请求"/film/list"数据查询操作以显示新的数据集合。

FilmController.java 代码中关于数据添加的部分如下：

```
FilmController.java

        package controller;
        ...
        @WebServlet(name="FilmController", urlPatterns={"/film/load","/film/update"...})
        public class FilmController extends HttpServlet {
            private    Film    createFilmFromRequest(HttpServletRequest    request)    throws
UnsupportedEncodingException {
                request.setCharacterEncoding("utf-8");
                Film film = new Film();
                film.setFilmId(Integer.parseInt(request.getParameter("filmId"))); //兼容 Add 和 Update
                film.setTitle(request.getParameter("title"));
                film.setLanguageId(Integer.parseInt(request.getParameter("languageId")));
                film.setRentalDuration(Integer.parseInt(request.getParameter("rentalDuration")));
                film.setRentalRate(Double.parseDouble(request.getParameter("rentalRate")));
                film.setReplacementCost(Double.parseDouble(request.getParameter("replacementCost"
)));
```

```java
                    return film;
            }
            @Override
            protected void doGet(HttpServletRequest request, HttpServletResponse response) throws
ServletException, IOException {
                    List<Film> filmList;
                    int id;
                    Film film;
                    String servletPath = request.getServletPath();
                    switch (servletPath) {
                        case "/film/load" -> {
                            film = FilmDAO.loadFilm(Integer.parseInt(request.getParameter("id")));
                            request.setAttribute("film", film);
                            request.getRequestDispatcher("UpdateFilm.jsp").forward(request, response);
                        }...
                    }
            }
            @Override
            protected void doPost(HttpServletRequest request, HttpServletResponse response) throws
IOException {
                    Film film;
                    String servletPath = request.getServletPath();
                    switch (servletPath) {
                        case "/film/update" -> {
                            film = createFilmFromRequest(request);
                            FilmDAO.updateFilm(film);
                            response.sendRedirect("list");
                        }...
                    }
            }
    }
```

11.8.3 View

更新数据的界面类似于添加数据的界面，区别主要在于更新数据的界面在显示时预先填写了原有的数据，因此不能使用 HTML 文件来完成这一功能，需要使用 JSP 页面在服务器端获取相应的数据。UpdateFilm.jsp 文件的主要代码如下：

UpdateFilm.jsp

```jsp
<%@ page language="java" contentType="text/html; charset=UTF-8" pageEncoding="UTF-8" %>
```

```
<%@ taglib prefix="c" uri="http://java.sun.com/jsp/jstl/core" %>
<!DOCTYPE html>
<html lang="zh-CN">
<head>
    <meta charset="UTF-8">
…引用 Bootstrap
    <title>修改数据</title>
</head>
<div class="container p-5 my-5 bg-light border">
    <h1>修改数据</h1>
    <form method="post" action="update">
        <input type="hidden" name="filmId"
                value="${film.filmId}"/>
        <div class="form-group col-sm-4">
            <label for="title">标题(title)</label>
            <input type="text" name="title" id="title" class="form-control" value="${film.title}"/>
        </div>
        <div class="form-group col-sm-4">
            <label for="languageId">语言 ID(languageId)</label>
            <input type="text" id="languageId" name="languageId" class="form-control"
                    value="${film.languageId}"/>
        </div>
        <div class="form-group col-sm-4">
            <label for="rentalDuration">租期(rentalDuration)</label>
            <input type="text" id="rentalDuration" name="rentalDuration"
                    class="form-control" value="${film.rentalDuration}"/>
        </div>
        <div class="form-group col-sm-4">
            <label for="rentalRate">租金(rentalRate)</label>
            <input type="text" id="rentalRate" name="rentalRate"
                    class="form-control" value="${film.rentalRate}"/>
        </div>
        <div class="form-group col-sm-4">
            <label for="replacementCost">成本(replacementCost)</label>
            <input type="text" id="replacementCost" name="replacementCost"
                    class="form-control" value="${film.replacementCost}"/>
        </div>
        <button type="submit" class="btn btn-primary">提交</button>
```

```
        </form>
    </div>
    </body>
    </html>
```

数据更新代码的运行效果如图 11-20 所示。

图 11-20　数据更新代码的运行效果

思 考 题

1. 简述 JDBC 的结构和功能。

2. 简述 JDBC 操作数据库的步骤。

3. JDBC 中的 Statement 和 PreparedStatement，以及 Statement 和 CallableStatement 的区别分别是什么？

4. 使用 PreparedStatement 的优缺点分别是什么？

5. JDBC 中 ResultSet 的作用是什么？

6. 什么是 POJO？

7. 简述三层架构的优势。

8. 简述 MVC 设计模式中各部分的功能。

9. 简述 Model 1 中各模块的交互过程。

10. 简述 Model 2 中各模块的交互过程。

11. 什么是数据库连接池？数据库连接池的主要作用是什么？

12. 使用 JDBC 实现一个简单的留言板功能，完成留言信息的增删改查功能。

第 12 章　SSM 框架

学习提示

不同的 Web 系统会有不同的需求，但底层的架构和实现方式却常常是相似的。SSM 框架(Spring、SpringMVC 和 MyBatis)就是一种常用的架构，它提供了符合软件工程思想的实现方式，是提高开发效率的有效手段。SSM 框架相对于其他框架来说，其学习曲线较为平缓，便于初学者快速入门并掌握其核心概念和基本用法。在前面所学知识的基础上，熟悉 SSM 框架中各部分的原理及功能，了解它们之间的联系，可以进一步掌握 Java Web 的开发规律，也为下一步学习 Spring Boot 框架奠定基础。

SSM 框架的各部分是相对独立的，但为了平滑学习曲线，本章将按照 Spring、SpringMVC、MyBatis 和 SSM 整合的方式逐渐展开讨论。本章以实际开发为目标，利用 SSM 技术搭建与前一章功能相同的项目，通过对比，可以使读者更容易理解使用 SSM 提高开发效率的具体机制。

12.1　SSM 框架概况

SSM 是 Java Web 开发中主流的集成框架之一，它由 Spring、SpringMVC 和 MyBatis 3 个独立却又协同工作的开源框架整合而成，可有效地提高 Web 系统的开发效率。

在 SSM 框架中，SpringMVC 主要提供 MVC 模式中最核心的控制器功能，负责处理用户请求并返回响应结果。SpringMVC 可以提供简单、优雅、快速的 Web 应用开发基础结构。MyBatis 作为对象关系映射框架(Object Relational Mapping，ORM)，可以将关系型数据库中的数据匹配到 Java 对象中。MyBatis 拥有良好的性能，支持自定义 SQL、存储过程和高级映射，提供了简洁的数据访问方式，可以有效地减少数据访问层的开发时间。Spring 提供了控制反转(Inversion of Control，IoC)、依赖注入(Dependency Injection，DI)、面向切面编程(Aspect Oriented Programming，AOP)等功能，可以实现模块之间的低耦合，减少代码冗余，提高代码可维护性，简化应用程序的开发和管理。

SSM 框架可以看作是 MVC 模式的一种整合实现方式，它结合了 Spring、SpringMVC、MyBatis 等框架的优点，提供了一种高效、灵活、可扩展的 Java Web 开发方式。其具体的优点包括：

(1) SSM 框架代码结构清晰，分层明确，易于维护和扩展。作为一种轻量级的框架，它不仅可以在小型项目中使用，而且也可以在大型项目中使用，具有很高的灵活性。

(2) SSM 框架采用了松耦合的设计模式，使得代码之间的依赖关系十分清晰，因此可以很方便地进行单元测试和集成测试，并且测试效果更加准确和可靠。

(3) SSM 框架提供了诸多企业级的特性，如依赖注入、面向切面编程等，可有效提高代码重用率和开发效率，降低项目维护的成本。

(4) SSM 框架能够很好地支持关系型数据库的事务和多线程操作，保证数据的一致性和完整性的同时具有良好的扩展性和灵活性。

12.2　Spring 基础

12.2.1　Spring 技术概况

Spring 是一个轻量级的开发框架，它提供了一个完整的解决方案，包括 IoC 容器、AOP、数据访问、Web 开发、测试等。Spring 主要面向企业级应用开发，旨在简化典型 Web 系统开发，使开发者更加专注于业务逻辑的实现，而不是手动处理底层的技术方案。

Spring 框架最初由 Rod Johnson 在 2002 年发布，目的是帮助 Java 开发人员更容易地构建企业级应用程序。Spring 框架的第一个版本仅仅包含了 IoC 和 AOP 两个模块，但这已经足够使 Spring 成为当时最受欢迎的 Java 开发框架之一。在接下来的几年中，Spring 团队不断推出新的模块，如 JDBC 抽象层、事务管理、MVC 等，使得 Spring 的功能更加完善，逐渐成为企业级 Java 应用开发的事实标准。2007 年之后，Spring 团队继续推出了新的模块，如 Spring Security、Spring Web Services 等，以满足不同场景下的需求。

为了适应云计算的需求，Spring 框架进一步推出了 Spring Cloud 云原生应用开发技术，提供了一套完整的微服务架构开发工具，包括服务注册、配置管理、负载均衡等。随着容器技术的兴起，Spring Boot 逐渐成为 Spring 框架的核心模块。Spring Boot 提供了自带 Web 服务器的能力，使得开发人员可以轻松地构建高效的 Web 服务。

Spring 框架的核心模块主要包括以下几部分：

(1) Spring Core。Spring Core 是 Spring 框架的核心模块，包括 IoC 容器、BeanFactory、BeanDefinition 等，用于实现 IoC 和 AOP 功能。IoC 是 Spring 框架的核心概念之一，它将对象的创建和依赖关系的管理从应用程序中分离出来，由 IoC 容器负责管理。IoC 容器是一个提供对象实例化、组装和管理的机制，通过读取配置文件或注解描述信息来创建对象，可以很好地解决类之间的依赖问题。

(2) Spring AOP。Spring AOP 提供了 AOP 的支持，通过切面来完成横切关注点的处理。Spring AOP 将程序的关注点(如日志、事务、安全等)从主业务逻辑中分离出来，可以很方便地实现切面功能，而不需要修改主业务逻辑。

(3) Spring Web。Spring Web 是 Spring 框架中的 Web 模块，包括 Spring MVC、RESTful

Web 服务、WebSocket 等，用于实现 Web 开发相关功能。其中，Spring MVC 框架可以帮助开发者更加方便地实现模型、视图和控制器之间的关系，提高了代码的可维护性。

(4) Spring ORM。Spring ORM 提供了对 ORM 框架的支持，如 Hibernate、MyBatis 等，用于实现数据访问层相关功能。Spring Data Access 是 Spring 框架中的数据访问层模块，包括 JDBC、JPA、Hibernate 等技术的支持。在企业级应用中，事务管理是必不可少的，Spring 框架还提供了对事务的管理和控制，可以很方便地实现业务逻辑中的事务处理和回滚。

(5) Spring Test。Spring Test 提供了针对 Spring 应用程序的单元测试和集成测试，帮助开发者快速构建高质量的测试代码，可方便地用于 Web 应用程序的自动化测试，提高了测试覆盖率和可靠性，从而保证了代码的质量。

(6) Spring Security。Spring Security 提供了一种安全管理框架，可以处理用户身份认证和授权等问题，保护 Web 应用程序的安全性。

总之，Spring 是一个轻量级、开源的企业级应用开发框架，它的设计目标是简化 Java 项目开发。通过使用 Spring 框架，开发者可以更加专注于业务逻辑的实现，提高开发效率、代码质量和可维护性。

12.2.2　Spring IoC 容器

Spring IoC 是 Spring 框架的核心特性之一，它是一种设计原则和编程思想，用于解耦程序中的各个组件。在传统的编程模式中，类与类之间的依赖关系比较紧密，一个类依赖于另一个类，导致代码难以扩展和维护。而 Spring IoC 通过将对象的创建和依赖关系交给容器管理，从而解耦各个组件之间的依赖关系。

Spring IoC 的核心理念是"面向接口编程"，通过接口来定义对象的功能，而不依赖对类的具体实现。这种方式可以在不修改程序源代码的情况下进行后续扩展和维护，提高了程序的可维护性和可扩展性。例如，在传统的开发模式中，一个业务类可能会依赖很多其他类，而这些依赖关系都是固定的。如果要修改其中一个类的实现，那么就需要将所有依赖的类都进行更新。如果使用 Spring IoC，则只需要在配置文件中更改相关类的信息即可。

Spring IoC 容器负责实例化、配置和组装应用程序中的对象，可以控制对象的创建、销毁和属性设置等生命周期过程。在 Spring IoC 容器中，Bean 生命周期主要包括 4 个阶段：实例化、属性注入(Field Injection)、初始化和销毁。其中，实例化和属性注入由容器来完成，初始化和销毁由对象自己来完成，但是容器提供了相应的方法进行调用。Spring IoC 容器还可以管理对象的作用域，包括 Singleton、Prototype、Request、Session 和 Global Session。

Spring IoC 容器的启动过程中会读取配置文件，通过反射机制创建对象，并将对象之间的依赖关系自动注入对象。Spring IoC 容器包括 BeanFactory 和 ApplicationContext，另外还有基于 ApplicationContext 扩展出的 WebApplicationContext。其中：BeanFactory 是 Spring 容器最基本的实现，它提供了基本的 Bean 生命周期管理和 Bean 调用接口；ApplicationContext 是 BeanFactory 的扩展，它增加了更多的功能，如国际化消息解析、事件传播、资源加载、AOP 支持等；WebApplicationContext 是专门为 Web 应用程序设计的 ApplicationContext，它提供了 ServletContext 的访问权、应用级 Bean、请求范围 Bean 等。

Spring IoC 容器可以自动解决对象之间的依赖关系，通过依赖注入(Dependency Injection，

DI)将一个对象所依赖的其他对象注入进来。在 Spring IoC 容器中，依赖注入主要有 3 种方式：构造函数注入、Setter 方法注入和接口注入。

(1) 构造函数注入(Constructor Injection)：通过构造函数对依赖进行注入。通常使用构造函数注入，是因为它可以保证依赖的完全性，并且避免运行时的异常。

(2) Setter 方法注入(Setter Injection)：通过 Setter 方法对依赖进行注入。Setter 方法注入相比构造函数注入的优势在于，它可以提供可选的依赖项，并且对于容器创建的对象其构造函数可能是不可访问的。`

(3) 接口注入(Interface Injection)：通过实现接口的方式对依赖进行注入。这种方式通常不被广泛使用，因为它需要程序员手动编写接口和实现类，增加了开发难度。

除了以上 3 种方式，还可以使用属性注入，即直接在属性上使用注解进行依赖注入。但是，该方式不太推荐使用，因为它会破坏封装性，使得依赖关系无法通过私有方法、构造函数或其他方式进行控制。

Spring IoC 容器使用 XML、注解、JavaConfig 等方式来配置 Bean，使用这些配置方式可以实现类与接口解耦、管理依赖关系、定义 Bean 的作用域等。3 种配置方式的具体说明如下：

(1) XML 配置。XML 配置是最常用的 Spring 配置方式，它提供了对 Bean 的基本配置、属性设置、构造函数参数设置、依赖注入、作用域等全面的支持。

(2) 注解配置。注解配置是一种更加简单方便的 Bean 配置方式，它使用注解来标识 Bean，可以将所有配置信息都写在 Java 类中。

(3) JavaConfig 配置。JavaConfig 以纯 Java 代码方式配置 Spring 容器，能够在不使用 XML 的情况下实现完整的 Bean 装配。

以上 3 种配置方式各有优缺点，可根据具体的应用场景和需求进行选择。

在 Spring IoC 中，IoC 容器是最核心的部分，它负责管理 Bean 的生命周期，解决对象之间的依赖关系和管理 Bean 的作用域，其具体的工作机理如图 12-1 所示。Spring IoC 通过控制对象之间的依赖关系来实现松耦合，提高代码的可维护性和可扩展性。

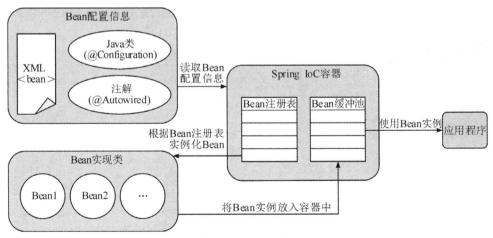

图 12-1　C 工作机理

12.2.3 应用场景实例

12.2.3 演示

为了说明 Spring IoC 技术实际应用方式，这里构建具有多个接口和类的应用场景，包括两个接口和两个类。这些接口和类的关系如图 12-2 所示。

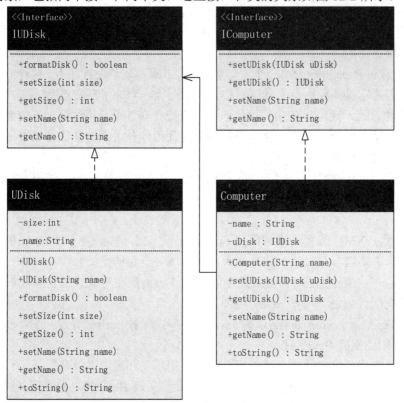

图 12-2　UDisk、Computer 等 UML 类图

IUDisk 和 IComputer 两个接口分别定义了 U 盘和计算机的接口信息。其中，IUDisk 中使用 setter 和 getter 方法定义了 U 盘的容量 size 和名称 name 属性，并使用 formatDisk 方法格式化 U 盘。定义 IUDisk 接口的文件 IUDisk.java 的代码如下：

```
IUDisk.java

package bean;
public interface IUDisk {
    public boolean formatDisk();
    public void setSize(int size);
    public int getSize();
    public void setName(String name);
    public String getName();
}
```

IComputer 除了也拥有 name 属性外，还声明了 IUDisk 类型的 uDisk 属性。定义 IComputer 接口的文件 IComputer.java 的代码如下：

IComputer.java

```
package bean;
public interface IComputer {
    public void setName(String name);
    public String getName();
    public void setUDisk(IUDisk uDisk);
    public IUDisk getUDisk();
}
```

UDisk 和 Computer 两个类分别实现了上述两个接口，即覆盖(Override)了接口中所有的抽象方法。另外还覆盖了 toString 方法以响应相关的调用。定义 UDisk 类的文件 UDisk.java 的代码如下：

UDisk.java

```
package bean;
public class UDisk implements IUDisk {
    private int size;
    private String name;
    public UDisk() { this("UD1"); }
    public UDisk(String name) {
        this.name = name;
        this.size = 100;
    }
    @Override
    public boolean formatDisk() {
        System.out.println("UDisk Formatted!");
        return true;
    }
    @Override
    public void setSize(int size) { this.size = size; }
    @Override
    public int getSize() { return size; }
    @Override
    public void setName(String name) { this.name = name; }
    @Override
    public String getName() { return name; }
    @Override
    public String toString() {
        return "UDisk{" + "size=" + size + ",name=" + name + '}';
    }
}
```

编写测试代码对 UDisk 的主要功能进行测试，应用 JUnit 编写的 UDiskTest.java 的代码如下：

```
UDiskTest.java
        package bean;
        import org.junit.jupiter.api.Test;
        class UDiskTest {
            IUDisk uDisk;
            @Test
            void test1() {
                uDisk = new UDisk();
                System.out.println(uDisk);
                uDisk.setName("UD2");
                System.out.println(uDisk);
            }
        }
```

测试运行 test1 方法可以得到如下输出，说明运行结果符合预期：

```
UDisk{size=100,name=UD1}
UDisk{size=100,name=UD2}
```

Computer 类中虽然一直使用 IUDisk 接口类型来描述插入的 U 盘，但由于 UDisk 类实现了该接口，因此在未来对象实例化的过程中可以接收 UDisk 类的实例对象作为参数传入 Computer 类的实例对象。定义 Computer 类的文件 Computer.java 的代码如下：

```
Computer.java
        package bean;
        public class Computer implements IComputer {
            private String name;
            private IUDisk uDisk;
            public Computer(String name) {
                this.name = name;
                this.uDisk = null;
            }
            @Override
            public void setName(String name) { this.name = name; }
            @Override
            public String getName() { return name; }
            @Override
            public void setUDisk(IUDisk uDisk) { this.uDisk = uDisk; }
            @Override
            public IUDisk getUDisk() { return uDisk; }
```

```
        @Override
        public String toString() {
            return "Computer{" + "name=" + name + '}' + uDisk;
        }
    }
```

接下来 "将 U 盘插入计算机"，即编写测试代码对 Computer 的主要功能进行测试，特别是测试通过 setUDisk 方法将实例化的 UDisk 对象赋值给相应的属性。应用 JUnit 编写的 ComputerTest.java 的代码如下：

```
ComputerTest.java

        package bean;
        import org.junit.jupiter.api.Test;
        class ComputerTest {
            @Test
            void test1() {
                IComputer computer = new Computer("MyComputer");
                IUDisk uDisk = new UDisk("USBDisk");
                uDisk.setSize(300);
                computer.setUDisk(uDisk);
                System.out.println(computer);
            }
        }
```

测试运行 test1 方法可以得到如下输出，说明运行结果符合预期：

```
Computer{name=MyComputer}UDisk{size=300,name=USBDisk}
```

12.2.4　Bean 的 XML 配置

使用 Spring 中相应的功能需要增加对应的库，在使用 Maven 的开发环境中，可以在 pom.xml 中增加如下依赖：

```
<dependency>
    <groupId>org.springframework</groupId>
    <artifactId>spring-context</artifactId>
    <version>6.0.8</version>
</dependency>
```

在 Spring 中有多种配置 Bean 的方式，以下将主要介绍使用 XML 配置 Bean 的过程，以帮助理解和应用 Spring 框架。

Spring 的 XML 配置文件是一个非常重要的资源文件，用于描述应用程序中所有的 Bean 对象、依赖关系、配置信息等。

XML 文档的根元素< beans>用于指定 Spring 容器的配置信息：

```
<beans xmlns="http://www.springframework.org/schema/beans"
```

```
            xmlns:xsi="http://www.w3.org/2001/XMLSchema-instance"
            xmlns:context="http://www.springframework.org/schema/context"
            xsi:schemaLocation="http://www.springframework.org/schema/beans
            http://www.springframework.org/schema/beans/spring-beans.xsd
            http://www.springframework.org/schema/context
            http://www.springframework.org/schema/context/spring-context.xsd">
            <!-- Bean 定义 -->
</beans>
```

根元素中可以包含多个<bean>子元素，用于定义 Bean 对象，包含 Bean 的名称、类型、属性等信息。配置一个 Bean 对象通常需要指定以下几个方面的信息：

(1) Bean 的 id 或 name，用于标识该 Bean 对象，在 Spring 应用程序中唯一。id 属性是最常用的，作为 Bean 的唯一标识符，在其他地方引用该 Bean 时需要使用该 id。而 name 属性则可以指定多个标识符，以逗号、分号或空格分隔开。例如：

```
<bean id="UDiskBean" class="bean.UDisk"/>
<bean name="u1, u2" class="bean.UDisk"/>
```

(2) Bean 的 class，用于指定该 Bean 对象的类型。在 Spring 中，Bean 的 class 属性用于指定该 Bean 对象的类型。它可以是一个 Java 类，也可以是一个接口，甚至可以是一个抽象类。

(3) Bean 的作用域，可以是 singleton(单例)或 prototype(多例)。singleton 表示该 Bean 对象为单例，在应用程序中只会被实例化一次，并且每次获取该 Bean 对象都返回同一个实例；prototype 则表示该 Bean 对象为多例,在每次获取该 Bean 对象时都会创建一个新的实例。例如：

```
<bean id="UDiskBean" class="bean.UDisk" scope="prototype"/>
```

(4) Bean 的属性，包含需要注入的属性及其值。Bean 的属性可以是基本类型、对象引用、数组、集合等类型。可以通过 property 元素来为 Bean 设置属性，其中 name 属性用于指定 Bean 对象的属性名称，value 或 ref 属性用于指定属性的值或引用。例如：

```
<bean id="UDiskBean" class="bean.UDisk">
     <!-- 使用 get 方法，为属性赋值 -->
     <property name="size" value="300"></property>
</bean>
```

(5) 注入方式，包括构造方法注入、工厂方法注入等。其中，使用构造方法注入方式，可以通过构造方法将依赖项传递给 Bean 对象。例如：

```
<constructor-arg name="name" value="MyDisk"></constructor-arg>
```

使用工厂方法注入方式，可以通过调用工厂类中的方法来创建 Bean 对象。例如：

```
<bean id="userDao" class="com.example.UserDaoImpl" factory-method="create">
     <constructor-arg ref="dataSource"/>
</bean>
```

(6) 属性占位符，可以将配置文件中的属性值作为变量传递给 Bean 对象。例如：

```
<bean id="dataSource" class="org.apache.tomcat.jdbc.pool.DataSource">
```

```
        <property name="driverClassName" value="${jdbc.driver}"/>
        <property name="url" value="${jdbc.url}"/>
        <property name="username" value="${jdbc.username}"/>
        <property name="password" value="${jdbc.password}"/>
    </bean>
```

(7) 嵌套 Bean，可以将一个 Bean 对象作为另一个 Bean 对象的属性值。例如：

```
<bean id="userService" class="com.example.UserService">
    <property name="userDao">
        <bean class="com.example.UserDaoImpl">
            <property name="dataSource" ref="dataSource"/>
        </bean>
    </property>
</bean>
```

基于 XML 的配置，为实现与前文相同的"将 U 盘插入计算机"功能，需要编写相应的名为 applicationContext.xml 的配置文件，代码如下：

applicationContext.xml

```
<?xml version="1.0" encoding="UTF-8"?>
<beans xmlns="http://www.springframework.org/schema/beans"
        xmlns:xsi="http://www.w3.org/2001/XMLSchema-instance"
        xmlns:context="http://www.springframework.org/schema/context"
        xsi:schemaLocation="http://www.springframework.org/schema/beans
        http://www.springframework.org/schema/beans/spring-beans.xsd
        http://www.springframework.org/schema/context
        http://www.springframework.org/schema/context/spring-context.xsd">
    <bean id="UDiskBean" class="bean.UDisk">
        <!-- 使用有参数构造方法，并赋参数值 -->
        <constructor-arg name="name" value="MyDisk"></constructor-arg>
        <!-- 使用 set 方法，为属性赋值 -->
        <property name="size" value="300"></property>
    </bean>
    <bean id="ComputerBean" class="bean.Computer">
        <!-- 使用有参数构造方法，并赋参数值 -->
        <constructor-arg name="name" value="MyComputer"></constructor-arg>
        <!-- 使用 set 方法，为属性赋值 -->
        <property name="UDisk" ref="UDiskBean"></property>
    </bean>
    <!-- 配置自动扫描包-->
    <context:component-scan base-package="bean"/>
</beans>
```

12.2.5 容器初始化及 Bean 实例化

在 Spring 应用中，Bean 的 XML 配置文件通常是通过 ApplicationContext 容器加载的。容器的初始化过程包括以下几个步骤：

12.2.5 演示

(1) 加载并解析 XML 配置文件；

(2) 根据配置文件中定义的 Bean 信息，实例化并初始化所有的 Bean 对象；

(3) 将所有实例化的 Bean 对象注册到 Bean 工厂中；

(4) 根据 Bean 的依赖关系，注入各个 Bean 对象的属性和引用；

(5) 完成所有 Bean 对象的初始化工作；

(6) 在 Spring 容器创建后，可以通过 getBean 方法获取任意一个已经实例化的 Bean 对象。

在开发过程中，可以使用 ClassPathXmlApplicationContext 类调用 XML 配置文件进行容器初始化。ClassPathXmlApplicationContext 类是 Spring 框架中的一个 IoC 容器实现类，通过加载 XML 配置文件，将其中的 Bean 定义读入 IoC 容器，生成 Bean 实例并进行依赖注入。与其他 IoC 容器一样，ClassPathXmlApplicationContext 也负责管理 Bean 的生命周期和依赖关系。使用 ClassPathXmlApplicationContext 一般需要进行以下几个步骤：

(1) 创建 ClassPathXmlApplicationContext 对象。创建 ClassPathXmlApplicationContext 对象时需要指定一个或多个 XML 配置文件的文件名或文件路径作为构造方法的输入参数，例如：

```
ApplicationContext ctx = new ClassPathXmlApplicationContext("a.xml");
```

(2) 获取 Bean 实例。在 ClassPathXmlApplicationContext 容器初始化之后，就可以通过 getBean()方法获取 Bean 实例，例如：

```
uDisk = ctx.getBean("UDiskBean", IUDisk.class);
```

(3) 销毁 ClassPathXmlApplicationContext 对象。当 ClassPathXmlApplicationContext 容器使用完毕后，需要进行销毁操作，以释放资源，例如：

```
((ClassPathXmlApplicationContext)ctx).close();
```

以 UDisk 类为例，UDiskTest 测试代码中使用相关代码完成了创建对象、设置属性等功能。UDiskTest.java 文件代码如下：

```
UDiskTest.java

package bean;
import org.junit.jupiter.api.Test;
import org.springframework.context.ApplicationContext;
import org.springframework.context.support.ClassPathXmlApplicationContext;
class UDiskTest {
    IUDisk uDisk;
    @Test
    void test2(){
        ApplicationContext ctx = new ClassPathXmlApplicationContext("applicationContext.xml");
        // 从容器中获得 id 为 UDiskBean 的 Bean
```

```
        //IUDisk uDisk = (IUDisk)ctx.getBean("UDiskBean");
        uDisk = ctx.getBean("UDiskBean", IUDisk.class);
        System.out.println(uDisk);
        uDisk.setName("UD2");
        System.out.println(uDisk);
    }
}
```

可以看到，ClassPathXmlApplicationContext 类作为常用的 IoC 容器实现类之一，它具有开箱即用、资源加载方便、多路径支持、自动刷新等特点，可以帮助开发者更加方便地管理 Bean 的生命周期和依赖关系，提高应用程序的可维护性和扩展性。

12.2.6 Spring 自动装配

Spring 自动装配是指通过预先定义和处理 Bean 的依赖关系，自动将 Bean 组装成为完整的应用程序或模块的一种方式。在使用 Spring 进行开发时，开发人员往往需要手动配置 Bean 及它们之间的依赖关系，这个过程比较烦琐复杂，而 Spring 自动装配则可更方便地完成这样的功能。

12.2.6 演示

Spring 自动装配的核心思想是在运行时根据上下文信息自动装配相关的 Bean。具体而言，Spring 容器在运行时根据上下文信息(即 Bean 定义和配置文件)自动发现需要被装配的 Bean 及它们之间的依赖关系，然后根据一定的策略自动完成 Bean 之间的依赖注入工作，从而达到了将 Bean 组装成为完整应用程序或模块的目的。

Spring 自动装配主要实现了以下 3 个功能：

(1) 自动扫描。Spring 提供了相应的方式可以自动扫描指定包下的所有类，找出包含 @Component、@Service、@Repository、@Controller 等注解的类，并将它们注册为 Bean。这样就不需要一个个手动定义 Bean 及其依赖关系了。

(2) 自动装配。Spring 提供了@Autowired、@Resource 等注解，通过它们可以自动装配 Bean 之间的依赖关系。使用这些注解时，Spring 会根据类型或名称在容器中找到对应的 Bean，并将其注入需要依赖的 Bean 中。

(3) 自动配置。Spring Boot 在 Spring 自动装配的基础上进一步发展，提供了自动配置功能。在应用程序启动时，Spring Boot 会自动加载并配置一系列默认的 Bean，在不需要额外设置的情况下，就可以轻松地创建一个完整的 Spring 应用。

Spring 自动装配的实现方式可以分为 3 种：

(1) 基于注解：Spring 提供了一系列注解来标注 Bean，如@Component、@Autowired、@Service、@Repository 等，可以通过这些注解来实现自动装配的相关功能。

@Component 注解用于标记被 Spring 容器管理的类，相当于 XML 配置文件中的<bean>元素。@ComponentScan 注解用于配置需要扫描的包，让 Spring 容器自动扫描指定包下的所有类，找出包含@Component 注解的类，并将它们注册为 Bean。

@Autowired 和@Resource 注解用于标注 Bean 之间的依赖关系，它们都可以自动装配 Bean，但在使用时有些微小的差别：@Autowired 是根据类型进行自动装配，当多个类型匹配时，可以使用@Qualifier 指定具体的 Bean 名称；而@Resource 默认先根据名称进行自动装配，当名称找不到对应的 Bean 时，会根据类型进行匹配。

(2) 基于 XML 配置：除了基于注解的自动装配方式，Spring 还支持基于 XML 配置的自动装配方式。Spring 提供了<bean>元素的 autowire 属性，通过设置其值为 byType 或 byName 可以实现基于类型或名称的自动装配。基于 XML 配置的自动装配方式相对于基于注解的自动装配方式来说更加灵活，但需要手动编写 XML 文件，比较烦琐。

(3) 基于 Java 配置：通过使用@Configuration 和@Bean 注解，可以定义需要被 Spring 容器管理的 Bean，并且指定这些 Bean 之间的依赖关系。@Configuration 注解表示这是一个 Java 配置类，它会告诉 Spring 容器如何创建 Bean。@Bean 注解用于标注一个方法，该方法返回一个 Bean 实例。Spring 会自动调用这个方法并将返回值注入需要依赖的 Bean 中。

通过 XML 配置文件可以配置自动扫描功能，如下具体代码声明自动扫描 Bean 目录下所有用@Component、@Service、@Repository、@Controller 等注解的类：

```xml
<?xml version="1.0" encoding="UTF-8"?>
<beans ...>
    <!-- 配置自动扫描包-->
    <context:component-scan base-package="bean"/>
</beans>
```

为测试自动扫描是否起效，以下在 Bean 目录下建立 ComputerService 类，该类被注解为@Service。ComputerService.java 代码如下：

ComputerService.java

```java
package bean;
import org.springframework.beans.factory.annotation.Autowired;
import org.springframework.stereotype.Service;
@Service
public class ComputerService {
    @Autowired
    IComputer computer;
    public void print() {
        System.out.println(computer);
    }
    @Override
    public String toString() {
        return computer.toString();
    }
}
```

上述代码中的@Autowired 注解可以对成员变量、方法和构造函数进行标注以完成自动装配的工作。被注解的 IComputer computer 自动找到 XML 配置文件中对应的 Bean，将其自动实例化并赋值给 computer。

在测试代码中，getBean(ComputerService.class)方法成功地实例化了 ComputerService 类的 Bean 对象。与 UDiskBean 和 ComputerBean 不同，该 Bean 并没有在 XML 配置文档中明

确给出，说明自动扫描已经生效。ComputerTest.java 测试代码如下：

```
ComputerTest.java

        package bean;
        import org.junit.jupiter.api.Test;
        import org.springframework.context.ApplicationContext;
        import org.springframework.context.support.ClassPathXmlApplicationContext;

        class ComputerTest {
            @Test
            void test3() {
                ApplicationContext ctx = new ClassPathXmlApplicationContext("applicationContext.xml");
                ComputerService computerService = ctx.getBean(ComputerService.class);
                computerService.print();
            }
        }
```

测试运行 test3 方法可以看到运行结果符合预期。

Spring 自动装配的优点在于它能够大大减少开发人员手动编写 Bean 定义和配置文件的工作量，同时也可以提高代码的可读性和可维护性。

不过，与优点相对应的是一些需要注意的事项：

(1) 明确 Bean 之间的依赖关系。虽然自动装配可以自动完成 Bean 之间的依赖注入工作，但在大型项目中，可能存在多个相似类型的 Bean，容易导致依赖注入的歧义。因此，在使用自动装配时需要明确 Bean 之间的依赖关系，尽可能减少歧义。

(2) 控制扫描和自动配置的范围。不同包下的类可能存在同名的 Bean，如果不加限制地进行自动扫描和自动配置会导致类之间的混淆。因此，在使用 Spring 自动装配时，需要控制扫描和自动配置的范围，尽量减少不必要的干扰。

(3) 自定义装配策略。在某些特殊情况下，自动装配可能无法满足需求，需要自定义装配策略。Spring 提供了多种自定义装配策略的接口和实现，可以根据具体的需求进行选择和实现。

总之，Spring 自动装配是 Spring 提供的一种非常重要的功能，在开发过程中有着广泛的应用，简化了大量的 Bean 定义和配置文件的编写工作，提高了代码的可读性和维护性。通过对其原理和实现方式的学习与掌握，可以更好地利用 Spring 框架完成项目的开发和维护。

12.3　SpringMVC 基础

12.3.1　SpringMVC 概况

SpringMVC 是 Spring 框架的一个重要组件，用于开发 Web 应用程序。SpringMVC 采用经典的 MVC(Model-View-Controller)设计模式，将应用程序分为 3 个部分：模型、视图和控制器。SpringMVC 引入了 DispatcherServlet(核心分发器)、HandlerMapping(处理方法映射)、ViewResolver(视图解析器)等机制来简化 Web 开发过程，并且提供了许多与 Web 相关的特性，如处理请求、数据绑定、校验、异常处理、文件上传等。

SpringMVC 的架构如图 12-3 所示。前端控制器 DispatcherServlet 是 SpringMVC 的核心，它负责接收所有的请求，并将请求委托给相应的控制器处理。DispatcherServlet 接收到 HTTP 请求后，根据 HandlerMapping 将请求分发给相应的控制器进行处理，最终将结果交给 ViewResolver 选择视图进行渲染。DispatcherServlet 的配置信息可以通过 web.xml 或者其他 xml 配置文件进行配置。

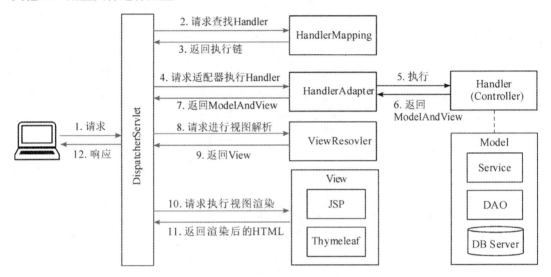

图 12-3　SpringMVC 架构

除了 DispatcherServlet 外，HandlerMapping 也是 DispatcherServlet 的重要组成部分，它的作用是将请求映射到一个具体的控制器(Controller)。HandlerMapping 根据请求的 URL、请求方法以及其他相关信息来确定 HandlerMethod 对象和执行链对象，HandlerMethod 中封装了 Controller 对象、方法对象、方法参数等信息，执行链则包含了一系列 HandlerInterceptor 拦截器。

通过 HandlerMethod 获得对应的 HandlerAdapter，进而适配相应的 Controller。在执行 Controller 之前，首先会执行前置拦截器(preHandle)，如判断用户权限等。如果请求被前置拦截器拦截，则直接返回，否则就去调用 Controller 中的方法执行业务逻辑并返回 ModelAndView 对象。接着执行中置拦截器(postHandle)、处理全局异常。最后进行视图渲染返回并执行后置拦截器(afterCompletion)进行资源释放等工作。

ViewResolver 负责将控制器返回的逻辑视图名解析为实际的视图对象。在 SpringMVC 中，视图可以是 JSP、Thymeleaf 或者其他类型的视图。

Controller 接收请求并调用 Service 层完成业务逻辑处理，Service 层调用 DAO 层进行数据库操作。

总之，使用 SpringMVC 可以简化 Web 应用程序的开发过程，也为系统的不断修改和迭代交付打下了良好的基础。

12.3.2　SpringMVC 配置文件

使用 SpringMVC 功能需要增加对应的库，在使用 Maven 的开发环境中，可以在 pom.xml 中增加如下依赖：

```
<dependency>
    <groupId>org.springframework</groupId>
    <artifactId>spring-webmvc</artifactId>
    <version>6.0.8</version>
</dependency>
```

要 运 行 SpringMVC 框 架，需 要 在 web.xml 文 件 中 给 出 相 应 的 声 明，包 括 DispatcherServlet、应用上下文、请求映射、拦截器以及错误页面跳转的配置等功能。一个基本的 web.xml 代码如下：

```
web.xml

<?xml version="1.0" encoding="UTF-8"?>
<web-app xmlns="https://jakarta.ee/xml/ns/jakartaee"
         xmlns:xsi="http://www.w3.org/2001/XMLSchema-instance"
         xsi:schemaLocation="https://jakarta.ee/xml/ns/jakartaee
                     https://jakarta.ee/xml/ns/jakartaee/web-app_6_0.xsd"
         version="6.0">
    <display-name>SSMBasics</display-name>
    <!-- 配置 SpringMVC servlet -->
    <servlet>
        <servlet-name>spring</servlet-name>
        <servlet-class>org.springframework.web.servlet.DispatcherServlet</servlet-class>
        <load-on-startup>1</load-on-startup>
    </servlet>
    <servlet-mapping>
        <servlet-name>spring</servlet-name>
        <url-pattern>/</url-pattern>
    </servlet-mapping>
</web-app>
```

web.xml 文件中定义的<servlet>元素将 DispatcherServlet 配置为应用程序的全局控制器，用于拦截客户端的请求并将其分派给配置的处理程序进行处理。<servlet-class>元素指定 DispatcherServlet 的类路径，<load-on-startup>元素声明此 servlet 是在容器启动时自动加载。

web.xml 文件中定义的<servlet-mapping>元素指定了 DispatcherServlet 匹配处理请求的 URL 模式，这些 URL 模式与在 HandlerMapping 中配置的请求处理程序相对应。代码中的 <url-pattern>/</url-pattern>代表拦截所有请求，如果写作<url-pattern>*.do</url-pattern>，则代表只拦截 ".do" 结尾的请求。

DispatcherServlet 的初始化过程中，SpringMVC 会在 Web 应用的 WEB-INF 目录下查找名为[servlet-name]-servlet.xml 的配置文件，并创建其中所定义的 Bean。web.xml 中<servlet-name>标签配的值为 spring(<servlet-name>spring</servlet-name>)，再加上"-servlet"后缀而形成 spring-servlet.xml 文件名。作为配置文件之一，spring-servlet.xml 与 web.xml 文件一起定义了 DispatcherServlet 的行为，包括处理器映射器、视图解析器、消息转换器、拦截器、文件上传处理器、异常处理器、静态资源处理器等。根据应用程序的实际需求，可以在 spring-servlet.xml 中进行相应的配置。以下是基本的 spring-servlet.xml 的配置内容：

```xml
<beans xmlns="http://www.springframework.org/schema/beans"
    xmlns:xsi="http://www.w3.org/2001/XMLSchema-instance"
    xmlns:context="http://www.springframework.org/schema/context"
    xmlns:mvc="http://www.springframework.org/schema/mvc"
    xsi:schemaLocation="http://www.springframework.org/schema/beans
            http://www.springframework.org/schema/beans/spring-beans-4.3.xsd
            http://www.springframework.org/schema/context
            http://www.springframework.org/schema/context/spring-context-4.3.xsd
            http://www.springframework.org/schema/mvc
            http://www.springframework.org/schema/mvc/spring-mvc-4.3.xsd">
    <context:component-scan    base-package="controller" />
    <mvc:default-servlet-handler />
    <mvc:annotation-driven />
</beans>
```

配置文件中，通过<context:component-scan>元素，指定需要 Spring 自动扫描的包，并将扫描到的带有注解的类注册为 Bean。可以使用 base-package 属性指定扫描哪些包，比如代码中 base-package="controller"指定将在"controller"包中进行扫描。

通过<mvc:default-servlet-handler>元素开启默认 Servlet 处理器，能够直接访问 Web 容器中的资源，如图片、CSS 等，而无须额外配置。在静态资源请求无法匹配已知 Handler 时，会将请求转至此 Servlet，以处理本身负责转发的工作。

通过<mvc:annotation-driven>元素启用 SpringMVC 注解驱动特性，即开启 SpringMVC 对注解的支持，以便可以在代码中使用@Controller、@ResponseBody、@PathVariable 等注解。该元素还可以配置消息转换器、格式化程序、数据绑定、异常处理器等。

12.3.3　基本的 Controller 组件

在 SpringMVC 中，Controller 是用于处理用户请求的核心组件之一。编写 Controller 的过程如下：

(1) 创建一个 Java 类，加上@Controller 注解，该注解代表这是一个控制器类。

12.3.3 演示

(2) 在类上挂载@RequestMapping 注解，定义此控制器的基本请求路径。例如，如果用户想访问的基础路径为"/hello"，则可以使用此代码：

```
@Controller
@RequestMapping("/hello")
public class HelloController {
    …
}
```

(3) 创建一个处理请求的方法，并在方法上添加@RequestMapping 注解。对于 @RequestMapping 注解，可以设置它的 value 属性指定 URL 映射的地址，还可以设置 method 属性限制请求的类型，如 GET、POST 等。例如：

```
@RequestMapping(method = RequestMethod.GET)
```

(4) 创建一个包含模型和视图的逻辑视图名称的方法返回值。该逻辑视图名称将使用 Spring 的 ViewResolver 解析成实际视图。例如：

```
return "/HelloMVC.jsp";
```

需要注意的是，为了使 Spring 能够自动扫描和装配 Controller，必须将其放置在 spring-servlet.xml 配置文件所指定的包路径下，并添加@Controller 注解。此外，定义好请求路径和前端视图，才能实现有效的请求处理、页面跳转等功能。完整的 HelloController.java 文件代码如下：

HelloController.java

```java
package controller;
import org.springframework.stereotype.Controller;
import org.springframework.web.bind.annotation.RequestMapping;
import org.springframework.web.bind.annotation.RequestMethod;
import org.springframework.ui.ModelMap;
@Controller
@RequestMapping("/hello")
public class HelloController {
    @RequestMapping(method = RequestMethod.GET)
    public String printHello(ModelMap model) {
        model.addAttribute("message", "Spring MVC Framework!");
        return "/HelloMVC.jsp";
    }
}
```

在上述 Controller 响应"/hello"请求时，设置了 model 中的"message"属性值。通过 model 的传递，将在 HelloMVC.jsp 中获取并显示该值。在 JSP 页面中，可以使用 EL 表达式$\{\}$获取到 Model 中的属性值，这是因为 SpringMVC 通过将 Model 中的数据存放在 ServletRequest 对象的 Attribute 中，所以在 JSP 页面中可以直接获取该对象的 Attribute 属性值。HelloMVC.jsp 文件的源代码如下：

HelloMVC.jsp

```jsp
<%@ page language="java" contentType="text/html; charset=UTF-8" pageEncoding="UTF-8" %>
```

```
<!DOCTYPE html>
<html>
<head>
    <meta charset="UTF-8">
    <title>Hello SpringMVC</title>
</head>
<body>
<h2>Hello, ${message}</h2>
</body>
</html>
```

程序运行的效果如图 12-4 所示。

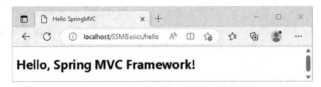

图 12-4　程序运行效果

12.3.4　响应数据库操作的 Controller 组件

与前文编写的响应数据库操作的 Controller 组件相同，应用 SpringMVC 编写的 Controller 组件也具有对数据库的增、删、改、查功能，但两者实现的 方式有所不同。

12.3.4 演示

首先，在设置了 SrpingMVC 自动扫描的 controller 包中创建名为 Film Controller 的类，在类上添加@Controller 注解，用于处理用户请求。

其次，分别编写增、删、改、查的操作方法，并在方法之前通过@RequestMapping 声明对应的 URL 访问方式。以查询为例，代码如下：

```
@Controller
public class FilmController {
    @RequestMapping(value = "/film/list", method = {RequestMethod.POST, RequestMethod.
GET})
    public String list(ModelMap model) {
        List<Film> filmList = FilmDAO.findAll();
        model.addAttribute("filmList", filmList);
        return "ListFilm.jsp";
    }
}
```

代码声明了以 list 方法响应 GET 和 POST 方式访问的"/film/list"请求。通过 DAO 对象的数据库操作，获取数据列表，并添加到名为"filmList"的 model 属性中，该属性将在 ListFilm.jsp 中使用并展示数据。ListFilm.jsp 文件与前文中保持一致。

对于数据的删除，使用 delete 方法进行响应，其中参数 id 是浏览器端传入的参数，这里不需要做类型转换，而是直接以整型接收，比之前的写法更为简洁，代码如下：

```java
@RequestMapping(value = "/film/delete", method = RequestMethod.GET)
public String delete(int id) {
    FilmDAO.deleteFilm(id);
    return "/film/list";
}
```

对于数据的增加，使用 add 方法进行响应，代码如下：

```java
@RequestMapping(value = "/film/add", method = RequestMethod.POST)
public String add(Film film) {
    FilmDAO.addFilm(film);
    return "/film/list";
}
```

add 方法的参数中虽然没有列出所有从浏览器端获取 film 对象中所需的各个字段，但依然可以获得用户的输入，这是因为使用了 POJO 参数传递方式。简单数据类型一般处理的是参数个数比较少的请求，如果参数比较多，那么后端接收参数时就比较复杂，此时可以考虑使用 POJO 数据类型。这里使用 Film 类型的形参对象匹配用户的输入，请求参数与形参对象中的属性对应即可自动完成参数传递。同样地，在 update 方法中也使用了这样的参数传递方式。

FilmController.java 完整的代码如下：

FilmController.java

```java
package controller;
import java.util.List;
import org.springframework.stereotype.Controller;
import org.springframework.web.bind.annotation.RequestMapping;
import org.springframework.ui.ModelMap;
import org.springframework.web.bind.annotation.RequestMethod;
import entity.Film;
import dao.FilmDAO;

@Controller
public class FilmController {
    @RequestMapping(value = "/film/list", method = {RequestMethod.POST, RequestMethod.GET})
    public String list(ModelMap model) {
        List<Film> filmList = FilmDAO.findAll();
        model.addAttribute("filmList", filmList);
        return "ListFilm.jsp";
```

```
    }
    @RequestMapping(value = "/film/add", method = RequestMethod.POST)
    public String add(Film film) {
        FilmDAO.addFilm(film);
        return "/film/list";
    }
    @RequestMapping(value = "/film/delete", method = RequestMethod.GET)
    public String delete(int id) {
        FilmDAO.deleteFilm(id);
        return "/film/list";
    }
    @RequestMapping(value = "/film/load", method = RequestMethod.GET)
    public String load(int id, ModelMap model) {
        Film film = FilmDAO.loadFilm(id);
        model.addAttribute("film", film);
        return "UpdateFilm.jsp";
    }
    @RequestMapping(value = "/film/update", method = RequestMethod.POST)
    public String update(Film film) {
        FilmDAO.updateFilm(film);
        return "/film/list";
    }
}
```

12.4　MyBatis 基础

12.4.1　对象-关系映射 ORM

　　ORM(Object-Relational Mapping, 对象-关系映射)是一种程序设计技术，用于实现面向对象编程语言与关系数据库之间的转换。ORM 框架主要是通过建立数据模型与应用程序模型之间的映射关系，自动将程序中的对象和关系数据库中的数据进行相互转换，并且屏蔽对底层数据库访问的细节，给开发者提供了更加友好的编程体验。

12.4 演示

　　如何把复杂的系统逐步分解，形成大量的、简单的模块是很多软件工程方法的目标。对数据的增、删、改、查操作是基于数据库的 Java Web 网站设计中最基本、最通用的功能，需要由 ORM 等技术来简化这类功能的实现过程。

　　在面向关系的数据库中，描述事物的关系用到的是表、记录和字段，而在面向对象的程序设计中，描述事物用到的是类、对象和属性。面向对象通过对现实事物进行抽象，用软件工程化的方法进行描述，而关系数据库则是建立在严格的数学理论上对事物的关系进行描述的。在描述事物同一级别上(如表对应类，记录对应对象)，两者有所联系却又不能完全等同，这就构成了所谓的"阻抗不匹配"问题。

　　Java Web 系统通常采用关系型数据库(RDB)来存储数据，而用来开发系统的语言工具 Java 是一种面向对象(OO)语言，两者看待数据的角度有很大差异。通过 ORM 可以实现两者的数据对接。

　　ORM 的实质在于：一方面是将关系数据库中的业务数据用对象的形式表示出来，并通过面向对象的方式将这些对象组织起来，实现系统业务逻辑功能的过程，即实现从关系模型到对象模型的映射；另一方面是将业务逻辑中的业务对象以某种方式存储到关系数据库中，完成对象数据存储的过程，即要实现对象模型到关系模型的映射。其中最重要的概念就是映射(Mapping)，通过这种映射可以将业务逻辑对象与数据库分离开来，使管理信息系统开发人员既可利用面向对象程序设计语言的简单易用性，又可利用关系数据库的存储优势。

　　ORM 框架作为一种软件组件，主要功能包括：

　　(1) 实现 Java 对象与关系数据库表之间的映射关系：ORM 框架通过配置文件或注解方式实现 Java 对象与关系数据库表之间的映射关系，将 Java 对象的属性映射到数据库表的字段上，同时将 Java 对象转换为 SQL 语句进行数据库操作。

　　(2) 封装数据库操作：ORM 框架将数据库操作封装到具体的方法中，程序员只需要调用相应的方法即可进行增、删、改、查等操作，无须直接编写 SQL 语句，简化了开发过程。

　　(3) 支持事务管理：ORM 框架一般都支持事务管理，开发人员可以通过调用相应的方法开启、提交、回滚事务，保证数据的一致性和完整性。

　　(4) 支持缓存管理：ORM 框架一般都支持缓存管理，将查询结果缓存起来，减少数据库的访问次数，提高系统的性能。

　　(5) 支持级联操作：ORM 框架一般都支持级联操作，如级联保存、级联删除等。

　　ORM 的映射模式分为 3 个层次，分别为属性到字段的映射、类到表的映射和关系映射。下面将分别介绍这 3 个层次的映射规则。

　　(1) 属性到字段的映射。这是 ORM 中最基本的映射。对象的属性可以映射到关系数据表中的零个或多个字段。一般情况下，对象的一个属性对应到关系数据表中的一列，但如果一个属性是通过其他属性计算出来的，如"学生"类的"年龄"属性是用出生日期计算出来的，不需要持久化存储，那么这个属性就没有必要映射到数据表中的字段上。

　　(2) 类到表的映射。一个对象的类可直接或间接地映射为数据库中的表。当类结构比较简单(与其他的类没有继承等关系)时，可直接映射为一张表。但当对象比较复杂时，特别是考虑到类的继承关系，就需要专门设计适合的映射方式。

　　(3) 关系映射。ORM 不仅要将对象映射到关系数据库，而且对象之间的关系也需要映射到关系数据库中。对象之间的关系主要包括继承、关联和聚合。其中，对象之间的继承关系可以在类到表的映射中进行处理，关联表达了对象之间的连接数量关系，包括"一对一""一对多"和"多对多"等关联方式。数据之间的关联在关系型数据库中通常通过外键和关联表来实现。

ORM 技术的实现方式主要有两种：全自动映射和手动映射。

(1) 全自动映射是指 ORM 框架根据一定的规则自动将 Java 对象和关系型数据库中的表进行映射，其中最常用的规则是按照 Java 类名与数据库表名的对应关系进行映射。全自动映射适用于开发速度快、开发人员数量大、数据结构相对简单的项目。全自动映射的优点是开发效率较高，但是对于复杂的关系型数据结构，全自动映射难以实现。此外，在进行增、删、改、查等操作时，需要注意 ORM 框架的默认规则可能与实际业务需求有所差异。

(2) 手动映射是指开发人员手动编写映射规则，将 Java 对象和关系型数据库中的表进行映射。手动映射适用于数据结构复杂、业务逻辑比较复杂或修改频繁的项目。手动映射的优点是可以更加灵活地控制映射规则，适应复杂的业务需求。此外，手动映射可以避免 ORM 框架在规则上的缺陷，使得映射更加准确。

ORM 技术的优点主要包括：ORM 技术免去了开发人员直接操作 SQL，简化了开发过程，提高了开发效率；使用 ORM 技术可以使代码更加简洁，降低了代码量，易于系统维护；ORM 技术屏蔽了底层数据库的差异，在更换数据库时只需要修改 ORM 框架的配置即可，提高了系统的可移植性；使用 ORM 技术可以防止 SQL 注入等问题，提高了系统的安全性。

12.4.2　MyBatis 概况

MyBatis 是一种基于 Java 语言的持久化框架，可以将 SQL 语句和 Java 代码分离，使用 XML 或注解配置映射关系，方便开发人员进行数据库访问操作。MyBatis 是一种轻量级的 ORM 框架，它主要通过 mapper 配置文件以及注解的方式实现对象与数据库表之间的映射关系。与其他 ORM 框架相比，MyBatis 更加灵活，可以针对性地自定义 SQL 语句来满足各种复杂查询的需求。MyBatis 让开发人员可以更加专注于编写业务逻辑，而不必关心底层的 JDBC 连接等细节。

在 MyBatis 中，通常需要先为每个数据表创建一个 Mapper.xml 文件，这个文件中配置了该表的增加、删除、更新、查询等 SQL 语句，以及 SQL 参数和结果集的映射关系。此外，还需要在 MyBatis 的配置文件 mybatis-config.xml 中加载这些 Mapper.xml 文件，以便 MyBatis 能够找到这些文件并将它们解析成 Mapper 接口的实现类。

在 MyBatis 3 及更高版本中，也可以使用注解的方式来替代 XML 配置文件的方式，这也是一种比较简单的方法。使用注解的方式需要在 Mapper 接口中添加@Select、@Insert 等注解，并将相应的 SQL 语句作为注解参数传入即可。此外，还可以使用@Results、@ResultMap 等注解来定义数据表与 Java 对象之间的映射关系。MyBatis 的工作流程如图 12-5 所示。

MyBatis 的工作流程说明如下：

(1) 加载和解析配置文件：MyBatis 会读取 mybatis-config.xml 文件和每个 Mapper 对应的 XML 文件，并解析成内存中的 Configuration 对象。Configuration 是 MyBatis 的配置对象，它包含了 MyBatis 的所有配置信息，如数据库连接信息、缓存配置信息、可选插件等。

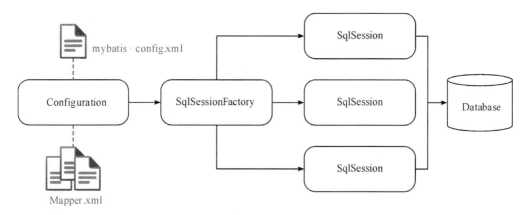

图 12-5　MyBatis 的工作流程

(2) 构建 SqlSessionFactory：MyBatis 根据 Configuration 对象构建工程模式的 SqlSessionFactory。SqlSessionFactory 是 MyBatis 的重要组成部分，它是一个线程安全的对象，用于创建 SqlSession 对象。SqlSessionFactory 负责读取配置文件、解析映射关系、创建数据库连接等操作。

(3) 打开 SqlSession：SqlSession 是 MyBatis 的主要执行器，它提供了执行 SQL 语句、提交事务、关闭数据库连接等功能。SqlSession 需要通过 SqlSessionFactory 创建。在执行业务操作之前需要先打开 SqlSession。

(4) 调用 Mapper 接口：Mapper 接口提供了对应 SQL 语句的方法，用于定义 SQL 语句与 Java 方法之间的映射关系。Mapper 接口中的方法名和参数类型必须与映射文件中定义的 SQL 语句相对应。通过这些方法可以执行对应的 SQL 语句，如对数据表的增、删、改、查等。

(5) 生成和执行 SQL：当调用 Mapper 接口中的方法时，MyBatis 会根据 Mapper 接口中的方法名和参数类型动态生成 SQL 语句，然后执行 SQL 语句并将结果返回。

(6) 提交事务和关闭 SqlSession：SQL 语句执行完毕后，需要提交事务、关闭 SqlSession 以及释放资源。

MyBatis 具有以下几个特点：

(1) 灵活性：MyBatis 提供了多种配置方式，可以使用 XML 或注解配置映射关系，也可以采用动态 SQL 技术来构建 SQL 语句，方便开发人员进行灵活的配置和扩展。

(2) 易于学习和使用：MyBatis 采用直观的 API 和配置，使得开发人员可以快速掌握，并能够在短时间内有效地运用到项目中。

(3) 高性能：MyBatis 采用了数据库连接池和预编译技术，从而提高了数据库访问性能。

(4) 易于集成：MyBatis 可以与 Spring 等框架集成，也可以与其他 ORM 框架共同使用，同时也支持多数据源配置。

MyBatis 适用于需要自定义 SQL 语句和具备较高性能要求的项目，也适用于底层数据访问框架的开发。如果系统需要对数据库进行更细粒度的操作或直接使用存储过程等，可以使用 MyBatis 来实现。

总的来说，MyBatis 的 ORM 实现方式非常灵活，可以根据不同的业务需求采用不同的方式来实现。同时，MyBatis 也提供了一些高级特性来帮助开发者更好地完成复杂的 ORM 操作，使得开发变得更加高效和便捷。

12.4.3　MyBatis 配置文件

使用 MyBatis 功能需要增加对应的库，在使用 Maven 的开发环境中，可以在 pom.xml 中增加如下依赖：

```xml
<dependency>
    <groupId>org.mybatis</groupId>
    <artifactId>mybatis</artifactId>
    <version>3.5.13</version>
</dependency>
```

在 resources 目录下创建名为 mybatis-config.xml 的文件，该配置文件负责配置数据库连接信息，代码如下：

mybatis-config.xml

```xml
<?xml version="1.0" encoding="UTF-8" ?>
<!DOCTYPE configuration
        PUBLIC "-//mybatis.org//DTD Config 3.0//EN"
        "http://mybatis.org/dtd/mybatis-3-config.dtd">
<configuration>
    <!-- properties 配置 -->
    <properties>
        <property name="driver" value="com.mysql.jdbc.Driver"/>
        <property name="url" value="jdbc:mysql://localhost:3306/sakila?serverTimezone=UTC"/>
        <property name="username" value="root"/>
        <property name="password" value="123456"/>
    </properties>
    <settings>
        <setting name="mapUnderscoreToCamelCase" value="true"/>
    </settings>
    <!--配置环境，default：指定默认的环境 -->
    <environments default="sakila">
        <!-- id：唯一标识 -->
        <environment id="sakila">
            <!-- 事务管理器，JDBC 类型的事务管理器 -->
            <transactionManager type="JDBC"/>
            <!-- 数据源，池类型的数据源 -->
            <dataSource type="POOLED">
                <property name="driver" value="${driver}"/>
                <property name="url" value="${url}"/>
                <property name="username" value="${username}"/>
```

```
                    <property name="password" value="${password}"/>
                </dataSource>
            </environment>
        </environments>
        <mappers>
            <mapper resource="mappers/FilmMapper.xml"/>
        </mappers>
    </configuration>
```

mybatis-config.xml 代码中主要包含以下几个部分：

(1) properties 配置：定义一些属性值，如数据库连接信息。可以在 SQL 语句中通过${}的方式引用这些值。

(2) settings 配置：定义了 MyBatis 的全局配置信息。例如，MyBatis 默认数据库字段名称和 Java 属性名称一致，且自动匹配。但是，如果数据库使用蛇形命名格式(snake_case，即单词之间用下画线连接)命名表名和字段名，而 Java 类属性名使用驼峰命名格式(camelCase，即除第一个单词外其余单词首字母大写)命名，则不能自动对应，将赋值为 0 或 null 等。上述代码中，将 mapUnderscoreToCamelCase 选项设置为 true，即可开启两种命名格式的自动映射功能。(说明：还可以在对应的 mapper.xml 中使用@Result 注解达到相同的效果。)

(3) environments 配置：定义执行环境，包括事务管理器、数据源等。该元素可包含一个或多个 environment 子元素，每一个子元素都包含一个事务管理器和一个数据源。在开发、测试、生产等不同的环境下，往往对应不同的数据库配置方案，default 属性指定默认的子元素，也就是 MyBatis 会使用哪个环境作为当前默认的配置环境。

(4) mappers 配置：定义 Mapper 接口及其对应的 XML 映射文件或 Java 注解，可以使用多种映射文件方式：

```
    <mappers>
        <mapper resource="mappers/AAA.xml"/>
        <mapper class="dao.BBB"/>
    </mappers>
```

另外，还可以使用 typeAliases 定义 Java 类的别名，使用 plugins 定义拦截器插件。

可以通过 resource 属性来引入位于相应路径下的映射文件，在实际项目中通常将映射文件放在 resources 目录下，然后在配置文件中使用 resource 属性来引入；通过 class 属性引入映射文件，这种方式通常用于引入接口映射器(Mapper Interface)，在实际项目中通常会将 Mapper、Interface 和对应的 XML 映射文件放在同一个包下，然后在配置文件中使用 class 属性来一次性引入；还可以使用完全限定资源定位符(URL)引入映射文件。

12.4.4　MyBatis 映射

首先创建 Mapper 接口，用于定义数据访问的方法。通常情况下，这个接口的命名规范与对应的数据表相关。例如，访问 film 表的 Mapper 名为 FilmMapper.java 的代码如下：

FilmMapper.java

```java
package dao;
import java.util.List;
import entity.Film;
public interface FilmMapper {
    public Film loadFilm(int id);
    public List<Film> findAll();
    public void addFilm(Film film);
    public void deleteFilm(int id);
    public void updateFilm(Film film);
}
```

上面的代码表示，定义了一个 FilmMapper 接口，其中包含 5 种方法，分别是 loadFilm、findAll、addFilm、deleteFilm 和 updateFilm。这些方法与用户表相关，用于查询、插入、删除和更新数据。其中，每种方法都对应着一个 SQL 语句，还定义了参数类型和返回类型。

Mapper 接口的参数传递方式有多种，主要包括基本类型参数、JavaBean 类型参数或 Map 类型参数。可以直接将基本类型参数值和 JavaBean 对象作为方法参数传入，而 Map 中的 key 值为 SQL 语句中使用的#{}中的参数名。

Mapper 接口的方法中的返回值类型通常与对应的 SQL 语句的结果集类型相关。例如，如果使用 SELECT 语句查询出多个数据记录，则返回值类型通常应该是 List<JavaBean>类型，如 List<Film>；如果使用 SELECT 语句查询出单个数据记录，则返回值类型通常应该是 JavaBean 类型或基本类型。

在实践中，也有很多项目将 Mapper 接口命名为 DAO，如 FilmDAO，因为 Mapper 接口确实替代了之前的 DAO 类。这里为了与前文的 DAO 区别，使用 Mapper 作为接口名称的后缀。

接着，需要在 Mapper 的配置文件中进行映射，将 Mapper 接口与具体的 SQL 语句关联起来。通常使用 XML 配置文件来进行映射，如 FilmMapper.xml 代码如下：

FilmMapper.xml

```xml
<?xml version="1.0" encoding="UTF-8" ?>
<!DOCTYPE mapper
        PUBLIC "-//mybatis.org//DTD Mapper 3.0//EN"
        "http://mybatis.org/dtd/mybatis-3-mapper.dtd">
<!--mapper:根标签 -->
<!--namespace 的名称一定要和接口的名称相同 -->
<mapper namespace="dao.FilmMapper">
    <!--查询一条数据 -->
    <select id="loadFilm" resultType="entity.Film">
        select film_id, title, language_id, rental_duration,
rental_rate, replacement_cost, last_update
```

```xml
        from film
        where film_id =#{id}
    </select>
    <!--查询一组数据 -->
    <!--resultType 指定查询结果封装的对象实体类 -->
    <!--resultSets 指定当前操作返回的集合类型 -->
    <select id="findAll" resultType="entity.Film" resultSets="java.util.List">
        select film_id, title, language_id, rental_duration,
rental_rate, replacement_cost, last_update
        from film
        order by film_id DESC
        limit 0,10;
    </select>
    <!--插入数据 -->
    <!--由于插入的参数为 POJO 对象，要求属性名称与参数相同(注意首字母为小写) -->
    <insert id="addFilm" parameterType="entity.Film">
        insert into film
            (title, language_id, rental_duration, rental_rate, replacement_cost)
        values(#{title},#{languageId},#{rentalDuration},
#{rentalRate},#{replacementCost});
    </insert>
    <!--删除数据 -->
    <delete id="deleteFilm">
        delete from film
        where film_id=#{id}
    </delete>
    <!--更新数据 -->
    <!--由于更新的参数为 POJO 对象，要求属性名称与参数相同(注意首字母为小写) -->
    <update id="updateFilm" parameterType="entity.Film">
        UPDATE film
        SET
            title=#{title},
            language_id=#{languageId},
            rental_duration=#{rentalDuration},
            rental_rate=#{rentalRate},
            replacement_cost=#{replacementCost}
        where film_id=#{filmId};
    </update>
```

```
    </mapper>
```

最后，需要在 MyBatis 的配置文件 mybatis-config.xml 中配置 Mapper 接口，例如：

```
<configuration>
        ⋮
    <mappers>
        <mapper resource="mappers/FilmMapper.xml"/>
    </mappers>
</configuration>
```

上面的代码表示，在 MyBatis 配置文件中使用<mappers>元素引入 mappers 包下的 FilmMapper.xml 文件，这样就完成了对 FilmMapper 接口的配置。

12.4.5　MyBatis 单元测试

创建 Mapper 接口及配置映射之后，就可以在代码中使用它了。在测试代码中使用 SqlSessionFactory 工厂类进行实例化，并将这部分初始化代码放置于@BeforeEach 注释的启动方法中，以保证在其他方法之前执行，代码如下：

```
@BeforeEach
void setUp() throws IOException {
    // 指定全局配置文件
    String resource = "mybatis-config.xml";
    // 读取配置文件
    InputStream inputStream = Resources.getResourceAsStream(resource);
    // 构建 sqlSessionFactory
    SqlSessionFactory sqlSessionFactory =
                        new SqlSessionFactoryBuilder().build(inputStream);
    // 获取 sqlSession
    sqlSession = sqlSessionFactory.openSession();
    filmMapper = sqlSession.getMapper(FilmMapper.class);
}
```

上面的代码表示，使用 SqlSessionFactoryBuilder 创建一个 SqlSessionFactory 工厂类的实例，并使用它来实例化一个 SqlSession 对象。然后通过 SqlSession 对象获取 Mapper 接口的实例，从而进行具体的数据访问操作。

对应地，编写一个@AfterEach 注释的拆卸方法，以保证在其他方法之后执行，用来提交事务、关闭会话和回收资源，代码如下：

```
@AfterEach
void tearDown() {
    sqlSession.commit();
    sqlSession.close();
}
```

编写数据查找的两个测试方法，其中 loadFilm 方法查找 id 为 1 的数据，findAll 方法查找全部(前 10 条)数据，并打印出来，代码如下：

```
@Test
void loadFilm() {
    Film film = filmMapper.loadFilm(1);
    System.out.println(film.getTitle());
}
@Test
void findAll() {
    List<Film> films = filmMapper.findAll();
    for (Film film : films) {
            System.out.println(film.getFilmId() + ":" + film.getTitle()
                    + ":" + film.getReplacementCost());
    }
}
```

　　编写数据增加的测试方法 addFilm，代码如下：

```
@Test
void addFilm() {
    Film film = new Film();
    film.setTitle("面朝大海");
    film.setLanguageId(1);
    film.setRentalDuration(1);
    film.setRentalRate(1);
    film.setReplacementCost(100.1);
    filmMapper.addFilm(film);
}
```

　　编写数据更新的测试方法 updateFilm，代码如下：

```
@Test
void updateFilm() {
    Film film = new Film();
    film.setFilmId(1045);
    film.setTitle("再一次面朝大海");
    film.setLanguageId(2);
    film.setRentalDuration(2);
    film.setRentalRate(2);
    film.setReplacementCost(200.1);
    filmMapper.updateFilm(film);
}
```

编写数据删除的测试方法 deleteFilm，代码如下：

```
@Test
void deleteFilm() {
    filmMapper.deleteFilm(1045);
}
```

在开发中，需要根据实际情况来创建 Mapper 接口，并在 XML 配置文件中进行映射，从而实现数据的增、删、改、查等操作。同时，还要注意 Mapper 接口的命名规范、方法名规范、参数传递方式、返回值类型等方面的问题，从而保证程序的可读性和可维护性。通过执行上述测试代码，验证了 MyBatis 的接口和配置的有效性。

12.5 SSM 整合

12.5.1 Spring 集成 MyBatis

Spring 和 MyBatis 都是 SSM 中的关键技术，它们的集成可以有效地简化开发过程，并提高应用程序的性能。下面介绍 Spring 集成 MyBatis 的开发过程。

1. 添加 MyBatis 和 Spring 依赖

首先，需要在项目的 pom.xml 文件中添加 MyBatis 和 Spring 的依赖项，代码如下：

12.5.1 演示

```
<dependency>
    <groupId>org.mybatis</groupId>
    <artifactId>mybatis-spring</artifactId>
    <version>3.0.1</version>
</dependency>
<dependency>
    <groupId>org.springframework</groupId>
    <artifactId>spring-jdbc</artifactId>
    <version>6.0.8</version>
</dependency>
```

这些依赖项将 MyBatis 和 Spring 的 JDBC 模块添加到项目中，以便在代码中使用它们。

2. 配置数据源

在 Spring 的配置文件 applicationContext.xml 中，需要配置数据源来连接数据库。可以使用 Spring 提供的 JDBC 数据源，这种方式是非连接池方式的配置，每次操作数据库都要新建一个连接，不适合频繁读写数据库的场景。也可以使用其他数据源，如 C3P0、DBCP、Hikari、Druid 等，当然需要在 pom.xml 文件中添加相应的依赖项。以下代码使用 Spring

JDBC 作为数据源：

```
<bean id="dataSource"
        class="org.springframework.jdbc.datasource.DriverManagerDataSource">
    <property name="driverClassName"        value="com.mysql.cj.jdbc.Driver" />
    <property name="url"
            value="jdbc:mysql://localhost:3306/sakila?serverTimezone=UTC" />
    <property name="username" value="root" />
    <property name="password" value="123456" />
</bean>
```

3. 配置 MyBatis

MyBatis 需要配置文件来告诉它如何映射数据表和 Java 对象，但之前在 mybatis-config.xml 文件中的大多数配置已经转移到了 applicationContext.xml 文件中，以便使得 Java 代码更加简洁。但还可能有一部分配置需要留在 mybatis-config.xml 文件中，如字段名命名格式对应的设置。mybatis-config.xml 代码如下：

mybatis-config.xml

```
<?xml version="1.0" encoding="UTF-8" ?>
<!DOCTYPE configuration
        PUBLIC "-//mybatis.org//DTD Config 3.0//EN"
        "http://mybatis.org/dtd/mybatis-3-config.dtd">
<configuration>
    <!-- 此处大部分配置都交给 Spring 处理了 -->
    <settings>
        <setting name="mapUnderscoreToCamelCase" value="true"/>
    </settings>
</configuration>
```

4. 整合 Spring 和 MyBatis

通过专门用于整合的 org.mybatis.spring.SqlSessionFactoryBean 类创建 JavaBean 对象，可以完成之前 SqlSessionFactory 的功能。SqlSessionFactoryBean 将数据源和 MyBatis 配置文件结合起来，生成 SqlSessionFactory，使得应用程序可以方便地访问数据库。在该 JavaBean 中，可以进一步设置 dataSource，通过引用可以自动实例化之前定义的数据源对象；mapperLocations 属性指定了 Mapper 的位置以便自动扫描；configLocation 属性告诉 SqlSessionFactoryBean 要使用哪个 MyBatis 配置文件。applicationContext.xml 中的代码如下：

```
<bean id="sqlSessionFactory"
        class="org.mybatis.spring.SqlSessionFactoryBean">
    <property name="dataSource" ref="dataSource" />
    <!-- 自动扫描 mapping.xml 文件 -->
    <property name="mapperLocations"
        value="classpath:mappers/*.xml"></property>
```

```xml
<!--如果 mybatis-config.xml 没有特殊配置，则可以不需要下面的配置-->
<property name="configLocation"
    value="classpath:mybatis-config.xml" />
</bean>
```

5. 创建 Mapper 接口

在使用 MyBatis 进行数据库操作时，需要定义 Mapper 接口，以执行 SQL 语句。这部分代码与之前没有区别，如 FilmMapper.java 和 FilmMapper.xml 文件。

6. 配置 Mapper 扫描器

MapperScannerConfigurer 作为 Mapper 扫描器负责将 Mapper 接口注册到 Spring 容器中，使得应用程序可以方便地访问它们。Spring 会自动查找 basePackage 包中的 Mapper 接口，并设定 SqlSessionFactory 为上述定义的 JavaBean。applicationContext.xml 中的代码如下：

```xml
<!-- Mapper 接口所在包名，Spring 会自动查找其下的类 -->
<bean class="org.mybatis.spring.mapper.MapperScannerConfigurer">
    <property name="basePackage" value="dao" />
    <property name="sqlSessionFactoryBeanName"
        value="sqlSessionFactory"></property>
</bean>
```

上述步骤已经完成了整个集成过程，可以在应用程序中测试应用它们。完整的 applicationContext.xml 代码如下：

applicationContext.xml

```xml
<?xml version="1.0" encoding="UTF-8"?>
<beans xmlns="http://www.springframework.org/schema/beans"
    xmlns:xsi="http://www.w3.org/2001/XMLSchema-instance"
    xmlns:context="http://www.springframework.org/schema/context"
    xsi:schemaLocation="http://www.springframework.org/schema/beans
        http://www.springframework.org/schema/beans/spring-beans-4.3.xsd
        http://www.springframework.org/schema/context
        http://www.springframework.org/schema/context/spring-context-4.3.xsd">

    <!-- 开启注解包扫描-->
    <context:component-scan    base-package="service" />

    <!-- 数据库连接池 -->
    <bean id="dataSource"
            class="org.springframework.jdbc.datasource.DriverManagerDataSource">
        <property name="driverClassName"
                    value="com.mysql.cj.jdbc.Driver" />
        <property name="url"
                    value="jdbc:mysql://localhost:3306/sakila?serverTimezone=UTC" />
```

```xml
                <property name="username" value="root" />
                <property name="password" value="123456" />
        </bean>

        <!-- spring 和 MyBatis 整合 -->
        <bean id="sqlSessionFactory"
                class="org.mybatis.spring.SqlSessionFactoryBean">
            <property name="dataSource" ref="dataSource" />
            <!-- 自动扫描 mapping.xml 文件 -->
            <property name="mapperLocations"
                        value="classpath:mappers/*.xml"></property>
            <!--如果 mybatis-config.xml 没有特殊配置，则可以不需要下面的配置-->
            <property name="configLocation"
                value="classpath:mybatis-config.xml" />
        </bean>

        <!-- Mapper 接口所在包名，Spring 会自动查找其下的类 -->
        <bean class="org.mybatis.spring.mapper.MapperScannerConfigurer">
            <property name="basePackage" value="dao" />
            <property name="sqlSessionFactoryBeanName"
                        value="sqlSessionFactory"></property>
        </bean>

        <!-- (事务管理)transaction manager -->
        <bean id="transactionManager"
                class="org.springframework.jdbc.datasource.DataSourceTransactionManager">
            <property name="dataSource" ref="dataSource" />
        </bean>
    </beans>
```

编写测试代码 FilmMapperTest2.java 以验证功能，区别于之前测试代码的部分如下：

```java
class FilmMapperTest2 {
    private FilmMapper filmMapper;
    @BeforeEach
    void setUp() {
        ApplicationContext context =
            new ClassPathXmlApplicationContext("applicationContext.xml");
        filmMapper = context.getBean("filmMapper", FilmMapper.class);
    }
        ⋮
}
```

12.5.2 整合 Mapper 与 Controller

12.5.2 演示

之前的 Controller 中使用 DAO 作为数据操作的对象，本章重新编写了替代 DAO 的 Mapper 类。虽然 Mapper 本质上就是 DAO，但还是需要对 Controller 做少量修改以便实现 Mapper 与 Controller 的整合。

在语法上，之前编写的 DAO 中的方法都是静态的，因此不需要进行实例化，而 Mapper 中的方法不是静态的，需要进行实例化操作。可以使用 @Autowired 注解的自动装配机制简洁地实例化 Mapper 对象。修改后的 FilmController.java 代码如下：

FilmController.java

```java
package controller;
import java.util.List;
import org.springframework.beans.factory.annotation.Autowired;
import org.springframework.stereotype.Controller;
import org.springframework.web.bind.annotation.RequestMapping;
import org.springframework.ui.ModelMap;
import org.springframework.web.bind.annotation.RequestMethod;
import entity.Film;
import dao.FilmMapper;

@Controller
public class FilmController {
    @Autowired
    private FilmMapper filmMapper;

    @RequestMapping(value = "/film/list", method = {RequestMethod.POST, RequestMethod.GET})
    public String list(ModelMap model) {
        List<Film> filmList = filmMapper.findAll();
        model.addAttribute("filmList", filmList);
        return "ListFilm.jsp";
    }

    @RequestMapping(value = "/film/add", method = RequestMethod.POST)
    public String add(Film film) {
        filmMapper.addFilm(film);
        return "/film/list";
    }
}
```

```
@RequestMapping(value = "/film/delete", method = RequestMethod.GET)
public String delete(int id) {
    filmMapper.deleteFilm(id);
    return "/film/list";
}


@RequestMapping(value = "/film/load", method = RequestMethod.GET)
public String load(int id, ModelMap model) {
    Film film = filmMapper.loadFilm(id);
    model.addAttribute("film", film);
    return "UpdateFilm.jsp";
}


@RequestMapping(value = "/film/update", method = RequestMethod.POST)
public String update(Film film) {
    filmMapper.updateFilm(film);
    return "/film/list";
}
}
```

在实践中，Controller 中也可使用 Service 作为数据操作的对象，因为 Service 可以在 Mapper 或 DAO 的基础上完成更复杂的业务逻辑。另外，需要注意到代码中没有包含 ApplicationContext 的加载语句：

```
ApplicationContext context =
    new ClassPathXmlApplicationContext("applicationContext.xml");
```

这是因为将 applicationContext.xml 文件转移(或拷贝)至 "WEB-INF" 目录下，并在 web.xml 文件中增加 Listener 以便自动加载配置文件，代码如下：

```
<listener>
    <listener-class>org.springframework.web.context.ContextLoaderListener</listener-class>
</listener>
```

至此，代码已经实现了 SSM 的整合，并实现了相应的功能。

12.5.3 整合前后端分页功能

通常一个表中的数据可以非常多，很难用一个页面全部显示出来，前文代码的处理方式是通过 SQL SELECT 语句中的 "limit 0,10" 限定了查询结果集的数据条数，但这在实践中并不符合需求，因此需要采用分页的方式显示数据。

PageHelper 分页插件是一款应用广泛的 Java 分页插件，它可以方便地实现各种分页功能。而 Bootstrap 作为前端框架，提供了包括分页组件(pagination)在内的大量

12.5.3 演示

的组件和样式，使用起来非常方便。通过后端的 PageHelper 与前端的 pagination 的配合使用，可以使得分页查询和分页展示更加简单、快捷和美观。以下是整合 PageHelper 与 pagination 配合工作的过程。

1. 引入 PageHelper 分页插件

PageHelper 是一款基于 MyBatis 的分页插件，它可以方便地实现各种复杂的分页需求。PageHelper 的特点包括：支持复杂的单表、多表分页；支持物理分页、逻辑分页、游标分页等多种分页方式；提供 count 查询优化、自动获取总页数、总记录数等高级功能。

PageHelper 可以通过 pom.xml 文件来引入依赖，代码如下：

```
<dependency>
    <groupId>com.github.pagehelper</groupId>
    <artifactId>pagehelper</artifactId>
    <version>5.3.2</version>
</dependency>
```

2. 配置 PageHelper 插件

在 MyBatis 的配置文件 mybatis-config.xml 中配置 PageHelper 插件：

```
<plugins>
    <plugin interceptor="com.github.pagehelper.PageInterceptor">
        <!--分页合理化，当页数<0，查第一页，大于最大页数，查最后一页  -->
        <property name="reasonable" value="true"/>
    </plugin>
</plugins>
```

3. 配置 Mapper

在 FilmMapper.java 中添加如下 findPage 方法声明：

```
public List<Film> findPage();
```

并在 FilmMapper.xml 中添加对应的查询方式 findPage，可以看到其中已经不再限制返回的数据条数了：

```
<select id="findPage" resultType="entity.Film" resultSets="java.util.List">
    select film_id, title, language_id, rental_duration, rental_rate, replacement_cost, last_update
    from film
    order by film_id DESC
</select>
```

4. 在 Controller 中使用 PageHelper

在 Controller 中声明新的 Servlet 响应"/film/listpage"以区别之前的查询输出，方法的参数 pageNum 设置了当前显示的页码。使用 PageHelper 进行分页查询，其中调用的方法 startPage 传入了当前页码和每页数据条数(代码中设置每页包含 5 条数据)，使用 PageInfo 包装查询后的结果，可传入连续显示的页数。最后，将分页信息 pageInfo 与查询结果 filmList 都存放在 model 中供页面渲染时使用。在 Controller 中使用 PageHelper 的代码如下：

```
@RequestMapping(value = "/film/listpage", method = {RequestMethod.POST, RequestMethod.GET})
public String listPage(@RequestParam(value="pageNum",defaultValue="1")Integer pageNum, ModelMap
model) {
        //查询之前调用 startPage，传入分码以及分页大小
        PageHelper.startPage(pageNum, 5);
        //startPage 紧跟的查询就是分页查询
        List<Film> filmList = filmMapper.findPage();
        //使用 PageInfo 包装查询后的结果，可传入连续显示的页数
        PageInfo pageInfo=new PageInfo(filmList,10);
        model.addAttribute("pageInfo", pageInfo);
        model.addAttribute("filmList", filmList);
        return "ListFilmPage.jsp";
    }
```

5. 前端页面展示分页

在前端页面中使用 Bootstrap 的分页组件可以方便地展示分页信息。通过设置样式和事件处理函数，可以实现分页组件的美化和分页操作的响应。要创建一个基本的分页可以在 <ul>元素上添加 pagination 类，在<li>元素上添加 page-item 类，在<li>元素的<a>标签上添加 page-link 类，代码如下：

```
<ul class="pagination">
    <li class="page-item"><a class="page-link" href="#">上一页</a></li>
    <li class="page-item"><a class="page-link" href="#">1</a></li>
    <li class="page-item"><a class="page-link" href="#">2</a></li>
    <li class="page-item"><a class="page-link" href="#">3</a></li>
    <li class="page-item"><a class="page-link" href="#">下一页</a></li>
</ul>
```

上述代码的显示效果如图 12-6 所示。

图 12-6　代码运行效果图

6. 整合前后端分页信息

后端 pageInfo 对象中包含了关于分页的具体信息，可以在页面渲染时使用 EL 语句获取这些值并应用于 pagination 组件中，以显示首尾页面、上下页面以及中间的多个页面链接。其中，需要考虑到如果当前页面已经是首页(或尾页)，就需要将首页(或尾页)的链接关闭(disabled)。还需要将当前页面的链接设置高亮效果(active)。以中间的多个页面链接为例，代码如下：

```
<ul class="pagination">
    <c:forEach items="${pageInfo.navigatepageNums}" var="pageNum">
        <li class="page-item
```

```
                    <c:if test="${pageNum==pageInfo.pageNum}">active</c:if>">
                    <a class="page-link" href="listpage?pageNum=${pageNum}">${pageNum}</a>
            </li>
        </c:forEach>
    </ul class="page-item">
```

在页面中还可以显示分页的其他信息，包括当前页码、总页数、总记录数等。
ListFilmPage.jsp 的主要代码如下(与 ListFilm.jsp 相同的代码从略)：

ListFilmPage.jsp

```
<%@ page language="java" contentType="text/html; charset=UTF-8" pageEncoding="UTF-8" %>
<%@ taglib prefix="c" uri="http://java.sun.com/jsp/jstl/core" %>
<html>
<head>…</head>
<body>
<div class="container-fluid    p-5 my-5 border">
    <div class="row justify-content-between">
        <div class="col-4">
            <h1>展示数据</h1>
        </div>
        <div class="col-2 text-end">
            <a class="btn btn-primary btn-lg" href="AddFilm.html" role="button">添加数据</a>
        </div>
    </div>
    <table class="table table-hover">…</table>
    <div class="row justify-content-between">
        <!-- 分页条信息 -->
        <nav class="col-md-8 text-center" aria-label="Page navigation">
            <ul class="pagination">
                <li class="page-item"><a class="page-link" href="listpage?pageNum=1">首
页</a></li>
                <li class="page-item <c:if test="${!pageInfo.hasPreviousPage}">disabled</c:if>">
                    <a class="page-link" href="listpage?pageNum=${pageInfo.pageNum-1}"
                        aria-label="上一页">
                        <span aria-hidden="true">上一页</span>
                    </a>
                </li>
                <c:forEach items="${pageInfo.navigatepageNums}" var="pageNum">
                    <li class="page-item
                        <c:if st="${pageNum==pageInfo.pageNum}">active</c:if>">
```

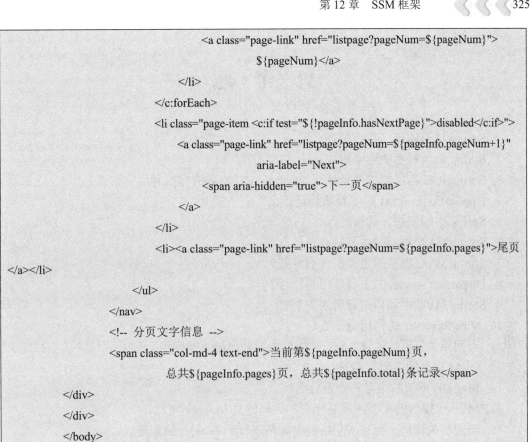

```
                                    <a class="page-link" href="listpage?pageNum=${pageNum}">
                                        ${pageNum}</a>
                                </li>
                            </c:forEach>
                            <li class="page-item <c:if test="${!pageInfo.hasNextPage}">disabled</c:if>">
                                <a class="page-link" href="listpage?pageNum=${pageInfo.pageNum+1}"
                                    aria-label="Next">
                                    <span aria-hidden="true">下一页</span>
                                </a>
                            </li>
                            <li><a class="page-link" href="listpage?pageNum=${pageInfo.pages}">尾页
</a></li>
                        </ul>
                    </nav>
                    <!-- 分页文字信息 -->
                    <span class="col-md-4 text-end">当前第${pageInfo.pageNum}页,
                        总共${pageInfo.pages}页, 总共${pageInfo.total}条记录</span>
                </div>
            </div>
        </body>
    </html>
```

整合了前后端分页功能的代码运行效果如图 12-7 所示。

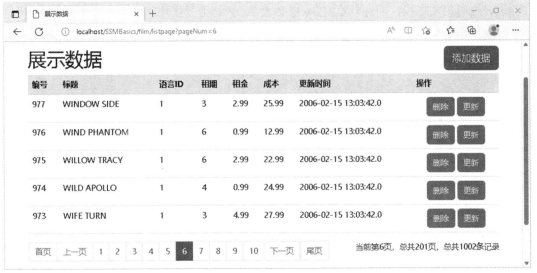

图 12-7　代码运行效果

思　考　题

1. Spring 框架的核心特点是什么？
2. Spring 框架有哪些主要模块？
3. Spring IOC 容器的作用是什么？Spring IOC 容器有哪几种实现方式？
4. ApplicationContext 的主要功能是什么？
5. Spring 中如何进行依赖注入？
6. Spring MVC 框架的主要特点是什么？
7. Spring MVC 框架的主要组件有哪些？
8. DispatcherServlet 的主要作用是什么？
9. Spring MVC 中如何进行请求映射？
10. ViewResolver 的作用是什么？
11. 查阅相关资料，简述 Spring MVC 中拦截器的主要作用。
12. ORM 框架的主要作用是什么？
13. MyBatis 框架的主要特点是什么？
14. Mapper 接口的主要作用是什么？如何定义 Mapper 接口？
15. 查阅相关资料，简述 MyBatis 中如何进行动态 SQL 的处理。
16. SSM 框架整合的过程是怎样的？SSM 框架整合的优点是什么？
17. 查阅相关资料，简述 Spring 框架中使用过哪些设计模式。
18. 查阅相关资料，简述 Spring 框架的事务管理是怎样实现的。
19. 查阅相关资料，简述什么是 AOP 以及 AOP 的主要作用。

第 13 章　前后端分离与 Spring Boot 基础

学习提示

在大型而复杂的网站开发时经常应用前后端分离的开发方式、AJAX 技术、Spring Boot 框架和 Vue.js 框架，这些技术进一步将 Web 开发的共性需求进行了封装或实现，让开发者可以站在巨人的肩膀上快速搭建 Web 系统。在许多项目的开发中，已不再使用 JSP、EL 等基础技术，甚至也不分别使用 SSM 中的各个框架，而是直接采用 Spring Boot 的集成方案。这会使初学者产生一种错觉：前面的基础知识是过时的，直接学习 Spring Boot、Vue.js 等技术即可。但大量具有丰富经验的开发者的学习路径都证明：一方面具备扎实的理论基础，另一方面对技术的演变过程和趋势有清晰的认识，这样的知识结构可以让开发者从容应对技术快速迭代的挑战。

13.1　前后端分离

前后端分离(Front-End and Back-End Separation)是一种工程化的 Web 开发模式，它将前端和后端的开发过程解耦，使得前端和后端可以独立开发、测试和部署。前后端分离的 Web 开发模式已经成为 Web 应用开发的最佳实践之一。

在传统的 Web 开发中，开发人员通常将前端和后端的开发过程紧密耦合在一起。也就是说，前端开发人员需要和后端开发人员合作完成整个项目的开发过程，包括设计 UI、编写 HTML、CSS、JavaScript 以及后端代码等。这种模式最大的问题在于前端和后端的开发过程不可分割，一个小的变化可能会影响到整个系统。因此，这种模式不利于开发和维护，并且开发效率低下。

前后端分离的 Web 开发模式将前端和后端的开发过程分离开来。简单地说，前端只负责视觉呈现和用户交互，使用 HTML、CSS、JavaScript 等前端技术实现交互和视觉呈现；后端只负责数据处理和业务逻辑处理，使用 Java、Node.js 等后端语言实现数据处理和业务逻辑处理。

前后端分离的 Web 开发模式，使得系统具有高可扩展性。如果需要添加新的功能，则可以只修改前端或后端代码而不影响整个系统。因此，前后端分离的开发模式可以快速响应市场变化和用户需求。具体地说，前后端分离的 Web 开发模式具有如下优点：

(1) 提高开发效率：前后端分离的 Web 开发模式，可以充分利用前端和后端技术实现组件化和模块化，提高了开发效率和质量。

(2) 提高用户体验：前后端分离的 Web 开发模式，充分利用前端技术实现交互和视觉呈现，提高了用户体验和性能。前后端分离的 Web 开发模式适应于各种不同的终端，如移动端、PC 端等。特别是移动互联网应用程序需要支持多种终端的访问，因此需要采用前后端分离的 Web 开发模式，从而满足各种移动终端的访问需求，提高用户体验。

(3) 系统可扩展性高：前后端分离的 Web 开发模式，使得系统具有高可扩展性。如果需要添加新的功能，则可以只修改前端或后端代码而不影响整个系统。

(4) 系统可维护性高：前后端分离的 Web 开发模式，可以有效地解耦前端和后端，从而提高了系统的灵活性和可维护性。

采用前后端分离的开发模式时需要考虑网页渲染方式，即如何将动态的数据与静态的网页样式进行组合。网页渲染可以分为两种模式，即服务端渲染和客户端渲染：

(1) 服务端渲染(Server-Side Rendering，SSR)：在服务器上预先生成 HTML 代码，然后将其发送到客户端。由于静态内容在服务端就已经生成好了，因此对搜索引擎比较友好，同时也不需要考虑浏览器兼容性的问题。但是，由于需要在服务端进行渲染，因此网站的性能也会受到一定的影响。服务器端渲染可以采用 Thymeleaf 等模板技术。

(2) 客户端渲染(Client-Side Rendering，CSR)：前端使用 AJAX 等技术将数据获取、处理和渲染工作全部放在客户端完成，后端只负责提供数据接口。由于减少了服务端的渲染负担，因此网站的整体性能得到了一定的提升。采用客户端渲染方式的前后端可以通过 RESTful API 接口进行数据传输。但是，由于网页是在前端进行渲染的，因此对搜索引擎优化有一定的影响。客户端渲染可以采用 Vue.js、React、Angular 等前端框架。

随着大数据、云计算等技术的发展，前后端分离的开发模式更加适应跨平台、跨设备的开发。特别是对于大型复杂的 Web 应用程序，如果采用传统的 Web 开发模式，则难以满足强大的需求和高并发的访问。而前后端分离则可以将系统的各个组件进行独立开发和部署，从而提升了系统的功能和性能。

13.2　AJAX 技术

AJAX(Asynchronous JavaScript and XML)是实现前后端分离开发模式的重要技术，通过 AJAX 可以实现 Web 页面无须刷新就能够异步加载数据，从而提升了用户的交互体验，减少了对服务器端的请求，同时也减轻了服务器端的负担。

AJAX 的原理是通过 XMLHttpRequest 对象向服务器发送 HTTP 请求，并接收服务器返回的数据。当客户端需要获取数据时，JavaScript 代码会通过 XMLHttpRequest 对象向服务器发送一个 HTTP 请求，并指定请求方式、请求的 URL 以及请求所需要的参数等信息。服务器接收到请求后，根据请求参数来处理数据，然后将需要返回的数据封装在 HTTP 响应中，并返回给客户端。

在客户端接收到 HTTP 响应后，JavaScript 代码会通过 XMLHttpRequest 对象获取服务器响应的数据，并将其呈现在网页中。这个过程是异步进行的，即不需要刷新整个页面，只需要在页面中局部更新需要改变的内容，称之为"局部刷新"。

AJAX 的优点包括：

(1) 页面无须刷新：AJAX 减少了对服务器端的请求，从而避免了页面频繁刷新，提高了用户体验。

(2) 异步通信：AJAX 是异步通信的。客户端和服务器之间的数据传输不阻塞主页面的其他处理。

(3) 快速响应：通过局部刷新，可以更快地响应用户请求，提高用户体验。

(4) 降低带宽和服务器负担：由于只需要传输部分数据而非整个页面，因此可以降低对带宽和服务器负担的需求。

在使用 AJAX 时还需注意以下问题：

(1) 安全性：AJAX 技术依赖于 JavaScript 脚本，存在可能被黑客攻击的风险，因此需要加强安全性措施。

(2) 搜索引擎优化问题：由于局部刷新的原因，对于一些搜索引擎并不友好，这也限制了 AJAX 的使用范围。

(3) 浏览器兼容性：不同浏览器对 AJAX 实现方式的差异会影响使用效果，因此需要进行兼容性测试。

AJAX 常用于动态刷新数据，多数网站都有类似于头部的位置，显示用户的登录信息、购物车信息等功能。例如，在电子商务网站中，当用户点击添加商品到购物车时，页面不需要重新加载，而是通过 AJAX 向服务器请求数据，将数据传输到客户端，在局部刷新购物车的信息。

AJAX 也可以用于表单验证。例如，当用户在注册页面输入相关信息时，客户端脚本会对数据进行检测，并通过 AJAX 向服务器发送请求，询问用户名是否已被注册等。服务器返回相应结果，客户端再根据处理结果给出对应提示。

AJAX 还可以用于实现自动补全用户输入或为用户提供输入提示。例如，在输入框中键入查询关键字时，AJAX 会向服务器发送异步请求，返回与查询关键字相匹配的结果，然后显示在下拉框中供用户选择。

单页应用程序(Single Page Application，SPA)是加载单个 HTML 页面并在用户与应用程序交互时动态更新该页面的 Web 应用程序。浏览器一开始会加载必需的 HTML、CSS 和 JavaScript，所有的操作都在这张页面上完成，都由 JavaScript 来控制。在单页 Web 应用中需要由 AJAX 技术向服务器发送一系列异步请求，每次请求返回一批新的数据，然后将这些新的数据呈现在网页上。因此可以不断地加载新的内容，而不需要页面的刷新。单页应用程序通过 AJAX 技术可以大大减少对服务器的压力，提升用户体验。

在前后端分离的开发模式中，前后端之间的数据交换方式主要是使用 AJAX。如果前端使用 Vue.js，则可以通过 Axios 来实现 AJAX 请求。Axios 是一个基于 promise 的网络请求库，可以运行在服务器和浏览器中。在服务器端运行使用 node.js http 模块，在浏览器端则使用 XMLHttpRequests。

Axios 支持请求／响应拦截器，可以转换请求数据和响应数据，并将响应回来的内容自动转换成 JSON 类型的数据。Axios 可以批量发送多个请求，并具有较高的安全性。对于数据的增删改查操作可以使用以下方法：

(1) axios.get(url[, config])：用于获取数据。

(2) axios.post(url[, data[,config]])：用于提交数据。

(3) axios.delete(url[, config])：用于删除数据。

(4) axios.put(url[, data[, config]])：用于更新数据。

在下文中将使用相关方法从服务器端获取数据。

13.3　Spring Boot 框架

Spring Boot 是一个快速开发微服务的框架，主要是基于 Spring Framework 开发的。相比较于传统的 Spring 应用，Spring Boot 采用了"约定大于配置"的原则，尤其是通过自动配置和快速构建可以轻松地创建 Spring 应用程序。Spring Boot 提供了清晰且具有代表性的示例，为各种应用场景下的开发人员提供了入门级的开发体验。

Spring Boot 框架旨在成为一个全面且开箱即用的解决方案，但同时也保留了灵活性。它不仅可以控制应用程序的生命周期和监视运行时数据，还可以自动配置 Spring 项目，可以快速启动和运行。Spring Boot 同时还提供了一套开发工具，例如 Spring Initializr，可以通过该工具快速创建 Spring Boot 应用程序。

由于其简单性、易用性和高度可扩展性，Spring Boot 已成为构建 Java Web 应用程序的首选框架，并被广泛应用于微服务架构中的开发。Spring Boot 的特点和功能包括：

(1) 简化配置。Spring Boot 的核心功能之一就是简化 Spring 配置。传统的 Spring 应用程序包含大量的 XML 配置文件，这些文件相互依赖，并且容易出现报错。但是，在 Spring Boot 中，没有必要编写这些 XML 文件，因为 Spring Boot 可以在运行时自动配置应用程序。Spring Boot 提供了自动配置机制来处理常见的配置任务，例如将应用程序连接到数据库，使用 Thymeleaf 模板引擎等。

基于 Spring 框架的装配机制，Spring Boot 在运行时动态地添加特定类型的 Bean。开发人员只需要提供一些基本信息，例如数据库连接 URL，Spring Boot 就会自动完成其他任务。如果需要覆盖或扩展默认行为，则可以编写简单的 Java 代码自定义 Bean。

此外，Spring Boot 还支持许多常用的配置文件格式，如扩展名为 properties、yml 和 xml 等的文件，以满足不同的项目需求。

(2) 微服务支持。Spring Boot 的另一个显著特点就是它非常适合构建微服务架构下的应用程序。微服务架构的一个目标是将大型应用程序拆分成小型、可独立部署的服务。每个微服务都有自己的业务逻辑和数据存储，可以通过 RESTful API 通信与其他微服务交互。Spring Boot 的优化和可用性使得它成为微服务架构中的首选框架之一。

Spring Boot 通过 Spring Cloud 将微服务架构转换为具有较高可见性和协调性的 CloudNative 系统。Spring Cloud 使用 Netflix OSS 中的组件(如 Eureka、Zuul、Hystrix 等)来

处理服务发现、负载平衡、API 网关、断路器等任务。这使得开发人员可以将应用程序快速部署到云环境中，并通过多节点容器化部署实现自动扩展。

(3) 内嵌服务器。Spring Boot 提供了诸如 Tomcat、Jetty、Undertow 等内嵌服务器，使得开发人员可以在不安装外部 Web 服务器的情况下快速构建和运行 Web 应用程序。

考虑到内嵌服务器的轻量级和快速启动时间，Spring Boot 生成的应用程序可以更快地响应请求。不仅如此，由于应用程序内置于服务器中，因此也可以更容易地管理这些应用程序。只需要运行 JAR 文件就可以启动应用程序，对于部署和测试来说，这大大减少了工作量并加快了速度。

(4) 自动装配。Spring Boot 自动配置机制的另一个重要方面是它能够通过 Spring 框架依赖注入和控制反转的功能自动装配代码。基于此，应用程序开发人员可以更加专注于核心业务逻辑，而无须花费时间和精力在底层技术上。

Spring Boot 将一些常见的应用程序组件打包成 Starter，例如 Spring Data JPA Starter、Spring Security Starter 等。通过向应用程序添加这些 Starter 依赖项，开发人员可以获得自动配置和基础结构。Spring Boot 自动装配机制能够自动配置这些组件来支持应用程序的需要。

(5) 可执行 Jar 包。Spring Boot 的另一个重要特点是它可以生成可执行的 Jar 包。这使得部署和发布 Spring Boot 应用程序变得非常简单，只需要在目标服务器上安装 JRE，并运行命令 java -jar xxx.jar 即可。开发人员可以将整个应用程序打包到该 Jar 文件中，包括所需的依赖项和内置 Web 服务器，这样就不需要安装其他任何东西。

(6) 监控和管理。Spring Boot 还提供了一些用于监控和管理应用程序的内置功能。比如 Actuator 模块提供了一个 HTTP 端点来检查应用程序的健康状况，查看内存使用情况、线程池、日志等。此外，Spring Boot 还支持与第三方监视软件(如 Logstash、Graphite、New Relic 等)集成，以及通过 JMX、Jolokia 等 Java 技术访问应用程序的运行时数据。

总之，Spring Boot 提供了一种更快、更容易和更透明的方式来开发 Spring 应用程序。它消除了传统 Spring 开发中烦琐的手动配置，提高了开发和生产效率，使应用程序能够更好地与现代计算机环境协作。

13.4　Spring Boot 后端代码

13.4.1　创建 Spring Boot 项目

Intellij IDEA 可以通过两种方式创建 Spring Boot 项目：使用 Maven 创建或使用 Spring Initializr(项目创建向导)创建。虽然两种方式殊途同归，但通过 Spring Initializr 会自动完成目录设置和 pom.xml 等代码的生成。

使用 Spring Initializr 创建一个 Spring Boot 项目的步骤如下：

(1) 在 IDEA 菜单栏中选择 File→New→Project，弹出如图 13-1 所示的对话框。在其中填写项目名称(Name)，选择类型(Type)为 Maven，填写包(Package)信息，选择

13.4.1 演示

JDK 版本为 17，选择打包方式(Packaging)为 Jar，单击下方的 Next 按钮进行下一步。

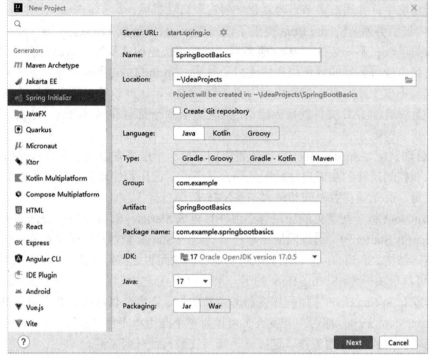

图 13-1　使用 Spring Initializr 创建 Spring Boot 项目

(2) 在依赖设置的界面中，选择 Spring Boot 的版本及所依赖的组件，包括 Spring Web、MyBatis Framework、MySQL Driver 以及 Lombok，如图 13-2 所示。单击 Create 按钮即可生成项目。

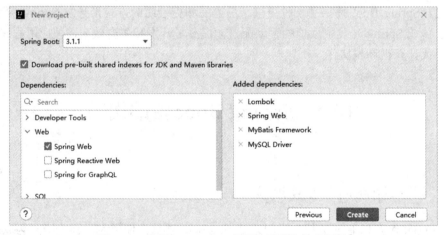

图 13-2　选择 Spring Boot 的版本及所依赖的组件

13.4.2　pom.xml 与主程序代码

通过 Spring Initializr 创建的项目中，已经根据所选择的依赖组件生成了 pom.xml，代码如下：

pom.xml

```xml
<?xml version="1.0" encoding="UTF-8"?>
<project xmlns="http://maven.apache.org/POM/4.0.0"
    xmlns:xsi="http://www.w3.org/2001/XMLSchema-instance"
    xsi:schemaLocation="http://maven.apache.org/POM/4.0.0    https://maven.apache.org/xsd/maven-4.0.0.xsd">
    <modelVersion>4.0.0</modelVersion>
    <parent>
        <groupId>org.springframework.boot</groupId>
        <artifactId>spring-boot-starter-parent</artifactId>
        <version>3.1.1</version>
        <relativePath/> <!-- lookup parent from repository -->
    </parent>
    <groupId>com.example</groupId>
    <artifactId>SpringBootBasics</artifactId>
    <version>0.0.1-SNAPSHOT</version>
    <name>SpringBootBasics</name>
    <description>SpringBootBasics</description>
    <properties>
        <java.version>17</java.version>
    </properties>
    <dependencies>
        <dependency>
            <groupId>org.springframework.boot</groupId>
            <artifactId>spring-boot-starter-web</artifactId>
        </dependency>
        <dependency>
            <groupId>org.springframework.boot</groupId>
            <artifactId>spring-boot-starter-test</artifactId>
            <scope>test</scope>
        </dependency>
        <dependency>
            <groupId>org.mybatis.spring.boot</groupId>
            <artifactId>mybatis-spring-boot-starter</artifactId>
            <version>3.0.2</version>
        </dependency>
        <dependency>
            <groupId>com.mysql</groupId>
```

```xml
                <artifactId>mysql-connector-j</artifactId>
                <scope>runtime</scope>
            </dependency>
            <dependency>
                <groupId>org.projectlombok</groupId>
                <artifactId>lombok</artifactId>
                <optional>true</optional>
            </dependency>
            <dependency>
                <groupId>org.mybatis.spring.boot</groupId>
                <artifactId>mybatis-spring-boot-starter-test</artifactId>
                <version>3.0.2</version>
                <scope>test</scope>
            </dependency>
        </dependencies>
        <build>
            <plugins>
                <plugin>
                    <groupId>org.springframework.boot</groupId>
                    <artifactId>spring-boot-maven-plugin</artifactId>
                    <configuration>
                        <excludes>
                            <exclude>
                                <groupId>org.projectlombok</groupId>
                                <artifactId>lombok</artifactId>
                            </exclude>
                        </excludes>
                    </configuration>
                </plugin>
            </plugins>
        </build>
    </project>
```

Spring Initializr 同时生成了主程序 SpringBootBasicsApplication.java，代码如下：

SpringBootBasicsApplication.java

```java
package com.example.springbootbasics;
import org.springframework.boot.SpringApplication;
import org.springframework.boot.autoconfigure.SpringBootApplication;
```

```
@SpringBootApplication
public class SpringBootBasicsApplication {
    public static void main(String[] args) {
        SpringApplication.run(SpringBootBasicsApplication.class, args);
    }
}
```

可以看出，该代码中有一般 Java 应用程序的 main 方法，它是整个 Web 系统的起始点。由此也可以看出，Spring Boot 大量采用注解方式，简化了系统的配置，甚至将 Web 服务器(Tomcat)内置到系统中，打包为 Jar，整个 Web 系统可作为独立的 Java 应用程序来执行。

13.4.3　测试基本的 Controller 代码

由于在 Spring Initializr 创建项目的过程中，选择了 MyBatis 等依赖组件，pom.xml 中也包含了相应的代码(比如 mybatis-spring-boot-starter 的设置)，因此在启动 Web 系统中将默认寻找数据源的配置信息。如果没有找到相关的信息，那么系统将不能成功启动。解决此问题的方法有二：一是删除与数据源相关的组件代码，以后再根据需要添加；二是先将数据源的配置信息添加到 application.properties 文件中，虽然暂时不链接数据源，但可保证系统能够正常启动。application.properties 代码如下：

13.4.3 演示

```
application.properties

#服务器端口设置
server.port=80
#数据源设置
spring.datasource.url=jdbc:mysql://localhost:3306/sakila?serverTimezone=UTC
spring.datasource.driver-class-name=com.mysql.cj.jdbc.Driver
spring.datasource.username=root
spring.datasource.password=123456
#MyBatis 设置
mybatis.configuration.map-underscore-to-camel-case=true
```

其中，server.port 设定了服务器的端口；spring.datasource 的多个属性设定了数据源信息；mybatis.configuration.map-underscore-to-camel-case 属性设定了数据库字段与 Java 属性的对应转换方式。这些属性的取值在前文中已有说明，也可以看出 Spring Boot 确实与 SSM 技术一脉相承，充分理解 SSM 的相关原理是更好地应用 Spring Boot 技术的基础。

另外，Spring Boot 支持两种不同格式的配置文件：一种是 properties，另一种是 yml。虽然 Spring Boot 默认使用 application.properties 文件，但也可以根据项目需要和开发习惯改为 application.yml 文件。

与之前讨论的 SpringMVC 相似，通过建立和运行最基本的 HelloController 来测试 Web 系统的配置是否正确，代码如下：

```
HelloController.java

package com.example.springbootbasics.controller;
import org.springframework.web.bind.annotation.RequestMapping;
import org.springframework.web.bind.annotation.RequestMethod;
import org.springframework.web.bind.annotation.RestController;


@RestController
@RequestMapping("/hello")
public class HelloController {
    @RequestMapping(method = RequestMethod.GET)
    public String printHello() {
        return "Hello Spring Boot!";
    }

}
```

通过对比可以看出，这里的 Controller 注解使用了@RestController，以便在前后端分离开发模式中通过 RESTful API 接口进行数据传输。运行程序后，可以看到 Console 窗口中给出了系统正常启动的信息，其中包括了端口设置等，如图 13-3 所示。

图 13-3　基于 Spring Boot 的 Web 系统正常启动信息

启动浏览器，输入 URL 地址为"http://localhost/hello"，可以看到 HelloController 运行正常，如图 13-4 所示。

图 13-4　HelloController 运行效果

13.4.4　定义 Result 泛型类

为了方便系统的扩展，可以在项目中定义一个通用的结果封装类 Result，以统一返回格式和处理结果。该类以泛型类的方式定义，可以最大程度容纳不同的类型，代码如下：

13.4.4 演示

Result.java

```java
package com.example.springbootbasics.util;
import lombok.Data;
import java.io.Serializable;


@Data
public class Result<T> implements Serializable {
    private static final long serialVersionUID = 1L;
    private boolean success = true;              //成功标志
    private String message = "操作成功！";        //返回处理消息
    private Integer code = 0;                     //返回代码
    private T resultData;                         //返回数据对象
    private long timestamp = System.currentTimeMillis(); //时间戳
    private Integer totalNum;                     //返回数据数量

    public Result() {    }

    public Result<T> success(String message) {
        this.message = message;
        this.code = 200;
        this.success = true;
        return this;
    }

    public static Result<Object> ok() {
        Result<Object> r = new Result<Object>();
        r.setSuccess(true);
        r.setCode(200);
        r.setMessage("成功");
        return r;
    }

    public static Result<Object> ok(String msg) {
        Result<Object> r = new Result<Object>();
        r.setSuccess(true);
        r.setCode(200);
        r.setMessage(msg);
        return r;
    }

    public static Result<Object> ok(Object data, Integer totalNum) {
        Result<Object> r = new Result<>();
        r.setSuccess(true);
```

```
            r.setCode(200);
            r.setData(data);
            r.setTotalNum(totalNum);
            return r;
        }

    public static Result<Object> ok(Object data) {
        Result<Object> r = new Result<>();
        r.setSuccess(true);
        r.setCode(200);
        r.setData(data);
        return r;
    }

    public static Result<Object> error(String msg) {
        return error(500, msg);
    }

    public static Result<Object> error(int code, String msg) {
        Result<Object> r = new Result<Object>();
        r.setCode(code);
        r.setMessage(msg);
        r.setSuccess(false);
        return r;
    }

    public Result<T> error500(String message) {
        this.message = message;
        this.code = 500;
        this.success = false;
        return this;
    }

    //无权限访问返回结果
    public static Result<Object> noauth(String msg) {
        return error(510, msg);
    }
    }
```

在此基础上，修改和运行 HelloController 来测试服务器响应变化，代码如下：

HelloController.java

```
package com.example.springbootbasics.controller;
import com.example.springbootbasics.util.Result;
```

```
import org.springframework.web.bind.annotation.RequestMapping;
import org.springframework.web.bind.annotation.RequestMethod;
import org.springframework.web.bind.annotation.RestController;

@RestController
@RequestMapping("/hello")
public class HelloController {
    @RequestMapping(method = RequestMethod.GET)
    public Result<?> printHello() {
        return Result.ok("Hello Spring Boot!");
    }
}
```

可以看出，与之前代码的主要区别是：返回的字符串数据将被封装到 Result 类中。启动浏览器，输入 URL 地址为 "http://localhost/hello"，可以看到 HelloController 返回了 JSON 数据，如图 13-5 所示。

图 13-5 HelloController 返回 JSON 数据

13.4.5 定义实体类与 Mapper 类

对应数据表 film，需要定义实体类 Film。这里可以使用 Lombok 的 @Data 注解来简化冗长的 getter 和 setter 方法。Lombok 是一款 Java 开发工具，它可以通过注解来帮助程序员自动生成 Java 代码，从而简化 Java 开发过程。Film.java 代码如下：

13.4.5 演示

Film.java

```
package com.example.springbootbasics.entity;
import lombok.Data;
import java.sql.*;
@Data
public class Film {
    private int filmId;
    private String title;
    private int languageId;
```

```
            private int rentalDuration;
            private double rentalRate;
            private double replacementCost;
            private Timestamp lastUpdate;
        }
```

在 Spring Boot 中定义 Mapper 的方式可以与前文相同，即包括 Mapper.xml 及 Mapper.java 两个部分。为了精简代码，也可以在 Mapper.java 中使用@Mapper 等注解替代 XML 文件，FilmMapper.java 代码如下：

FilmMapper.java

```java
package com.example.springbootbasics.dao;
import java.util.List;
import com.example.springbootbasics.entity.Film;
import org.apache.ibatis.annotations.*;

@Mapper
public interface FilmMapper {
    @Select("select film_id, title, language_id, rental_duration, rental_rate, replacement_cost,
last_update from film where film_id =#{id}")
    public Film loadFilm(@Param("id")int id);

    @Select("select film_id, title, language_id, rental_duration, rental_rate, replacement_cost,
last_ update from film order by film_id DESC limit 0,10;")
    public List<Film> findAll();

    @Insert("insert into film(title, language_id, rental_duration, rental_rate, replacement_cost)
        values(#{title},#{languageId},#{rentalDuration},#{rentalRate},#{replacementCost});")
    public void addFilm(Film film);

    @Delete("delete from film where film_id=#{id}")
    public void deleteFilm(int id);

    @Update("UPDATE film SET\n" +
        "    title=#{title},\n" +
        "    language_id=#{languageId},\n" +
        "    rental_duration=#{rentalDuration},\n" +
        "    rental_rate=#{rentalRate},\n" +
        "    replacement_cost=#{replacementCost}\n" +
        " where film_id=#{filmId};")
    public void updateFilm(Film film);
}
```

可以看到，在使用@Mapper 注解后，增删改查的方法前都用相应的注解给出了带有参数的 SQL 语句，这些语句之前是写在 XML 中的。@Mapper 注解的使用进一步简化了数据库操作的代码。

13.4.6　定义 FilmController 类

基于前后端分离的开发模式，服务器端对数据请求的响应就是返回 JSON 数据。这里只介绍数据查询结果的响应，FilmController.java 文件代码如下：

FilmController.java

```java
package com.example.springbootbasics.controller;

import java.util.List;
import org.springframework.beans.factory.annotation.Autowired;
import org.springframework.web.bind.annotation.RequestMapping;
import org.springframework.web.bind.annotation.RequestMethod;
import com.example.springbootbasics.entity.Film;
import com.example.springbootbasics.dao.FilmMapper;
import org.springframework.web.bind.annotation.RestController;
import com.example.springbootbasics.util.Result;
@RestController
public class FilmController {
    @Autowired
    private FilmMapper filmMapper;

    @RequestMapping(value = "/film/list", method = {RequestMethod.POST, RequestMethod.GET})
    public Result<?> list() {
        List<Film> films= filmMapper.findAll();
        return Result.ok(films);
    }
}
```

代码中，通过 filmMapper.findAll()方法将查询到的数据存放在 List<Film>列表对象中，并进一步通过 Result.ok(films)方法封装到 Result 对象中。由于使用了@RestController 注解，因此前端将得到响应的 JSON 数据。

启动浏览器，输入 URL 地址为"http://localhost/film/list"，可以看到 FilmController 返回了 JSON 数据，如图 13-6 所示。

图 13-6　FilmController 返回 JSON 数据

至此，后端的开发任务基本完成。接下来就由前端负责发起请求，接收数据，并定义数据的展示方式。

13.5　Vue.js 前端代码

Vue.js 是一款用于构建用户界面的 JavaScript 框架，它基于标准 HTML、CSS 和 JavaScript 构建，并提供了一套声明式的、组件化的编程模型，能够帮助开发者高效地开发用户界面。在大型的开发项目中，可以使用"脚手架"工具 Vue CLI 创建完整的前端项目。这里，我们直接编写较少的代码来体验前端获得数据与展示数据的方式。与之前的开发方式不同，ListFilm.html 是一个纯前端代码，不包含 JSP、EL 等后端脚本，代码如下：

13.5 演示

```html
ListFilm.html

    <html>
    <head>
        <meta name="viewport" content="width=device-width, initial-scale=1" charset="UTF-8">
        <title>展示数据</title>
        <link href="https://cdn.jsdelivr.net/npm/bootstrap@5.2.3/dist/css/bootstrap.min.css"…>
        <script src="https://cdn.jsdelivr.net/npm/bootstrap@5.2.3/dist/js/bootstrap.bundle.min.js"…>
</script>

        <script src="js/vue.js"></script>
        <script src="js/axios.js"></script>
    </head>
```

```html
<body>

<div id="app" class="container-fluid p-5 my-5 border">
    <h1>展示数据</h1>
    <table class="table table-hover">
        <thead class="table-secondary">
        <tr>
            <th>编号</th> <th>标题</th> <th>语言 ID</th>
            <th>租期</th> <th>租金</th> <th>成本</th> <th>更新时间</th>
        </tr>
        </thead>
        <tbody>
        <tr v-for="row in tableData">
            <td>{{row.filmId}}</td>
            <td>{{row.title}}</td>
            <td>{{row.languageId}}</td>
            <td>{{row.rentalDuration}}</td>
            <td>{{row.rentalRate}}</td>
            <td>{{row.replacementCost}}</td>
            <td>{{row.lastUpdate}}</td>
        </tr>
        </tbody>
    </table>
</div>
<script>
    const App = {
        data() {
            return {
                tableData: []
            };
        },
        created() {
            this.getStuList()
        },
        methods: {
            getStuList() {
                axios.get("http://localhost/film/list").then(res => {
                    console.log(res);
                    this.tableData = res.data.resultData
                }).catch(e => {
```

```
                          console.log(e);
                    })
               }
          }
     };
     const app = Vue.createApp(App);
     app.mount("#app");
</script>
</div>
</body>
</html>
```

代码中，使用 axios 的 get 方法获取服务器端 JSON 数据，使用 v-for 循环在表格中展示数据，其运行结果如图 13-7 所示。

图 13-7　基于 Vue.js 的前端数据展示

以上是基于 Vue.js 开发的最基本的前端代码，Vue.js 还提供了大量的功能用于更加复杂的前端开发，但万变不离其宗，前后端分离的开发模式都建立在"后端响应请求，前端提供交互"的思路上。读者可以在掌握了 Web 开发基本原理的基础上，进一步系统地学习 Spring Boot、Vue.js 等前后端框架，从而实现更大规模的 Web 系统。

思 考 题

1. 简述前后端分离的 Web 开发模式的优点。
2. Spring Boot 是什么？Spring Boot 的主要特点是什么？
3. Spring Cloud 是什么？Spring Cloud 的主要作用是什么？
4. 查阅相关资料，简述 Restful API 的优点有哪些。
5. 查阅相关资料，简述 AJAX 的运行原理。
6. 进一步自学相关技术，在本章实例的基础上进一步实现数据的增、删、改功能。

第 14 章　网站的持续稳定运行

学习提示

网站的开发除了需要关心系统的功能性需求，还需要充分考虑系统的非功能性需求。非功能性需求包括性能、安全性、可维护性、可用性、易用性、环境要求等，如何考虑这些内容往往会影响到网站的实现和稳定运行。另外，持续运营网站项目还需要考虑基于搜索引擎的优化和推广。本章从网站持续稳定运行的角度，帮助开发者了解网站优化设计的思路，以实现其商业目标。

14.1　网站的安全

在 Web 网站运营过程中，网站和信息的安全至关重要。在网站运营过程中存在许多安全隐患，包括以下一些常见的攻击模式：

(1) SQL 注入攻击(SQL Injection)：攻击者通过在用户输入中注入恶意的 SQL 语句，以绕过应用程序的输入验证，从而执行未经授权的数据库操作。这可能导致数据库泄露、数据篡改或完全的数据库控制权被攻击者获取。

(2) 信息泄露(Information Disclosure)：在网站配置、错误消息或不当的访问控制设置中泄露敏感信息，例如数据库凭据、服务器路径等。

(3) 逻辑漏洞(Logical Vulnerabilities)：这类攻击利用的是应用程序设计或业务逻辑上的缺陷。例如，利用漏洞使得用户可以跳过某些步骤或访问不应该被授权的功能。

(4) 文件上传漏洞：攻击者通过上传恶意文件来利用应用程序的弱点。这可能导致执行任意代码、文件覆盖、拒绝服务等问题。

(5) 跨站脚本攻击(Cross-Site Scripting, XSS)：攻击者通过注入恶意脚本代码到网站中的用户输入，使其在受害者浏览器中执行。XSS 攻击可以用来窃取用户信息、劫持会话、植入恶意广告等。

(6) 暴力破解(Brute Force)：攻击者使用自动化工具，尝试大量的用户名和密码组合来猜解登录凭证，以获取对网站的未经授权访问。这种攻击通常针对弱密码或没有密码策略的账户。

(7) 拒绝服务攻击(Denial of Service, DoS)：攻击者通过向目标网站发送大量的请求或利用漏洞导致系统崩溃，以阻止合法用户访问网站或资源。

(8) 木马和恶意软件：通过在网站中插入恶意脚本或文件，攻击者可以植入恶意软件或下载恶意文件到用户设备，从而控制用户系统、窃取信息或进行其他恶意活动。

(9) Webshell：Webshell 是指攻击者利用网站的安全漏洞，将恶意脚本或文件上传到受感染的服务器上，从而获得对服务器的远程访问权限。Webshell 允许攻击者执行命令、上传和下载文件、窃取敏感信息等，这会对网站和服务器的安全构成严重威胁。

(10) 0day 漏洞：0day 漏洞是指已存在但尚未被软件供应商或开发者发现或修复的安全漏洞。攻击者利用 0day 漏洞可以在被攻击系统上执行恶意代码，而不会被事先发现并且防御者没有修补的机会。这使得 0day 漏洞成为极具危险性的攻击手段，因为防御者没有相关的修复措施。

这些攻击手段都需要网站管理员和用户保持警惕，并采取适当的防范措施，如加强访问控制、定期审查和更新软件、使用强密码和多因素身份验证、实施安全意识培训、使用反钓鱼技术等来减少风险。同时，及时修复漏洞和更新系统也是至关重要的，以保持网站的安全性。具体可以采取以下安全措施来应对攻击：

(1) 实施严格的访问控制和权限管理：仅授权需要的用户访问敏感文件和目录。使用强密码策略，要求用户定期更换密码。限制对敏感文件和目录的访问权限，只授权给有需要的用户。使用适当的身份验证和授权机制，例如基于角色的访问控制(RBAC)来管理用户权限。

(2) 实施输入验证和过滤：对用户输入的数据进行验证和过滤，以防止 XSS、SQL 注入等攻击。使用白名单验证、输入长度限制等措施来过滤恶意输入。

(3) 定期备份和恢复测试：定期备份网站数据，并将备份存储在安全的位置。同时，定期进行恢复测试，以确保备份的完整性和可用性。

(4) 强化访问日志和监控：定期审查和监控网站的访问日志，以检测异常活动和攻击迹象。使用安全信息和事件管理(SIEM)工具来集中管理和分析安全事件日志，及时发现潜在的安全威胁。

(5) 定期更新和维护软件：确保使用的内容管理系统(CMS)、插件、主题和其他扩展的版本始终是最新的，及时应用安全补丁和更新。关闭或删除不再使用的插件和主题，以减少安全风险。

(6) 持续监测漏洞和及时修复：使用漏洞扫描工具定期检测网站的漏洞，并及时修复发现的安全漏洞。定期进行安全评估和渗透测试，以发现潜在的弱点和漏洞。

(7) 部署 Web 应用防火墙(Web Application Firewall, WAF)：WAF 可以检测和阻止恶意流量和攻击尝试，例如 SQL 注入、XSS 和 CSRF 攻击。配置 WAF 以适应网站和应用程序特定的安全需求。

(8) 加密敏感数据传输：通过使用 SSL/TLS 证书来加密网站上的敏感信息传输，确保使用 HTTPS 协议。这可以提供数据的保密性和完整性，并为用户提供身份验证保护。

(9) 安全意识培训：为员工提供网络安全培训，教育他们识别和应对社交工程攻击、钓鱼邮件和其他威胁。强调安全最佳实践，例如不点击可疑链接和附件，保护个人信息等。

(10) 制订应急响应计划：制订和实施应急响应计划，以应对安全事件和漏洞曝光。该计划应包括应急联系人、恢复步骤和沟通策略。

另外，对于大型的 Web 网站，建设安全响应中心(Security Operations Center, SOC)也是非常必要的。SOC 是一个专门负责监测、检测和应对安全事件的团队或部门。它的目标是及时识别和应对潜在的安全威胁，以保护网站免受攻击。通过建设安全响应中心，可以更好地监控和应对网站的安全事件，及时发现和应对威胁，减少潜在的损害。建设安全响应中心是一个持续的过程，需要不断投入和改进，以应对不断演变的网络安全威胁。

14.2　网站的性能

在网站建设过程中，存在许多常见因素可能会影响网站的性能，主要包括以下因素：

(1) 低效的代码和脚本。不优化的代码和脚本可能导致网站加载速度变慢，这包括未压缩的 JavaScript、CSS 和 HTML 代码，冗余的代码，以及缺乏对服务器缓存和浏览器缓存的利用。

(2) 大型媒体文件和图片。大型图片和媒体文件会增加网站的加载时间。应该优化和压缩图片，选择合适的图片格式，使用延迟加载技术，并考虑使用内容分发网络(Content Delivery Network，CDN)来提供静态资源。

(3) 缺乏缓存机制。缺乏适当的缓存设置可能导致网站的重复请求和服务器负载增加。启用浏览器缓存、服务器端缓存和 CDN 缓存，可以减少对服务器的请求，并提高页面加载速度。

(4) 不良的数据库设计和查询。数据库查询和设计的不佳可能导致网站响应时间延迟。合理优化数据库结构、索引和查询，以提高数据库性能和响应速度。

(5) 服务器配置问题。不正确的服务器配置可能会导致性能瓶颈，这包括不适当的服务器资源分配、网络带宽不足、缺乏负载均衡、高可用性配置等。

(6) 第三方插件。过多的第三方插件可能增加网站加载时间和复杂性。确保仅加载必要的插件，并定期审查和更新它们，以避免安全漏洞和冲突。

(7) 缺乏响应式设计。不具备响应式设计的网站可能在移动设备上加载缓慢或呈现不佳。确保网站在不同设备和屏幕尺寸上能够自适应和优化。

(8) 路由和重定向问题。错误的 URL 路由和频繁的重定向会增加页面加载时间和网络请求。确保正确设置网站的 URL 结构和重定向规则，以提高网站性能和用户体验。

(9) 缺乏性能监测和优化。缺乏对网站性能的监测和优化可能导致难以察觉的性能问题。使用性能监测工具来跟踪网站的加载时间、响应时间和其他关键指标，并根据结果进行优化。

解决这些常见问题可以提高网站的性能和用户体验。对于每个问题，都需要评估和优化特定的技术和设置，以确保网站以高效和可靠的方式运行。

在网站开发阶段，可以采取以下措施来应对这些常见问题：

(1) 开发前期，在规划和设计阶段考虑性能需求，确定网站目标、功能和内容。制定清晰的网站结构和导航，避免冗余和复杂的代码和页面；在选择开发技术和框架时考虑性能因素。选择高效的编程语言、优化的数据库、高性能的 Web 服务器等。

(2) 开发中期，定期审查和优化代码和脚本，包括压缩、合并和精简 JavaScript、CSS 和 HTML 文件；确保代码质量和可读性，并使用最新的优化技术；优化和压缩图片和媒体文件，使用适当的图像格式，减少文件大小；延迟加载图片和媒体内容，只在需要时加载；在服务器和客户端上设置适当的缓存策略，以减少对服务器的请求和提高页面加载速度。利用浏览器缓存、HTTP 缓存、CDN 缓存等，优化数据库结构、索引和查询，减少查询时间和数据库负载。避免无效的查询、重复查询和过度查询。

(3) 开发后期，评估服务器配置，确保服务器资源满足网站的需求；考虑使用负载均衡和高可用性配置来提高性能和可靠性；监测网站的响应时间、加载时间和资源使用情况，发现潜在的性能问题并采取适当的优化措施。

优化网站性能是一个持续的过程，需要定期审查和优化，以应对不断变化的需求和技术。因此在网站运维过程中也需要按计划进行性能评估、漏洞扫描和安全审计，不断地进行软硬件及网络系统的优化。实施这些优化措施可能需要开发团队的支持和技术实施，因此与相关团队合作，并进行适当的测试和验证，以确保优化的效果和稳定性。

14.3 网站的部署

网站部署是指将网站代码、数据库等相关文件上传到服务器上，并安装配置好必要的中间件及依赖库，使得网站能够被用户访问的过程。以下主要讨论传统的部署方式和云部署方式。

1. 传统部署

传统部署方式通常需要购买或租用一台独立服务器，在服务器上安装并配置好必要的软件和环境，然后将网站相关文件上传至服务器，最后启动网站服务即可。

在选择服务器时，首先需要考虑网站的实际需求和访问量，选择合适的服务器规格和类型，尽可能地满足网站的性能要求。此外，还需要考虑服务器的地域、网络质量等因素，选择稳定可靠的供应商。

购买或租用好服务器后，需要在服务器上安装操作系统、Web 服务器、数据库服务器等基础软件或中间件。基础软件的选择应该根据网站的实际需求和开发环境而定。

在安装好必要的基础软件和中间件后，需要将网站相关文件(包括前后端可执行代码等)逐一上传至服务器上，并将其存放在 Web 服务器的目录下，以便客户端访问。

在完成上述步骤后，即可启动网站服务，使得用户能够通过浏览器访问到网站。

传统部署方式具有可控性高、安全性高等优点，但是需要对硬件和网络环境有一定的要求，同时也需要投入一定的人力和时间成本。

2. 云部署

随着云计算的发展，云部署成为一种越来越受欢迎的网站部署方式。云部署通常是将网站代码、数据库等相关文件上传至云平台提供的云服务器中，由云平台提供商管理运营。

相比传统部署方式，云部署具有以下优点：

(1) 弹性扩容。云部署可以根据实际需求自动调整服务器资源配置，可以根据网站访问量的变化来弹性地扩容或缩容。

(2) 高可用性。云平台提供商通常会在多个地域建立数据中心，实现全球范围内的负载均衡和备份，从而保证网站服务的高可用性。

(3) 硬件成本低。使用云部署可以避免购买并维护昂贵的硬件设施，从而减少硬件成本。

(4) 快速部署。云平台提供商会为用户提供一键式部署服务，可以快速搭建网站环境，从而节省开发时间和成本。

(5) 数据安全性高。云平台提供商提供多重安全防护措施，包括防火墙、DoS 攻击防护等，可以保证网站数据的安全性。

云部署的过程与传统部署的过程较为相似。总体而言，云部署相比传统部署方式具有更高的弹性和可扩展性，对于需要快速部署和高可用性的网站应用来说是非常适合的选择。

在网站部署中，还可以利用 CDN，这是一种通过将内容分发到全球不同地点的服务器集群来提高网站性能和可用性的技术。CDN 能够缩短用户获取内容所需的时间，提高用户的网站访问体验。

CDN 技术的工作原理是：将源站的静态资源(如图片、视频、脚本等)缓存分布在全球各地的 CDN 节点服务器上。当用户访问网站时，CDN 会根据用户的 IP 地址和就近原则，将最接近用户的 CDN 节点的缓存资源传输至用户设备上，从而实现快速载入网页的目的。

CDN 技术的应用可以带来多方面的好处：一是可以有效地减轻源站的服务负载，提高源站的可用性和稳定性；二是可以大幅度提升网站的响应速度和访问速度，降低网络拥堵和访问延迟；三是可以提高网站的访问安全性，保护网站免受恶意攻击和 DoS 攻击。总之，CDN 技术已经成为提高网站性能和用户体验的重要手段，得到了广泛的应用和推广。

网站部署过程中还需要为网站注册域名。网站域名注册是指购买并注册一个网站的域名，使得该域名成为该网站的访问入口。在进行域名注册之前，需要先选择合适的域名。需要考虑域名的长度、易记性、语义等因素，尽量选择一个好记且有意义的域名。在完成域名注册后，需要进行域名解析设置，将域名与网站 IP 地址相对应，以便访问者能够通过该域名访问到网站。可以通过注册商提供的 DNS 解析服务进行设置。需要注意的是，在进行域名注册时，需要遵循相关的法律法规和规定，如使用合法的域名、提交真实准确的信息等。此外，还需要定期续费域名，以保持其正常使用。

14.4　网站的推广

搜索引擎(Search Engine)根据站点的内容提取各网站的信息，再分门别类地建立自己的数据库并向用户提供查询服务。搜索引擎通过使用特定的算法和程序，将前端用户输入的查询词转换成具体的搜索行为，从而对互联网上的海量信息进行智能化抽取、整理、处理和分析，最终将相似、相关或更有价值的结果列在搜索结果页面中，帮助用户快速找到所需的信息。

搜索引擎的工作流程大致分为网页抓取、预处理、建立索引和查询处理 4 个步骤。其中，网页抓取是搜索引擎获取需要检索的网页内容和信息的过程。网页抓取通常由网络爬虫(Spider)按照特定规则自动访问网站中页面的程序，并将其下载到本地保存。预处理则将抓取到的文档进行格式化，去除无关信息，以便提高后续操作的效率。建立索引则将文档中的关键词和摘要进行分析、加工、存储等处理，形成便于后续快速搜索的索引。在建立索引时，搜索引擎需要对文本内容进行分词，去掉停用词，并计算每个单词的权重值等。查询处理则是根据用户输入的关键词，在已建立的索引中查找相应的文档，还要对检索结果根据相关性进行排序，并通过排名来将最终的搜索结果返回给用户。

搜索引擎优化(Search Engine Optimization，SEO)是指通过对网站内部和外部的优化，从而提升网站在搜索引擎自然排名中的位置，进而吸引更多的访问者，并获得更多的流量和转化。具体来说，搜索引擎优化主要涉及以下几个方面。

1. 网站内容优化

网站内容是影响搜索引擎排名最重要的因素之一。因此，需要对网站的内容进行优化，使得其能够更好地被搜索引擎识别和收录。具体来说，网站内容优化需要关注以下几个方面：

(1) 页面结构优化。一般来说，页面应遵循如下顺序，即标题标签、头部、标题(H1 标签)、副标题(H2 和 H3 标签)、正文、尾部等。每个页面都应该有一个清晰的结构，使得搜索引擎能够理解网页内容。

(2) 页面标签优化。HTML 标签在 SEO 中起着至关重要的作用，应该根据页面主题和重点关键词进行优化。在优化标签时，应该注意标签长度、关键词密度等因素。元标签(Meta)是在页面头部添加的代码片段，用于描述页面的内容。元标签中的 Description 作为页面的描述将显示在搜索引擎的搜索结果中。Description 中应该包含与页面内容相关的关键字，以便增加搜索引擎抓取网页的可能性。

(3) 关键词研究。了解目标受众的搜索习惯，选择合适的关键词，并对网站的内容进行优化，以便更好地匹配相关搜索。在进行关键词研究时，应该结合网站主题、行业热点、竞争情况等因素进行综合评估，并选择能够带来高转化率的关键词。在 SEO 优化中，仅仅是有大量的关键词是不够的，必须充分地利用这些关键词。关键词的密度不要过高，以避免被搜索引擎认为是垃圾信息。通常来说，关键词密度不应超过 5%。

(4) 内容质量。网站的内容质量必须高，符合读者需求，同时也需要与主题相关、有价值、易于阅读，这样才能获得高质量的反向链接和访问量。

(5) 内容更新。在更新网站内容时，应该保持一定的频率，不断发布有价值的内容。网站内容的更新频率直接影响搜索引擎对网站的排名，高质量的更新可以增加页面权重和爬虫访问频率。

2. 网站结构优化

网站结构对于搜索引擎爬虫的访问和收录也有重要影响。因此，需要优化网站的结构和布局，以便更好地被搜索引擎理解和收录。具体来说，网站结构优化需要关注以下几个方面：

(1) 网站结构。网站应该具备良好的层次结构，在优化时需要考虑页面数量、层级关系、链接深度等因素，以便更好地满足用户和搜索引擎的需求。目录层级应该尽量控制在 3、4 级以内，太深的层级容易影响搜索引擎爬虫的抓取效率。

(2) 网站地图。网站地图是一份指导搜索引擎爬虫访问网站的清单，应该设置完整的网站地图并提交给搜索引擎。

(3) 内部链接。通过内部链接来引导搜索引擎爬虫到达网站的所有页面，这样能够提高网站的收录率。

3. 外部链接优化

外部链接就是其他网站链接到你的网站，搜索引擎会将这些链接看作是对网站的认可和支持。具体来说，外部链接优化需要关注以下几个方面：

(1) 友情链接。与其他网站建立友情链接，增强网站的知名度和权威性，同时增加网站与其他主题相关网站之间的关联性。

(2) 点对点链接。与其他网站之间建立双向链接，增加网站的威望度和权威性，这样更容易获得高质量的外部链接。

(3) 社交媒体营销。通过社交媒体平台推广网站内容，吸引更多访问者并增加外部链接。

(4) 避免过度优化。外部链接虽然对网站排名有很大的影响，但如果过度优化外部链接，则可能会被搜索引擎视为作弊行为，降低网站排名。

4. 技术优化

除了上面的几个方面以外，还需要注意网站的技术优化，以便提高搜索引擎爬虫的访问效率和网站的加载速度。具体来说，技术优化需要关注以下几个方面：

(1) 网页加载速度。通过压缩图片、使用浏览器缓存等方式提高网站的加载速度，从而提高用户体验和搜索引擎排名。

(2) 移动适配性。通过采用响应式设计或移动单独适配设计，使得网站能够在所有终端设备上访问和浏览，尤其是移动设备。

(3) 搜索引擎识别。采用标准的 HTML 代码，并避免使用不利于搜索引擎识别的技术。

总之，网站的推广需要从多个方面进行优化，才能提升网站的搜索引擎排名并获得更多的流量和转化。同时，需要根据具体情况制定不同的优化策略，以满足不同的目标和需求。

思 考 题

1. 网站设计中有哪些需要注意的安全隐患？有哪些技术可以增强网站的安全性？
2. 影响网站运行速度的因素有哪些？有哪些方法可以帮助优化网站性能？
3. 有哪些网站的部署方式？在实践中如何选择合适的网站部署方式？
4. 搜索引擎优化需要考虑哪些方面？

参 考 文 献

[1] 温浩宇，李慧. Web 网站设计与开发教程(HTML 5、JSP 版). 2 版. 西安：西安电子科技大学出版社，2018.

[2] 明日科技. Java Web 从入门到精通. 3 版. 北京：清华大学出版社，2019.

[3] BRIANP H. HTML 5 和 CSS3 实例教程. 李杰，刘晓娜，朱嵬，译. 北京：人民邮电出版社，2012.

[4] FRANK W Z. JavaScript 实战. 张晶珏，译. 北京：人民邮电出版社，2009.

[5] FLANAGAN D. JavaScript 权威指南(影印版). 5 版. 南京：东南大学出版社，2007.

[6] 刘华贞. JSP+SERVLET+TOMCAT 应用开发从零开始学. 3 版. 北京：清华大学出版社，2023.

[7] 李艳鹏，曲源，宋杨. 互联网轻量级 SSM 框架解密：Spring、Spring MVC、MyBatis 源码深度剖析. 北京：电子工业出版社，2019.

学习与开发资源网站

(1) Oracle Java 官方网站(https://www.oracle.com/java/)

(2) Tomcat 官方网站(http://tomcat.apache.org/)

(3) Eclipse 官方网站(https://www.eclipse.org/)

(4) IntelliJ IDEA 官方网站(https://www.jetbrains.com/zh-cn/idea/)

(5) Bootstrap 中文网(https://www.bootcss.com/)

(6) MySQL 官方网站(https://www.mysql.com/)

(7) Apache Maven 官方网站(https://maven.apache.org/)

(8) Spring 官方网站(https://spring.io/)

(9) MyBatis 官方网站(https://blog.mybatis.org/)

(10) jQuery 官方网站(https://jquery.com/)

(11) Maven 仓库官网(https://mvnrepository.com/)

(12) JUnit 官方网站(https://junit.org/junit5/)

(13) RESTful API 官方网站(https://restfulapi.net/)

(14) Apache Log4j 官方网站(https://logging.apache.org/log4j/2.x/)

(15) Thymeleaf 官方网站(https://www.thymeleaf.org/)

(16) W3Schools 学习资源(https://www.w3schools.com)

(17) RUNOOB 学习资源(http:// www.runoob.com/)

(18) TutorialsPoint JSP 学习资源(https://www.tutorialspoint.com/jsp/index.htm)